Les sols et leurs structures

Observations à différentes échelles

Les sols et leurs structures

Observations à différentes échelles

Denis Baize, Odile Duval, Guy Richard,
coordinateurs

Éditions Quæ
RD 10, 78026 Versailles Cedex

© Éditions Quæ, 2013   ISBN : 978-2-7592-2038-0   ISSN : 1777-4624

Table des matières

PARTIE II - SUR LE TERRAIN

PARTIE III – AU LABORATOIRE

PARTIE IV – APPROCHES DE QUANTIFICATION

Avant-propos

Fruit d'un travail collectif de chercheurs et d'enseignants-chercheurs de diverses origines (pédologues, agronomes, physiciens, biologistes…), cet ouvrage illustre un aspect essentiel à la compréhension du fonctionnement des sols, à savoir la caractérisation de **leurs structures**. Le sol est un objet complexe, constitué de particules minérales et organiques, et d'organismes vivants, qui est à appréhender à plusieurs échelles spatiales, depuis le feuillet du minéral argileux (échelle du micromètre) jusqu'à la couverture pédologique d'une petite région (échelle du kilomètre).

L'ouvrage vient à point nommé compte tenu de l'importance que prend aujourd'hui le sol dans les débats publics et dans la sphère scientifique. Cette ressource rare et fragile est indispensable à l'humanité, tant par ses fonctions de production que par ses fonctions environnementales (*cf.* la stratégie thématique sur la protection des sols de l'Union européenne). Il est au cœur des enjeux de sécurité alimentaire mondiale et de services rendus par les écosystèmes, qu'ils soient naturels ou cultivés. Extension des terres cultivables, développement de l'urbanisation, dégradations et pollutions, atténuation du changement climatique, qualité et rétention des eaux continentales, maintien de la biodiversité sont autant de questions qui concernent directement les sols.

Pour répondre à ces questions, il nous faut mieux les connaître, dans toute la diversité de leur constitution, de leur organisation et des communautés d'organismes qui y vivent. Les outils de l'imagerie et de la biologie modernes nous donnent désormais accès à des descriptions de plus en plus précises.

Cet ouvrage met l'accent sur les structures des sols, qui jouent sur un grand nombre de processus : mécanismes d'échanges entre les phases solides, liquides et gazeuses, flux de masse et d'énergie à sa surface et en son sein, conditions de vie des organismes vivants… C'est l'**observation** à différentes échelles qui est le fil directeur de l'ouvrage. Si la modélisation du fonctionnement du sol s'est beaucoup développée ces dernières années (*cf.* le récent lancement de la plateforme de modélisation Inra « Sol virtuel »), l'observation est essentielle pour être en capacité de tester l'état actuel de nos connaissances et de renouveler nos questions de recherches. C'est aussi le moyen de prendre conscience de la grande variabilité des sols et de leur beauté.

Le sol reste un objet difficile à observer qui nécessite la mise en œuvre de multiples méthodes. Cet ouvrage revient sur la définition du concept de structure du sol et sur les difficultés de sa quantification. Il fait la synthèse entre des méthodes de laboratoire qui nous permettent d'accéder aux organisations microscopiques et des méthodes de terrain qui nous permettent de caractériser la dynamique d'évolution des sols, notamment en fonction des systèmes agricoles. C'est donc un ouvrage qui offre un éclairage pédagogique sur une des facettes de cet objet passionnant que constitue le sol. Composé de quatre parties, il est organisé de la façon suivante.

Dans la première partie, le chapitre 1 propose une définition à la notion très générale de « structure » appliquée aux sols. Puis est présentée la place qu'occupent les structures dites macroscopiques (*i.e.* à échelle des agrégats et des mottes) et microscopiques dans l'emboîtement général de toutes les organisations pédologiques, à toutes les échelles spatiales. Est évoquée ensuite l'importance des assemblages relatifs des particules solides et des vides existant dans chaque couche de sol (ou horizon) sur les fonctionnements hydrique, thermique et biologique. Sont traitées aussi les causes naturelles comme anthropiques de l'agrégation et de la désagrégation. Enfin, le chapitre 3 montre le rôle que jouent les organismes qui vivent dans le sol sur la structure et donc sur la porosité et, en retour, l'influence de ces propriétés sur les possibilités et conditions de vie dans les sols.

Dans la deuxième partie sont passées en revue successivement les techniques d'observation et d'évaluation **sur le terrain** des structures macroscopiques, qu'il s'agisse de celles des horizons profonds non perturbés par les outils agricoles (chapitres 4 et 5) ou de celles des couches de surface des sols cultivés (chapitres 6, 7 et 8). Le chapitre 9 est consacré à la présentation de méthodes géophysiques électriques permettant une approche non destructive d'évaluation des états structuraux à l'échelle d'une parcelle agricole. Enfin, le chapitre 10 montre comment une faible stabilité des agrégats des couches les plus superficielles peut générer des croûtes de battance, puis du ruissellement, donc des phénomènes d'érosion importants, voire des coulées boueuses, même sur des pentes faibles et sous des climats pourtant peu érosifs.

En troisième partie, les chapitres 11, 12 et 13 présentent les organisations qui existent à des échelles microscopiques et ultramicroscopiques et qui ne peuvent donc être étudiées qu'**au laboratoire**, sur des échantillons sortis de leur contexte, à l'aide d'appareillages sophistiqués. Ces organisations, invisibles sur le terrain, ont pourtant une grande importance pratique en ce qui concerne les fonctionnements hydrique, structural, biologique…

La dernière partie décrit de manière détaillée des **approches de quantification** de certaines propriétés liées aux organisations pédologiques : reconstructions tridimensionnelles de la phase porale au laboratoire (chapitre 14) ; estimation de la stabilité structurale, en particulier pour évaluer les risques de formation de croûtes de battance (chapitre 15) ; quantification des relations entre porosité, réserves en eau et minéralogie des argiles, à partir de l'exemple de sols aux propriétés contrastées étudiés en Guadeloupe (chapitre 16).

In fine, un glossaire général fournit la définition d'une centaine de termes techniques.

Guy Richard
Chef du Département Environnement et Agronomie
à l'Institut national de la recherche agronomique

Partie 1

Définition, importance et origines

Chapitre 1

Des volumes emboîtés à toutes échelles d'espace

Denis BAIZE

▸▸ Définitions

Dans son sens le plus général, le mot « structures » désigne « tous arrangements relatifs de composants, à n'importe quelle échelle spatiale et dans un espace à une, deux ou trois dimensions » (Foucault et Raoult, 2001).

Pour ce qui concerne la géologie, ces deux mêmes auteurs distinguent, selon les composants dont on considère les relations :
— les structures cristallines (les composants sont des atomes) ;
— les structures minérales ;
— les structures des roches (dites aussi structures pétrographiques ou fabriques ou pétrofabriques) dont les éléments sont les minéraux constitutifs ;
— les structures tectoniques (dont les éléments sont des ensembles de roches) ;
— la structure du Globe (dont les éléments sont les plaques, la croûte, le manteau).

En pédologie (ou science des sols), les **structures**, ce sont les arrangements, à toutes échelles d'espace et tous niveaux d'investigation des constituants solides des couvertures pédologiques entre lesquels subsistent des vides (synonymes : organisations, arrangements, assemblages, agencements).

En pédologie comme en géologie, on doit considérer toute une série de structures emboîtées (figure 1.1). Des plus fines aux plus grandes :
— les réseaux cristallins des minéraux (notamment des minéraux argileux, voir chapitre 11) ;
— les « domaines » argileux (voir chapitre 11) ;
— les agrégats (appelés aussi « assemblages élémentaires », voir chapitre 13) dont les éléments sont des particules, des ciments, des vides intra-agrégats ;
— les horizons (voir chapitre 4) dont les composants sont des **agrégats** et des vides interagrégats ;
— les paysages, du décamètre à la centaine de kilomètres (structures des couvertures pédologiques) que nous modélisons sous la forme d'**horizons** qui se superposent et/ou se succèdent dans l'espace.

Classiquement, quand on parle de **la structure** d'un horizon de sol, il s'agit de celle observée à l'œil nu dans une fosse (« **structure macroscopique** », voir chapitre 4). Toutes les **organisations plus fines**, qu'on ne peut étudier qu'avec des techniques microscopiques, peuvent être qualifiées de microstructures voire de nanostructures, tandis que toutes les structures que l'on peut représenter par des successions verticales ou latérales d'horizons (solums, toposéquences, bassins-versants, systèmes pédologiques) sont plutôt des mégastructures (Jamagne *et al.*, 1993 ; Legros, 1996 ; Jamagne, 2011).

Il est donc recommandé, lorsque l'on parle de structures, de toujours préciser à quelle échelle d'espace on se place et quels sont les composants considérés.

▸▸ Les couvertures pédologiques

Ce que l'on appelle habituellement les sols en pédologie sont des objets naturels[1], continus et tridimensionnels, qu'il vaut mieux dénommer « couvertures pédologiques » tant le mot « sols » est ambigu.

Les couvertures pédologiques sont formées de constituants minéraux et organiques, présents à l'état solide, liquide ou gazeux. Ces constituants sont organisés entre eux, formant ainsi des structures spécifiques du milieu pédologique. Les couvertures pédologiques sont en perpétuelles évolutions, ce qui leur confère une dimension supplémentaire : la durée.

C'est pourquoi leur étude doit se fonder sur trois séries de données :
- des données de constitution ;
- des données structurales (*i.e.* d'organisation) ;
- des données relatives aux dynamiques (fonctionnement, évolution).

Les couvertures pédologiques sont le plus souvent continues, mais il arrive qu'elles soient très réduites, voire absentes. En outre, elles sont fréquemment modifiées par des activités humaines, sur des profondeurs variables et de façon plus ou moins apparente.

Ce sont des continuums hétérogènes, mais les variations que l'on y observe d'un point à un autre ne sont pas aléatoires.

On peut distinguer plusieurs niveaux d'organisation dans une couverture pédologique (figure 1.1). Les niveaux les plus fins (organisations élémentaires, assemblages) sont observables à l'aide de divers outils d'appréhension, depuis le microscope électronique jusqu'à l'œil nu. Aux niveaux plus élevés, on distingue :
- les horizons, qui résultent de la subdivision d'une couverture pédologique en volumes considérés comme homogènes (voir ci-dessous) ;
- les systèmes pédologiques, constitués de plusieurs horizons associés et ordonnés dans l'espace, dans les trois dimensions verticale et latérales. La dimension habituelle de cette organisation est hectométrique ou kilométrique. Elle n'est donc pas

---

1. C'est-à-dire dont l'existence initiale ne dépend pas de l'homme.

perceptible sur le terrain en un seul site. D'où l'intérêt des prospections itinérantes, des photographies aériennes et des images satellitaires nécessaires à la compréhension et à la description de ces systèmes.

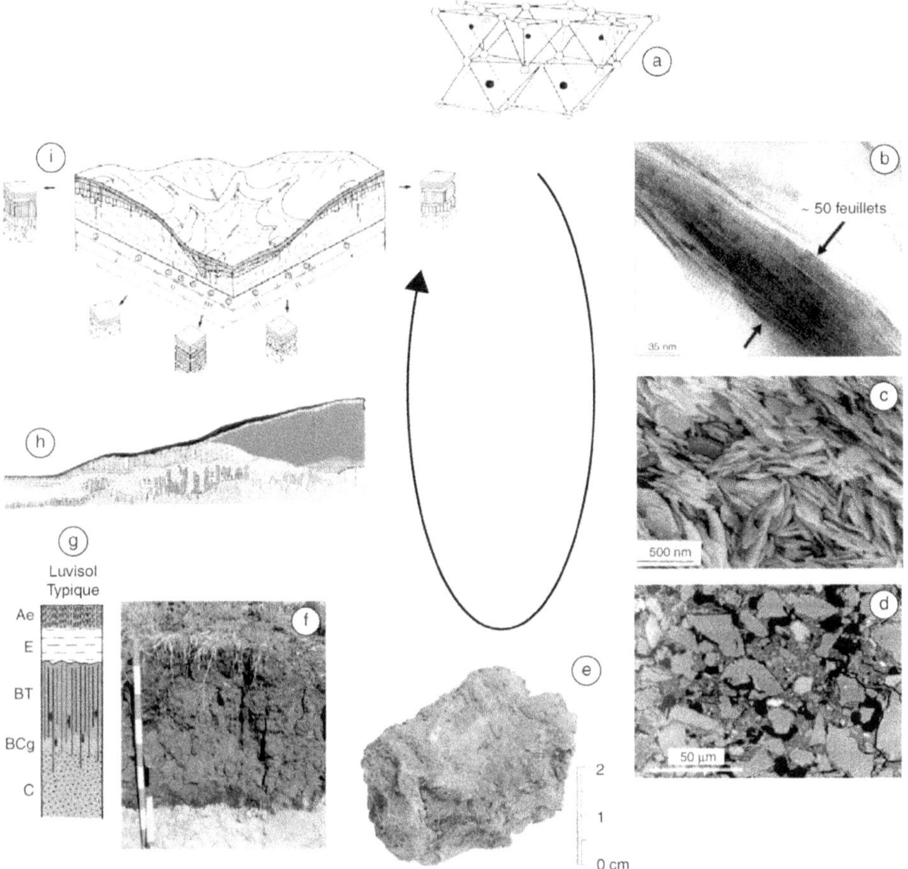

Figure 1.1. Les structures emboîtées des couvertures pédologiques.
a. Représentation modélisée de la structure atomique théorique des feuillets des phyllosilicates (ici de la kaolinite) – Échelle nanométrique.
b. Feuillets de phyllosilicates vus en coupe en ultramicroscopie(image en microscopie électronique à transmission).
c. Aspect d'un échantillon de sol vu au microscope électronique à balayage.
d. Assemblage plasma/grains de squelette dans un horizon limono-argileux de Beauce vu sur une lame mince au microscope électronique à balayage (électrons rétrodiffusés ; Chenu et Bruand, 1998.
e. Un agrégat vu à l'œil nu – Échelle centimétrique.
f. Un solum vu dans une fosse – Échelle décimétrique.
g. Modélisation d'un solum sous la forme conceptuelle d'une séquence verticale d'horizons de référence.
h. Représentation modélisée bidimensionnelle d'une « séquence de sols » en Bretagne (forêt de Fougères ; Curmi, 1993) - Échelle hectométrique.
i. Représentation tridimensionnelle de l'organisation d'une couverture pédologique en région lœssique après modélisation en horizons (Picardie ; Jamagne, 2011). Échelle kilométrique.

Pour étudier les couvertures pédologiques, il est indispensable de réaliser des sondages, de creuser des tranchées ou des fosses (figure 1.2), de les décrire, puis de prélever des échantillons pour analyses et examens complémentaires.

Enfin, les couvertures pédologiques connaissent au cours du temps des transformations pseudocycliques[2], réversibles ou irréversibles. Les différentes organisations et certains caractères évoluent avec des durées et selon des périodicités diverses : journalières, saisonnières, annuelles… Les dates d'observation et d'échantillonnage sont donc des informations nécessaires à tout enregistrement, qu'il soit sur papier ou informatisé.

▸▸ L'horizon, concept de base de la pédologie descriptive et fonctionnelle

Les couvertures pédologiques montrent très généralement des différenciations selon un axe vertical. De là est née, très anciennement, la notion d'horizon (figure 1.2).

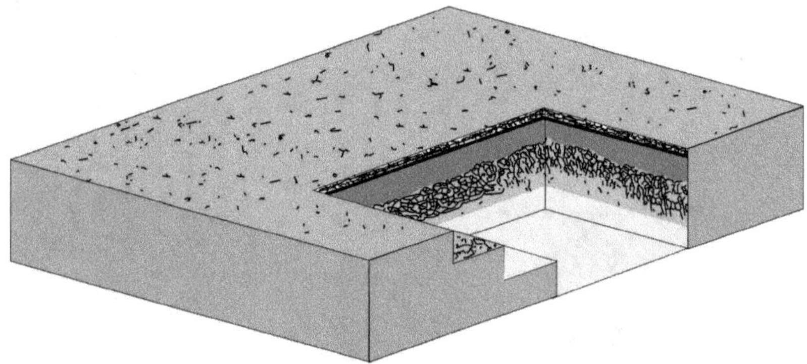

Figure 1.2. Fosse creusée dans une couverture pédologique. Généralement, on distingue plusieurs couches superposées d'aspect et de propriétés différents. Ces couches sont nommées « horizons ».

Les horizons sont des couches superposées d'une couverture pédologique qui résultent d'un découpage de celle-ci par la pensée parce que ces couches ont des aspects et des propriétés différentes les unes des autres. Elles sont cependant interdépendantes, échangent des flux de matières et/ou d'énergie et forment bien un continuum.

En pédologie comme dans les autres sciences, lorsque le cerveau humain est confronté à des continuums, il s'efforce de les découper en unités élémentaires : horizons et unités cartographiques dans le domaine spatial, unités typologiques ou « types » dans le domaine typologique (voir encadré 1.1).

---

2. À la fin du cycle, la couverture pédologique n'est pas identique à ce qu'elle était au départ : elle évolue.

Par leur dimension verticale centimétrique à métrique, les horizons sont directement perceptibles à l'œil nu sur le terrain. Le prélèvement d'échantillons est possible, à la main. C'est pourquoi l'horizon est le niveau d'appréhension le plus pratique pour observer et échantillonner une couverture pédologique. Les pédologues considèrent les horizons comme les entités de base permettant d'identifier, de caractériser, de définir et de modéliser une couverture pédologique.

Chaque horizon est un volume. Il est nécessaire de définir son **contenu** – description de ses constituants, organisations, caractères, propriétés et caractéristiques analytiques – et son **contenant** : description de ses limites, de son enveloppe. Sa dimension verticale est au moins centimétrique, souvent décimétrique voire métrique. Ses dimensions latérales sont au moins décimétriques et le plus souvent hectométriques ou kilométriques. Un horizon n'est pas infini : il disparaît latéralement ou se transforme en un autre horizon. Son extension spatiale est délimitable (voir encadré 1.2 et figure 1.1h et i).

Les limites supérieures et inférieures d'un horizon sont généralement conformes à la surface du terrain. Mais un horizon peut aussi se présenter sous la forme de lentilles ou de langues, il peut même être entièrement inclus dans un autre horizon. Les transitions entre horizons peuvent être nettes ou plus ou moins progressives.

Chaque horizon est presque toujours associé géométriquement à d'autres horizons et lié à eux par des relations étroites, pédogénétiques (évolutions longues) et fonctionnelles (dynamique journalière ou saisonnière). Ces dernières revêtent une grande importance pratique.

La position d'un horizon par rapport à l'interface sol/atmosphère est une caractéristique essentielle. Elle conditionne en effet l'apport de matières organiques, l'importance des flux thermiques ou hydriques qui l'atteignent ou le traversent, la masse des horizons sus-jacents qui pèsent sur lui, la pénétration par les racines et les animaux, etc., c'est-à-dire la grande majorité des conditions qui règlent son évolution et son fonctionnement.

▶▶ L'hétérogénéité interne des couvertures pédologiques et des horizons

Les couvertures pédologiques sont très hétérogènes dans les trois dimensions de l'espace et cette hétérogénéité est observable à toutes les échelles d'investigation (du micromètre au kilomètre). Cette hétérogénéité rend difficile leur échantillonnage, leur modélisation et leur spatialisation. La **variabilité spatiale**, autre façon d'exprimer cette hétérogénéité, est un terme plutôt employé aux échelles métriques, hectométriques et kilométriques.

Les horizons sont le résultat du découpage raisonné d'une couverture pédologique en volumes considérés comme suffisamment homogènes (pour les besoins de l'étude qui va suivre). Mais cette notion d'homogénéité est relative ; elle correspond à une certaine échelle d'investigation, celle du pédologue sur le terrain avec ses mains et ses yeux. Elle admet explicitement une hétérogénéité dans le détail. Le premier

Encadré 1.1. Le découpage de continuums

Beaucoup d'objets réels de grande étendue spatiale sont des continuums à une, deux ou trois dimensions. C'est le cas notamment des couvertures pédologiques, qui sont des réalités tridimensionnelles.

Depuis toujours, les hommes, par nécessité pratique, opèrent des « découpages » plus ou moins artificiels (mais si possible judicieux afin d'être opérationnels) dans ces continuums pour prendre en compte des classes ou des ensembles discontinus.

À partir du moment où l'on subdivise un phénomène continu en sous-ensembles, le nombre de sous-ensembles et la localisation de leurs limites doivent être raisonnés, fondés sur des critères pertinents, mais ils demeurent cependant subjectifs, arbitraires ou conventionnels.

Il y a deux façons de subdiviser les couvertures pédologiques (figure 1.E1) : en volumes homogènes (les horizons) ; en volumes hétérogènes (des territoires présentant une même superposition d'horizons).

Les volumes élémentaires (horizons) ou les surfaces élémentaires (plages cartographiques) ne nous sont pas donnés : c'est à nous de les définir et de les délimiter au mieux, par le découpage des solums en horizons et par le dessin de cartes de sols.

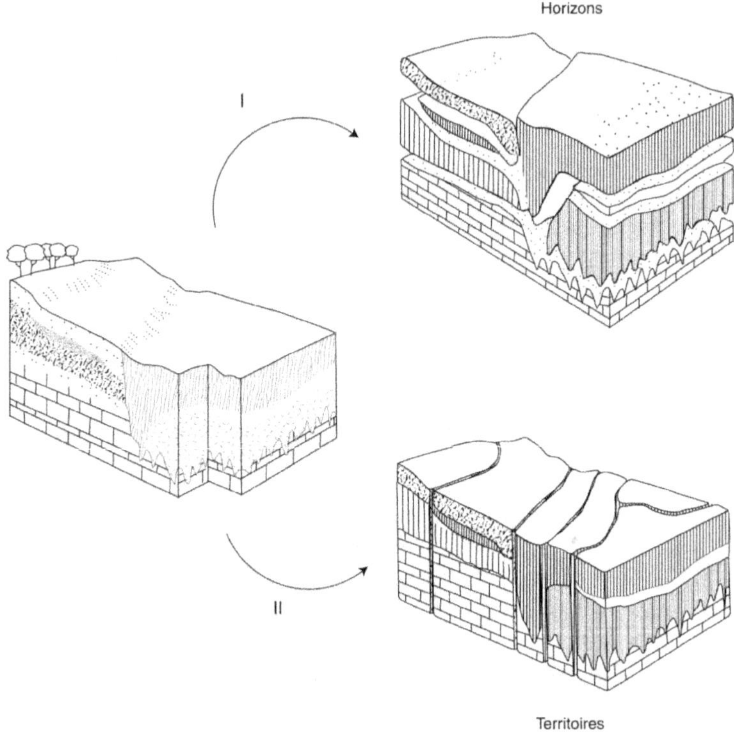

Figure 1.E1. Subdivisions des couvertures pédologiques : I. en volumes homogènes (les horizons) ; II. en volumes hétérogènes (des territoires présentent une même superposition d'horizons) (d'après Girard, 1983).

niveau d'hétérogénéité au sein d'un horizon est l'existence de volumes naturels individualisés : les **agrégats** ou **peds**. Au sein de chaque agrégat, on peut distinguer encore plusieurs niveaux d'hétérogénéité : différents constituants forment le **fond matriciel** sur lequel tranchent les divers **traits pédologiques** (Brewer, 1964).

Le fond matriciel, c'est le « motif » général de l'horizon, résultant de l'organisation des différentes particules et de la porosité d'entassement, de fissuration, d'activité biologique, etc. C'est lui qui forme la grande masse de l'horizon. Sur le terrain, il est possible d'en apprécier la couleur et la structure macroscopique (chapitre 4). Au microscope, sur lames minces, on pourra visualiser nombre de constituants (sables, limons, séparations et petits « domaines » argileux) et décrire une (ou plusieurs) **organisation**(s) (voir chapitre 13).

Les traits pédologiques sont tous les éléments (d'origine pédologique) qui ne font pas partie du fond matriciel : revêtements, accumulations localisées, nodules, taches, langues et lentilles, éléments secondaires, tubules, cavités, etc. Les traits pédologiques peuvent nous fournir des renseignements très utiles sur le fonctionnement actuel (ou passé) du solum étudié (illuviation d'argile, gonflement, migrations verticales, accumulations, signes d'hydromorphie, activité biologique).

▸▸ Variation de la structure macroscopique avec la profondeur

La structure macroscopique observable à l'échelle des horizons n'est pratiquement jamais la même sur toute l'épaisseur des sols (voir chapitre 4, figures 4.3, 4.4, photo 4.2 et 4.4, etc.). Elle change en fonction de la profondeur, parfois en relation avec des modifications de granulométrie des différents horizons qui se succèdent (voir chapitre 4, photos 4.1 et 4.3). L'activité biologique (au sens large), le travail des animaux fouisseurs, l'influence des racines, l'action des outils agricoles, etc. jouent également un rôle important.

Généralement, les structures des horizons les plus superficiels des sols forestiers ou sous végétation spontanée sont sous l'influence dominante de l'activité de tous les organismes vivants des sols (voir chapitres 3 et 5). Sous agriculture, leurs structures dépendent largement des pratiques culturales, des actions du gel, des alternances humectations/dessiccations, donc de l'époque de l'observation (voir chapitres 7 et 8).

Au-delà de 35 à 40 cm, l'influence des outils agricoles disparaît, celle de l'activité biologique diminue beaucoup, se limitant à l'action des racines et des vers de terre. Mais il y a encore influence des alternances humectations/dessiccations et des périodes d'engorgements. Il en résulte une augmentation de la taille des agrégats. Plus on descend en profondeur, moins les flux d'eaux atteignant ou traversant les horizons profonds sont importants, l'altération chimique décroît elle aussi.

Très souvent, en continuant à descendre, on finit par atteindre le matériau parental quasiment intact pouvant avoir conservé sa structure originelle, appelée « structure lithologique ».C'est pourquoi il est nécessaire d'étudier et de décrire la structure de chacun des différents horizons superposés (voir chapitres 4, 5 et 7).

Encadré 1.2. L'analyse structurale (des couvertures pédologiques)

On ne peut pas, dans un ouvrage traitant des structures des couvertures pédologiques, ne pas évoquer la méthode cartographique appelée « analyse structurale ».

Reposant sur la notion de couverture pédologique considérée comme un « continuum structuré variant latéralement », l'analyse structurale s'oppose au concept américain de *pedon* et à une approche trop verticaliste qui se limite à l'étude de « profils » dans des fosses pédologiques. Elle met en valeur la description et la compréhension des organisations, selon une approche pédologique ascendante, sans *a priori* conceptuel. C'est un aller et retour continuel entre analyse et synthèse.

Appliquée à des unités de modelé de faibles superficies (quelques hectares), elle constitue une analyse très fine grâce à de nombreux sondages à la tarière, localisés de manière serrée en fonction des besoins : il est toujours possible de faire un sondage supplémentaire entre deux sondages jugés trop différents, afin d'affiner les limites.

Dans la pratique, elle s'organise en quatre phases :

1. Réalisation de transects orientés selon les lignes de plus grandes pentes ; description fine des sondages et comparaison immédiate de ceux-ci par l'utilisation de « comparateurs » – relevé de la topographie permettant la reconstitution de toposéquences précises.

2. À partir de cette première analyse, on détermine les variations latérales susceptibles d'être repérées de façon fiable sur le terrain : l'apparition ou la disparition de tels ou tels volumes pédologiques, voire de certains caractères seulement.

3. On repère ces variations latérales le long de transects complets ou partiels, ce qui permet de tracer des courbes d'iso-différenciation repérées sur un plan.

4. C'est seulement à ce stade de fin d'analyse que l'on choisit l'emplacement de fosses qui permettront des études morphologiques plus fines et des prélèvements pour analyses chimiques ou examen micro-morphologiques.

Originalité de cette démarche : certains caractères ou types d'organisation sont souvent considérés de façon indépendante les uns des autres, en toute liberté, sans *a priori* conceptuel. Cette approche féconde et novatrice dans les années 1980 privilégie les transformations et processus orientés latéralement le long des versants. C'est pourquoi elle a permis de mettre en évidence des « systèmes de transformation » totalement méconnus auparavant, tels que, par exemple, des systèmes sols ferrallitiques/podzols (Turenne, 1975 ; Boulet *et al.*, 1982).

Cette méthode d'étude est particulièrement adaptée aux milieux avec versants où les roches sont relativement homogènes (boucliers africain et amazonien) et où les facteurs de différenciation pédogénétiques sont liés à la dynamique de l'eau (en climats intertropicaux). Sa mise au point et son utilisation ont fait grandement progresser les conceptions de l'école française.

Pour en savoir plus

Afes, 2009 ; Chenu et Bruand, 1998 ; Jamagne, 2011 ; Jamagne *et al.*, 1993 ; Legros, 1996.

Chapitre 2

Structures et porosités

Importance pour les fonctionnements des sols
Naissance et destruction des agrégats

Denis Baize, Folkert van Oort

Ce chapitre, très général, évoque tout d'abord la dualité entre l'organisation des particules solides et l'organisation des volumes interstitiels regroupés sous le terme de « porosité ». Nous nous situerons à des échelles variant du centième de millimètre à la dizaine de centimètres. Puis nous insisterons sur les conséquences pratiques de ces organisations à la fois sur l'aération et l'alimentation en eau, deux points d'importance majeure pour les échanges entre l'atmosphère et la lithosphère, ainsi que pour les conditions de vie de tous les organismes qui vivent dans les sols, avec une attention particulière pour les racines des plantes, qu'elles soient cultivées ou non. On verra ensuite que la qualité de la structure ainsi que ses éventuelles évolutions expliquent aussi bien le ***fonctionnement***[3] hydrique actuel que l'évolution pédogénétique à très long terme (plusieurs millénaires). Nous évoquerons enfin brièvement les différentes façons dont naissent les agrégats, puis comment ils peuvent être plus ou moins modifiés ou détruits.

▸▸ Structures et porosités

Les physiciens considèrent le sol comme un milieu poreux. Cependant, en raison de l'organisation irrégulière et complexe des matières solides (minérales et organiques), cette porosité est hétérogène (anisotrope) et hétérométrique (anisométrique).

D'après Hillel (1988), l'arrangement des particules solides est trop complexe pour qu'il puisse être décrit par des modèles géométriques simples. Il n'y a donc pas de méthode pratique de mesure directe de l'organisation de la phase solide des horizons de sols. Celles qui ont été proposées et qui sont le plus couramment employées sont des

---

3. Les termes en ***italique gras*** sont définis dans le glossaire en fin d'ouvrage.

méthodes indirectes qui mesurent des propriétés influencées par la structure : elles concernent différents aspects de la porosité.

Le plus souvent, la structure est donc abordée sous l'angle de ce qui est complémentaire (en volume) de la phase solide, les espaces vides[4], qui accueillent les phases liquides et gazeuses. Outre leur importance majeure pour la respiration et l'alimentation en eau des micro-organismes et des racines, ces phases sont plus faciles à caractériser et à quantifier que la phase solide.

Certaines méthodes de mesure sont appliquées sur des échantillons conditionnés volontairement dans un état hydrique « figé » et « standard ». Il s'agit le plus souvent d'échantillons séchés à l'air, mis dans un état très éloigné de celui des conditions naturelles : détermination de la porosité totale grâce à celle de la masse volumique (ou de la densité apparente), détermination de la distribution de la taille des pores par intrusion de liquides (eau, mercure)…

D'autres méthodes sont appliquées sur des échantillons ayant conservé leur état hydrique de terrain. Malheureusement, lors de leur mise en œuvre, la structure et la porosité de l'échantillon ont tendance à être modifiées (voir chapitres 11 et 16). C'est le cas par exemple de la détermination simultanée, au laboratoire, de l'humidité et du volume d'échantillons centimétriques en leur appliquant différentes contraintes hydriques (Bruand, 1986 ; Bruand et Tessier, 1996).

Cependant, ces déterminations sur échantillons sortis de leur contexte ne permettent pas d'appréhender le fonctionnement en termes de circulation des fluides *in situ*. D'autres propriétés essentielles de la dynamique des fluides dans les sols, comme la connectivité et la tortuosité du réseau des vides, doivent être prises en compte.

▸▸ Partition de la porosité

Il n'y a pas d'accord dans la littérature à propos de la subdivision de l'espace poral en classes de taille ou de fonction. Ainsi, il n'existe pas de définition universelle des dimensions limites entre microporosité, mésoporosité et macroporosité, des notions pourtant très couramment utilisées par les chimistes, physiciens ou biologistes du sol. Par exemple, la dimension limite inférieure des macropores a été établie à 0,05 µm pour les physico-chimistes (Iupac, 1972), à 75 µm par des micromorphologues (Brewer, 1964), mais à 1 mm par certains physiciens du sol (par exemple, Luxmoore, 1981). Une partition présentée par Marshall *et al.*, (1996) propose des relations entre dimension et origine des vides et leurs propriétés hydrologiques (tableau 2.1). Une telle présentation reste néanmoins discutable, car elle dépend de la nature des critères utilisés pour définir les différentes classes de pores.

Une autre distinction, plus opérationnelle, a été faite entre **porosité texturale** et **porosité structurale**. La première résulte de l'assemblage des particules solides élémentaires (argiles, limons, sables) qui ménagent entre elles un volume poral

---

4.   D'un point de vue strictement structural, on parle souvent des « vides » du sol. Abusivement, car ces « vides » sont occupés par de l'air, de l'eau (et des solutés), parfois par des racines, des vers de terre, etc.

du même ordre de grandeur qu'elles. La porosité texturale est donc très liée à la composition granulométrique du matériau. Si elle est accidentellement diminuée (par compactage), c'est souvent irréversible.

Tableau 2.1. Subdivision de la porosité sur des critères de dimension des vides, de leur origine et de leurs propriétés vis-à-vis de l'eau (modifié d'après Calvet, 2003). P_m : potentiel matriciel.

Dimension	Nature des vides	Propriétés hydrologiques
1 à 10 mm	Fissures, chenaux, vides intermottes	Écoulement d'eau gravitaire sous forme de films d'eau sur les parois en milieu non saturé en eau et sous forme turbulente en milieu saturé en eau ; pas de transmission si $P_m < -0{,}3$ kPa
30 µm à 1 mm	Vides inter et intra-agrégats, vides entre des grains de sable	Assurent la transmission de l'eau au cours de l'infiltration ; les pores sont vides quand $P_m \leq -10$ kPa
0,2 à 30 µm	Vides essentiellement intra-agrégats	Assurent en grande partie la réserve d'eau utile et la capillarité d'eau dans les sols ; l'eau est extractible quand $P_m > -1{,}5$ MPa
1 à 200 nm	Vides de constitution des minéraux argileux élémentaires ou des niveaux d'organisation supérieures : espaces interfoliaires, intercristallites et interdomaines (voir chapitre 11)	Eau fortement retenue dans les sols, affectée seulement par de fortes dessiccations ($P_m < -1{,}5$ MPa) ; elle intervient dans les phénomènes de gonflement-retrait au niveau interfoliaire et particulaire

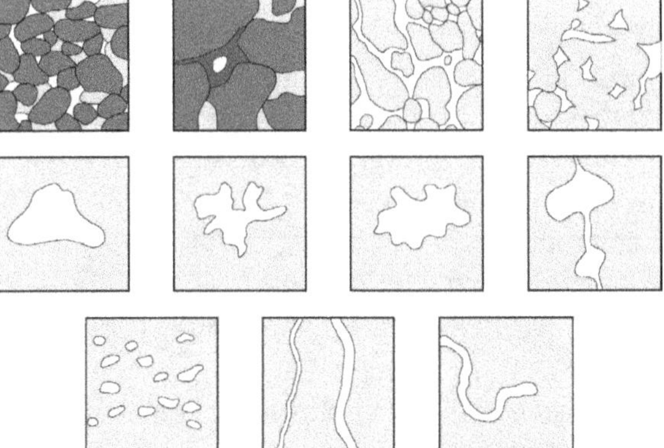

Figure 2.1. Différents types de vides intra ou interagrégats, visibles à l'œil nu ou avec une forte loupe (vues en section). Les gros grains de sable sont figurés en gris foncé, les vides en blanc, le fond matriciel en bleu clair.

En revanche, la porosité structurale résulte de facteurs externes au matériau, de ce que l'on peut appeler son « histoire », tant pédologique que culturale. Elle inclut les fissures inter ou intra-agrégats, les trous de vers de terre, les passages de racines et toutes les cavités d'origine biologique. Cette porosité peut être affectée par l'agriculture (tassement), mais d'une manière réversible.

Ces espaces qui existent entre particules solides peuvent être observés en deux dimensions à l'œil et essentiellement en micromorphologie (voir chapitre 13). On distingue ainsi différentes sortes de vides, des lacunes interparticulaires, des cavités irrégulières apparemment isolées, des alvéoles reliées par des chenaux cylindriques, des fissures planaires, etc. (figure 2.1).

▸▸ Importance de la structure des différents horizons

L'organisation à l'échelle centimétrique qui existe dans les différents horizons des sols est fondamentale en raison du rôle majeur qu'elle joue dans le fonctionnement général des sols :

• relativement à l'air : accès de l'air dans les horizons de surface comme en profondeur, dans de grandes cavités comme dans de très petits sites ;

• relativement à l'eau :
  – stockage de l'eau et sa mise à la disposition des racines et des organismes qui y vivent,
  – mouvements de l'eau entre la surface du sol, l'horizon de surface labouré et les horizons sous-jacents profonds (par ressuyage vertical ou latéral ou par capillarité), en lien avec la connectivité des vides ;

• relativement à la température ; température dans le sol et ses fluctuations tant verticales que temporelles ;

• conséquences pour les racines :
  – développement, fonctionnement et vie des racines,
  – stockage, libération et redistribution de nutriments ;

• conséquences pour les organismes vivants, notamment les micro-organismes : lieux d'hébergement et conditions de vie et d'activité des organismes vivants (bactéries, champignons, mycorhizes, nématodes, vers de terre, insectes…) ;

• relativement aux opérations culturales :
  – germination des graines,
  – possibilité de passage du matériel agricole (traficabilité),
  – réponse du sol aux façons culturales et à la charge par le bétail,
  – facilité de culture ;

• relativement à la protection de l'environnement : diminution de l'érosion, rétention et dégradation des polluants.

Le stockage et le transfert de l'eau, des éléments dissous et des gaz (atmosphère du sol) déterminent une grande partie des fonctions du sol. La présence de vides de différentes formes et de différentes dimensions permet l'infiltration et la redistribution de l'eau, y compris les remontées capillaires. Les conditions d'aération et de température conditionnent le développement de l'activité biologique. Qu'il s'agisse des propriétés de stockage ou de transfert, les propriétés de chaque horizon sont étroitement liées à leur structure, c'est-à-dire à la façon dont les constituants minéraux et organiques sont assemblés les uns par rapport aux autres.

Sans aération, pas de vie microbienne. Sans vie microbienne, pas de minéralisation des matières organiques, pas d'absorption des nutriments par les racines.

C'est pourquoi nombre d'auteurs insistent sur l'importance concrète de la structure des sols. Voici deux citations significatives : « La structure est une propriété physique essentielle que l'agriculteur devrait connaître : fréquence de travail, type de labourage, machines à utiliser, germination des semis sont autant d'éléments influençant la structure et influencée par elle » (Gobat *et al.*, 2010).

« Le développement et le maintien d'une structure du sol désirable et optimale pour la croissance des plantes sont des exigences éternelles en agriculture » (Hillel, 1988).

▸▸ Importance de la structure des horizons profonds

L'importance de la structure ne se limite pas aux horizons de surface labourés, car la structure des horizons profonds détermine la capacité et les vitesses des échanges entre l'atmosphère et l'hydrosphère, mais aussi le volume du réservoir en eau et en nutriments.

Influence sur la dynamique verticale des eaux de pluie

Si ces horizons profonds ont des structures trop « ajustées » ou bien s'ils présentent des structures continues, les eaux de pluies ne s'évacuent que très lentement et stagnent dans les couches supérieures du sol. Les agriculteurs considèrent alors qu'il y a « excès d'eau » (figure 2.2).

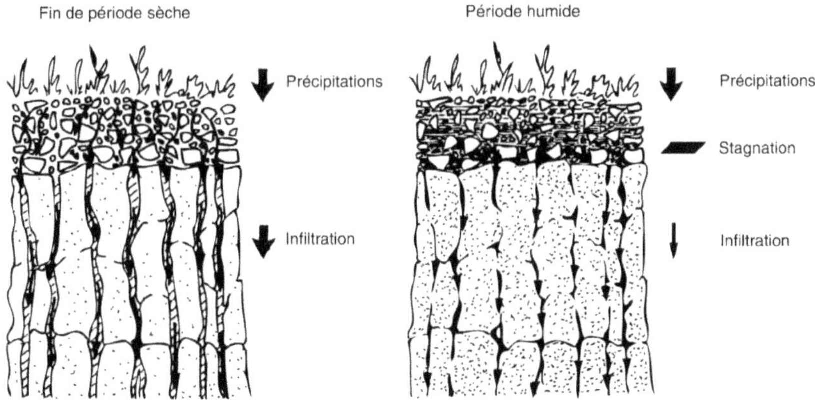

Figure 2.2. Dynamique structurale de sols à architecture ajustée. En période humide, les fissures se referment, l'eau de pluie stagne à faible profondeur (Concaret, 1981).

Dans les années 1960, 1970 et 1980, de grandes surfaces de terrains ont ainsi fait l'objet de travaux importants d'assainissement, le plus souvent par différentes techniques de drainage artificiel (Concaret, 1981).

Influence sur les possibilités d'enracinement

Cette influence a été excellemment traitée par Callot et. al. (1982). Voici une citation et une figure très explicite : « Le système racinaire des plantes annuelles à enracinement profond (blé, maïs, par exemple), mais surtout celui des essences arbustives ou forestières sera donc confronté à toutes les hétérogénéités et discontinuités qui existent dans et entre les couches du sol. La réaction de la plante sera d'autant plus sensible aux variations des caractéristiques des couches profondes qu'elle s'adressera à une période de temps plus longue. Ainsi, l'irrégularité du développement d'une haie ou d'une rangée d'arbres est très souvent en relation avec l'hétérogénéité structurale des couches profondes du sol. » (figure 2.3).

Au cours de sa croissance, par simple perturbation mécanique mais aussi par émission d'excrétats racinaires (mucigel), par succion de l'eau et des éléments minéraux, par dégagement de CO_2 (respiration racinaire), la racine modifie continuellement son environnement immédiat. Dans une même couche de sol, le système racinaire est donc susceptible d'évoluer dans des microsites variés ; en relation avec le régime hydrique, ces microsites conditionneront les échanges avec la phase liquide du sol et, par là même, les phénomènes d'absorption des éléments [nutritifs ou potentiellement toxiques] par les racines.

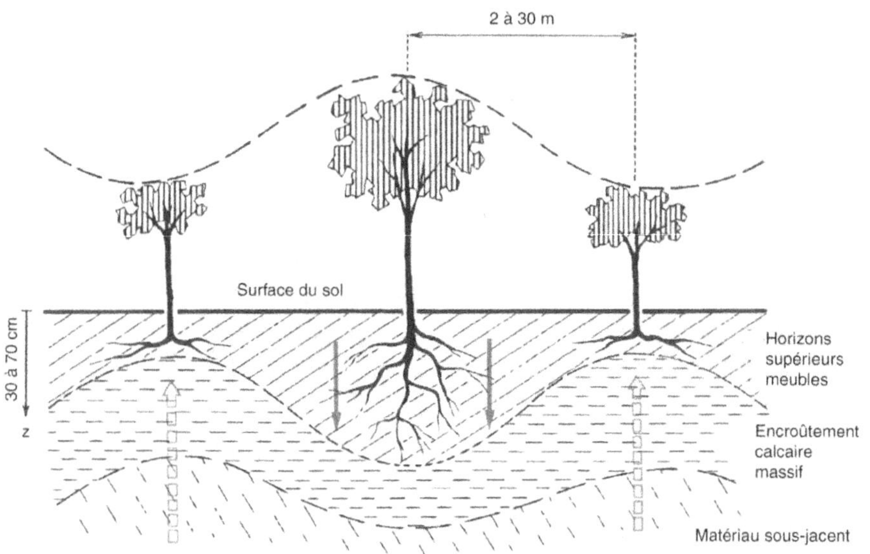

Figure 2.3. Relation entre la hauteur des arbres, leur développement racinaire et l'existence d'un encroûtement calcaire massif apparaissant à profondeur variable (d'après Callot *et al.*, 1982).

Dans les couches de surface [horizons labourés L], les façons culturales et l'intense activité biologique tendent à homogénéiser les microstructures. C'est surtout dans les couches plus profondes, non perturbées par la culture, que les hétérogénéités du sol vis-à-vis du système racinaire sont les plus grandes, en particulier dans les sols présentant des horizons fortement différenciés. Pour des plantes annuelles, l'enracinement et la consommation en eau et en éléments fertilisants sont particulièrement importants dans les couches de surface, il n'en reste pas moins qu'en année sèche et pour les cultures arbustives, le système racinaire profond joue un rôle déterminant dans l'alimentation hydrique et minérale de la plante » (Maertens, 1964, *In :* Callot *et al.*, 1982).

▶▶ Importance de la structure pour l'évolution pédogénétique

Au cours de la différenciation des sols, le maintien d'une structuration favorable (*i.e.* agrégats stables et plutôt petits, forte porosité, notamment fissurale) des horizons de moyenne profondeur permettra des flux d'eau surtout verticaux. Au contraire, l'acquisition progressive d'une « architecture ajustée » ou son existence dès l'origine dans ces horizons semi-profonds donnera lieu à des écoulements essentiellement subhorizontaux. Une telle différence dans le fonctionnement hydrique, se poursuivant durant plusieurs milliers d'années, a une influence déterminante sur l'évolution des couvertures pédologiques et sur la morphologie et le fonctionnement des sols.

Cas des matériaux limoneux

Si, dans les horizons profonds, une structure favorable se maintient assez longtemps, l'évolution progressive se fait selon la succession évolutive suivante (d'après le Référentiel pédologique 2008) :

Néoluvisol → Luvisol Typique → Luvisol Typique rédoxique → Luvisol Dégradé glossique

Si une architecture ajustée s'installe précocement en profondeur, l'évolution ultime bifurque dans une autre direction :

Néoluvisol → Luvisol Typique → Luvisol Typique rédoxique → Luvisol Dégradé planosolique → planosol secondaire[5]

Cas des matériaux argileux

Une différence majeure de comportement structural existe selon l'origine du matériau argileux dans lequel les sols se développent. Les argiles résiduelles d'altéra-

---

5. C'est-à-dire dont la formation est postérieure à une phase préalable de lessivage de particules argileuses.

tion (issues de la décarbonatation totale de calcaires ou de craies ; par exemple, les « terres d'Aubue » de Basse Bourgogne, les argiles à chailles, les argiles à silex) sont finement structurées avec des agrégats très stables et présentent donc un ressuyage rapide. Au contraire, les sédiments argileux marins ou lagunaires (marnes, argilites), à taux d'argile identiques, montrent des structures très grossières et peu stables avec des agrégats compacts et massifs, d'où la stagnation des eaux de pluie.

Si une structure favorable se maintient, l'évolution pourra être (par exemple) :

Fersialsol Insaturé → Fersialsol Éluvique

Fluviosol Typique → brunisol

Calcosol → Calcisol → brunisol

Si une architecture ajustée existe initialement (cas des sédiments argileux marins ou lagunaires), l'évolution sera plutôt du type :

Pélosol Brunifié → Pélosol Différencié → Planosol Typique

brunisol → brunisol appauvri → Planosol Typique.

▸▸ Comment naissent les agrégats ?

Les structures à agrégats, dites aussi « pédiques », se divisent en deux grands types selon leur mode de genèse :

– les **structures dites « mécaniques »**, formées par séparation abiotique, dont les agrégats ont pour origine le débit d'un matériau initialement massif (par exemple une marne, un lœss, une alluvion argileuse) par des fentes de retrait ou tout autre phénomène de nature physique (voir photo 4.3) ;

– les **structures dites « construites »**, dues à l'action des organismes vivants du sol (bactéries, champignons, faune du sol, notamment des vers de terre, etc.) lesquels produisent des substances susceptibles de servir de ciments entre les particules élémentaires. Ces structures se limitent aux horizons les plus superficiels, là où il y a le plus d'oxygène et de matières organiques et donc d'activité biologique (voir chapitre 3 et photos 2.2, 4.5 et 5.1).

Structures mécaniques

Les structures mécaniques (*cf.* Chamayou et Legros, 1989), facilement visibles dans les sols secs, disparaissent plus ou moins par humidification, par suite d'un gonflement des agrégats amenant la fermeture des interstices. Elles sont nécessairement liées à l'abondance des minéraux argileux et à leurs propriétés (nature minéralogique, nature des cations compensateurs et degré de floculation).

La formation des agrégats est sous la dépendance de forces physiques antagonistes des forces de liaison. Les premières, créant des tensions dans la masse de l'horizon, font apparaître des fissures qui séparent les différents éléments au niveau de plans de faiblesse.

Les actions physiques les plus fréquentes sont :

– **les tensions à la dessiccation.** Dans les horizons contenant suffisamment d'argile, il existe une variation de volume notable entre l'état humide et l'état sec. Ces variations sont d'autant plus importantes que les minéraux argileux sont de nature smectitique (argiles gonflantes). À la dessiccation, la diminution de volume fait apparaître des tensions internes qui, dans un milieu homogène, se répartiraient dans un plan suivant trois directions à 120° l'une de l'autre. Lorsque ces tensions deviennent supérieures aux forces de liaison, il se produit des ruptures perpendiculaires aux tensions. Cela engendre la formation d'éléments polygonaux, généralement hexagonaux. De même, des ruptures apparaissent perpendiculairement au réseau de fissures primaire constituant un réseau secondaire puis tertiaire et perpendiculaire au deuxième (débit cubique, par exemple) (voir photo 4.2). En cas de sols très argileux comme les vertisols, le retrait est intense et se produit partout à la dessiccation. En profondeur, on obtient des éléments structuraux plus ou moins grands, selon la nature des cations présents (voir chapitre 11), de formes grossièrement prismatiques. Les fentes séparant les prismes viennent jusqu'en surface (photo 2.1). Les fissures interagrégats des structures mécaniques (prismatiques et polyédriques anguleuses) ont tendance à persister dans le temps et donc à s'ouvrir toujours au même endroit. Ceci parce que leurs faces sont progressivement modifiées par la réorientation des particules argileuses, par des revêtements constitués de micro-alluvions (argiles, matières organiques) ou le tapissage par de fines racines vivantes ou mortes… Une fissure qui a fonctionné constitue une zone de faiblesse… Elle rejouera donc à nouveau (figure 2.4).

Photo 2.1. Vertisol observé dans une rizière : les vertisols sont constitués principalement par des argiles gonflantes (smectites). Ils sont caractérisés, notamment, par un fort potentiel de rétractation en périodes sèches d'où l'ouverture de larges et profondes fentes (photo Alain Ruellan).

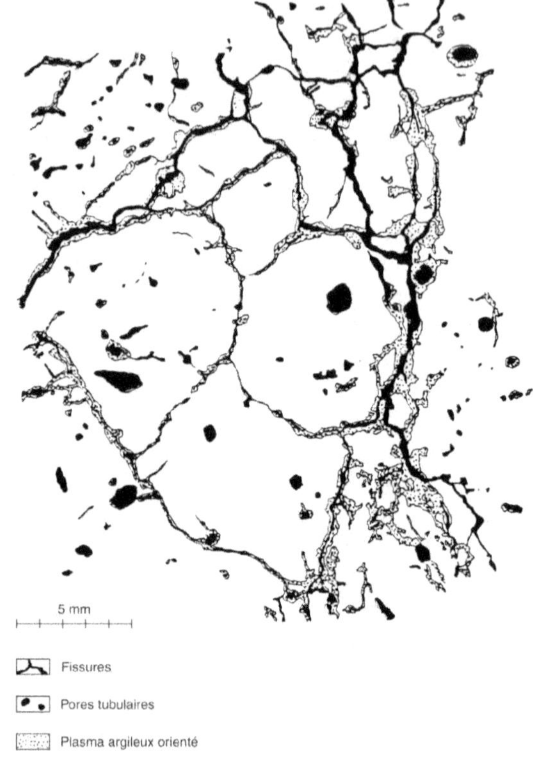

Figure 2.4. Fissures interagrégats, pores tubulaires intra-agrégats et dépôts d'argiles illuviales dans un horizon profond argileux d'une « terre d'Aubue » de Basse Bourgogne à structure micropolyédrique très stable. Interprétation d'une lame mince (Bruand, 1985). La matière est en blanc, les vides sont en noir.

Le sol étant un milieu éminemment hétérogène, le détachement des éléments structuraux est en général irrégulier. En outre, la dessiccation comme la réhumectation peuvent être très irrégulières et occasionner des mouvements verticaux de matières. C'est le cas des vertisols étudiés en Guadeloupe par Jaillard et Cabidoche (1984, voir encadré 2.1) ;

— **la gélifraction**. Dans les premiers centimètres du sol, l'eau contenue dans les vides est susceptible de geler et de faire éclater les agrégats, donnant naissance à des arêtes vives quand la texture est argileuse ;

— **le développement du système racinaire**. En pénétrant dans un horizon et en se développant (en longueur comme en diamètre), les racines exercent des forces de pression qui font éclater la masse solide. Par ailleurs, les racines assèchent leur environnement immédiat (rhizosphère), ce qui provoque le développement de tensions de retrait. Ce phénomène dépend de la densité du chevelu racinaire et est particulièrement important sous un couvert végétal de graminées (voir Callot *et al.*, 1982) ;

— **le travail du sol**. Les différents travaux agricoles ont comme objectif de conférer aux couches du sol les plus superficielles une structure permettant d'obtenir des conditions optimales de germination puis de développement de telle ou telle culture (voir chapitres 6, 7 et 8).

Encadré 2.1. Hétérogénéité hydrique dans un matériau homogène

Un vertisol d'un mètre d'épaisseur développé dans des sédiments argileux de mangrove (82 % d'argiles majoritairement gonflantes) non cultivé a été étudié. En surface s'est formé un microrelief typique des vertisols (microrelief « gilgaï »), alternance de monticules et de creux fermés (dénivelée 10 à 20 cm).

Une étude détaillée des profils hydriques a montré que, dans ce matériau pourtant très homogène, il existait de grandes différences d'humidité. Les volumes les plus humides se situent toujours au niveau des dépressions tandis que les volumes les plus secs se situent au niveau des monticules. Le microrelief de surface joue un rôle capital en concentrant les eaux de pluie vers les dépressions où cette eau s'infiltre en profitant de larges fissures de rétractation ouvertes à la saison sèche.

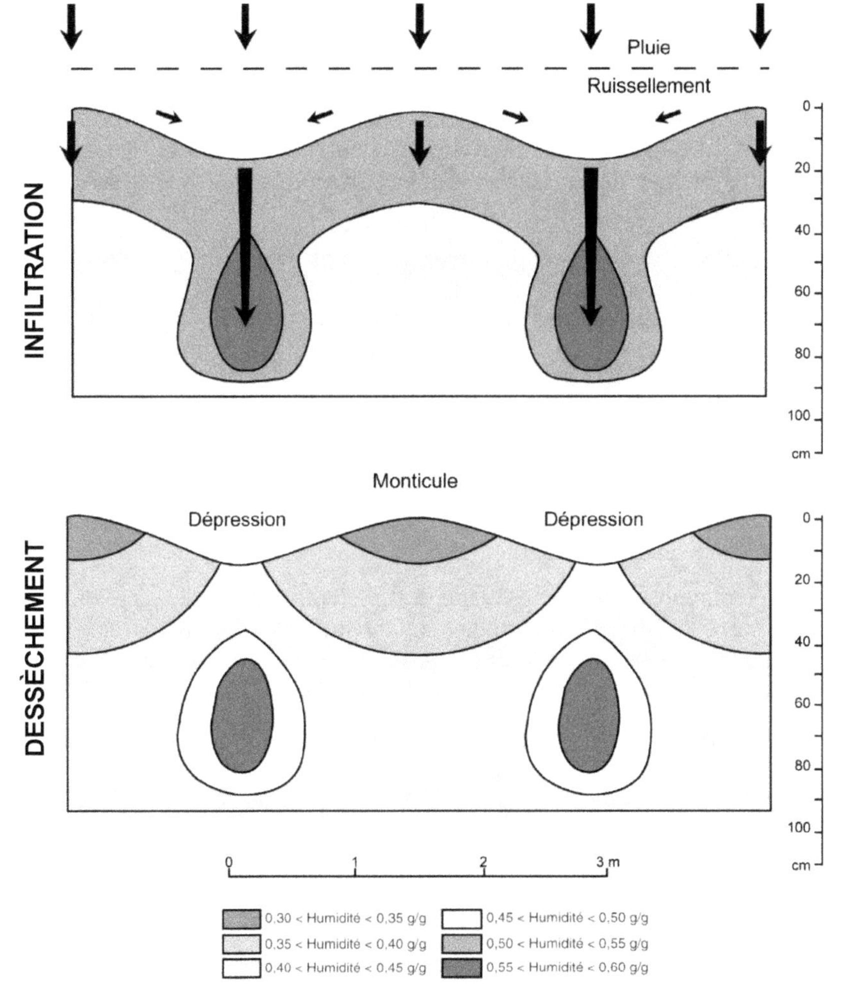

Figure 2 E1. Hétérogénéité de l'humidité pondérale dans un vertisol de Guadeloupe en périodes de réhumectation et de dessèchement (d'après Jaillard et Cabidoche, 1984).

...

Il en résulte :

– de très grandes différences d'humidités entre les volumes les plus humides et les volumes les plus secs, pourtant latéralement très proches ;

– des gonflements différentiels des masses argileuses, provoquant des mouvements internes obliques, caractéristiques de ces types de sols et donnant naissance à des structures « mécaniques » à agrégats losangiques (structure sphénoïde).

Structures construites

Les agrégats de forme arrondie ne peuvent provenir de tensions mécaniques. Ils résultent en partie ou en totalité de l'activité biologique. Les êtres vivants du sol exercent d'abord une action mécanique : fragmentation et incorporation des débris végétaux à la matière minérale, fabrication de boulettes fécales. Ils interviennent aussi en fournissant des agents liants servant de ciment dans la construction des agrégats. Ces substances proviennent de la décomposition des débris organiques par l'activité microbienne, des microorganismes eux-mêmes, des sécrétions des racines (exsudats racinaires) et de l'action de la mésofaune.

Bactéries, champignons et vers de terre sont les principales populations qui interviennent dans la formation des agrégats :

– les bactéries semblent adhérer aux particules argileuses. Très nombreuses, elles s'agglutinent, stabilisent les argiles et permettent la formation de micro-agrégats très stables ;

– les champignons ont un rôle considérable, assez semblable à celui des bactéries, notamment par leurs hyphes qui peuvent atteindre des kilomètres de longueur par centimètre cube ;

– les vers de terre jouent un rôle majeur dans la construction des agrégats arrondis (structures grumeleuses).

L'exemple le plus spectaculaire est celui des turricules de vers de terre qui donnent naissance, après destruction partielle, à la structure grumeleuse observable en surface de certains sols forestiers (horizons A dits « biomacrostructurés » – formes d'humus de type eumull, Jabiol *et al.*, 2007) (voir photo 4.5).

Ces turricules peuvent être observés aussi sous agriculture respectueuse de l'environnement lorsque les lombrics sont nombreux (photo 2.2).

Dans les formes d'humus forestières à faible activité biologique, certains horizons entièrement organiques (horizons OF et surtout OH) contiennent de grandes quantités de boulettes fécales émises par la mésofaune (vers épigés, vers enchytréides, divers arthropodes). La structure ainsi créée est dite coprogène ou granulaire (Jabiol *et al.*, 2007).

Enfin, signalons le rôle majeur du chevelu racinaire très dense des graminées fourragères sur le phénomène dit « de granulation ». Sous ce type de prairies, dans les premiers décimètres du sol, on observe une grande proportion de petits agrégats arrondis de diamètre inférieur à 10 mm. Selon Hénin (1976), les racines auraient

Photo 2.2. Turricules agricoles (photo A. Delaunois).

une triple action : « collage » des particules par les couches mucilagineuses formées de polysaccharides qui gainent les racines ; pression et recouvrement.

Ces structures construites, d'origine biologique, très bien aérées, peuvent être souvent observées sous végétation naturelle ou spontanée, mais disparaissent généralement sous l'effet des cultures.

▸▸ Modification de la structure

La structure des sols n'est pas figée. Il existe d'abord une dynamique hebdomadaire ou saisonnière due aux variations climatiques. Le sol est susceptible de gonfler en période humide et de se rétracter en période sèche. Cela est particulièrement sensible dans le cas des horizons argileux, la porosité correspondant à l'assemblage des particules argileuses présentant des capacités de retrait-gonflement à l'eau très importantes pour la plupart des argiles (voir chapitre 11) (voir photo 2.1).

Mais la structure peut également évoluer lentement, sous l'action de facteurs naturels, ou être modifiée plus ou moins rapidement par des actions anthropiques : travail superficiel du sol, passages d'engins, plantations, drainage, défonçage, apport de matières organiques, de composts, chaulage, irrigation avec des eaux chargées en ions sodium, etc. (voir aussi chapitres 6, 8 et 10).

Les phénomènes naturels modifiant la structure d'un horizon à long terme sont ceux qui agissent sur la quantité ou la nature des agents d'agrégation et de stabilisation que sont les matières organiques, les particules argileuses, les ions calcium, par exemple :

– pertes d'ions calcium et acidification ;

– éluviation progressive des argiles et des liants (fer) entraînant une diminution de la stabilité structurale, caractéristique des Néoluvisols et luvisols (horizons E) ;

– brassage en grand par une forte activité biologique (vers géants des Veracrisols) ;

– apports d'ions sodium entraînant la défloculation des minéraux argileux (***solonetz, solods***) ;

– précipitations de $CaCO_3$, d'oxyhydroxydes (de fer et/ou de manganèse), de silice, de sels, générant des horizons indurés à structure continue.

Tassement/compactage

Concaret (1981) distingue les deux notions de tassement et de compactage. Le tassement, sous l'effet de la gravité, de pressions ou de vibrations, tend à rapprocher les éléments structuraux en formant un assemblage plus dense (diminution de la porosité interagrégats mais pas de la porosité intra-agrégats). Il diminue l'espace fissural disponible pour la circulation des eaux gravitaires. Le compactage, à la différence du tassement, ne ménage pas l'individualité des agrégats, il tend à les refondre dans une masse. Ceci suppose déformations et soudures. Le compactage affecte ainsi la porosité interne des agrégats.

Dans les horizons profonds, particulièrement pour les matériaux riches en argile, les forces de gonflement ne peuvent s'exprimer totalement et se transforment en forces d'autocompression. Au cours du temps, des successions de dessiccations, de tassements et de réhumectations peuvent conduire à des cisaillements et des compactages. Dans les horizons supérieurs, tassements et compactages proviennent surtout des pressions exercées par les engins agricoles, les outils ou le piétinement du bétail (voir chapitres 5 et 6).

Ces déformations sont bien étudiées en mécanique des sols, essentiellement les tassements sous l'effet d'une charge mécanique appliquée en surface. La diminution du volume total d'un échantillon de sol saturé d'eau et drainé est une fonction de la pression mécanique appliquée et se représente sous forme de courbes œdométriques qui dépendent du type de sol. La structure des sols est plus ou moins modifiée suivant l'état hydrique auquel a lieu le compactage. Il a été démontré que les modifications concernent tous les niveaux d'organisation structurale y compris la porosité texturale.

Causes de la désagrégation

La stabilisation des agrégats dépend de l'efficacité des agents de cohésion. À taux d'argile identique, elle est favorisée par la présence de substances organiques en quantités suffisantes, substances dont certaines, hydrophobes, réduisent l'affinité de l'agrégat pour l'eau. Elle est également renforcée par la dominance des ions calcium sur le complexe adsorbant.

Aux forces de cohésion qui génèrent et maintiennent les structures à agrégats peuvent succéder des actions inverses menant à une désagrégation totale ou partielle. Ces actions « désagrégeantes » sont naturelles (gel) ou artificielles (agriculture), volontaires (préparation d'un lit de semence) ou involontaires (compactage excessif par les engins agricoles) ou des conditions dans lesquelles les ciments ne sont plus assez efficaces (par exemple, diminution des teneurs en matières organiques) (figure 2.5).

Dans les horizons de surface, l'eau joue un rôle essentiel notamment lors des alternances d'humectations et de dessiccations. La désagrégation des agrégats s'opère surtout par éclatement.

Au contact d'une motte sèche, l'eau s'introduit à l'intérieur des pores de petit diamètre par progression capillaire comprimant l'air à l'intérieur de ceux-ci, ce qui

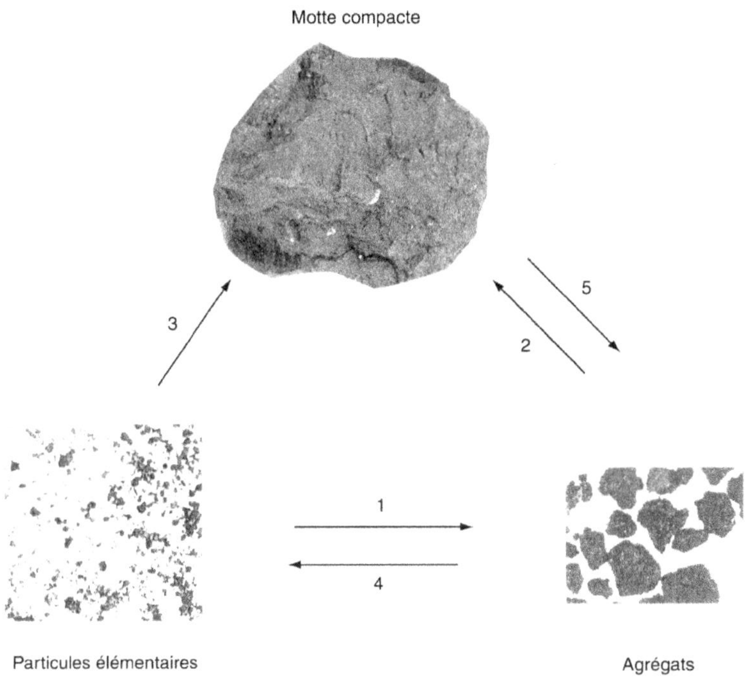

Figure 2.5. Transformations structurales possibles dans les horizons de surface (d'après Morel, 1996). 1, agrégation ; 2, compactage ; 3, prise en masse ; 4, désagrégation ; 5, émiettement, affinement.

entraîne la rupture de la motte. Ce phénomène est d'autant plus marqué que la réhumectation est brutale. La dislocation des agrégats par éclatement à l'humectation ne se produit qu'en présence d'air dans les pores. Si les agrégats sont en état de saturation, ce phénomène ne peut donc intervenir. C'est pourquoi les effets d'éclatement ne jouent aucun rôle dans les horizons profonds en raison des faibles variations d'humidité et des limitations volumiques au gonflement.

Par ailleurs, l'action du gel induit un effet de fracture lors de la formation de la glace dans les vides remplis d'eau ; de même, les racines et radicelles, pénétrant les agrégats, peuvent en provoquer la rupture.

L'impact des gouttes de pluie est susceptible d'éroder les surfaces externes des agrégats (voir chapitre 10).

Encadré 2.2. Interventions profondes pour l'élimination des excès d'eau

Dans les sols dont les horizons profonds sont très peu perméables et dont l'architecture est « ajustée » (*i.e.* où les agrégats de formes anguleuses s'emboîtent de telle sorte qu'ils ne laissent, une fois réhumectés, aucun écart, sans pour autant se souder), la mise en culture implique un assainissement. C'est le cas notamment des pélosols et des planosols. Dans de tels cas, Concaret a bien montré que « la désorganisation de l'architecture, tant dans les tranchées de drainage que suite à l'éclatement des horizons profonds par sous-solage, était bien à même de créer une porosité fissurale efficace et durable. En effet, tout horizon profond dont l'architecture a été fortement remaniée ne saurait retourner rapidement à son état d'origine. »

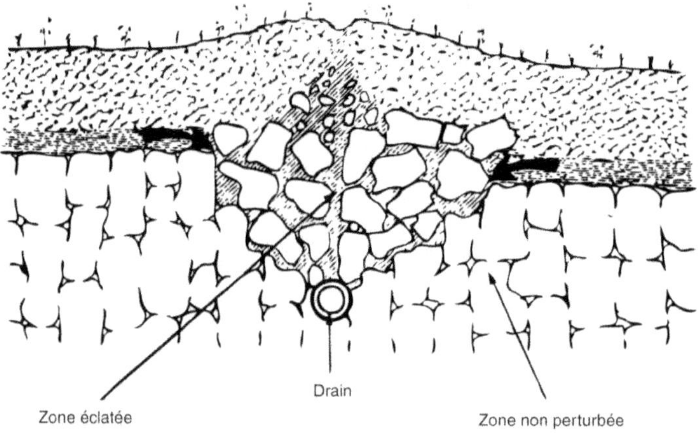

Figure 2.E2. Création d'une macroporosité artificielle lors de la pose d'un drain à la sous-soleuse poseuse (Concaret, 1981).

Lorsque la structure est pratiquement inexistante (structure continue, horizon plastique à l'état humide), les interventions mécaniques doivent s'efforcer de créer une architecture artificielle par la création de fissures, galeries ou lacunes suffisamment durables et accessibles aux actions climatiques et biologiques (taupage).

D'après Concaret, 1981.

Dans les sols argileux, l'apport excessif d'ions sodium, notamment lors d'utilisation répétée d'eaux d'irrigation salées, même faiblement, conduit à la défloculation des argiles et à une dégradation de la structure aussi bien en profondeur qu'en surface. Enfin, une très forte pollution par des éléments traces métalliques peut également être à l'origine de modifications considérables de la structure, quand elle entraîne l'arrêt de toute activité biologique. Un bel exemple est donné par un ancien sol agricole désormais sous couverture herbacée de plantes métallophytes (dite « pelouse métallicole ») à proximité immédiate d'une ancienne zinguerie. Dans les 30 premiers cetimètres de ce sol, la structure agrégée s'est effondrée et on observe

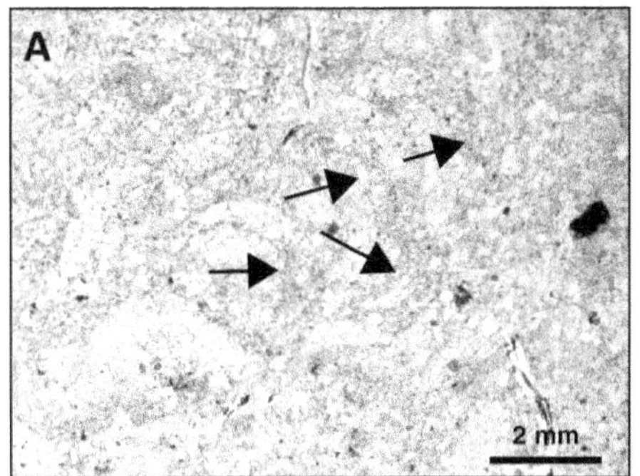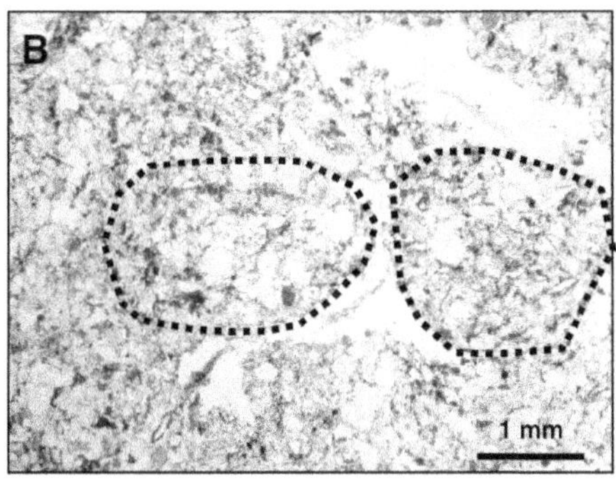

Photo 2.3. Ancien horizon labouré d'un sol désormais sous pelouse métallicole (Mortagne-du-Nord). La toxicité résultant de la forte pollution en métaux (Zn, As) a eu un fort impact sur l'activité biologique et est à l'origine de la disparition des vers de terre. L'incorporation des matières organiques dans le sol n'est donc plus assurée et la structure s'est effondrée.
A. On observe de nombreuses portions d'arcs de couleur sombre (flèches noires), correspondant aux zones périphériques d'anciens agrégats qui apparaissent désormais « soudés » (d'après van Oort *et al.*, 2002).
B. À titre de comparaison, une image de l'agrégation dans un horizon de surface d'un sol sous prairie permanente, dans le même secteur, mais très faiblement contaminé (Fernandez *et al.*, 2010). On y observe des agrégats arrondis de plusieurs millimètres de diamètre (lignes pointillées) et la présence de grandes quantités de matières organiques au sein des agrégats, deux aspects qui témoignent d'une très bonne activité biologique. Photographies en microscopie optique, lumière naturelle.

Encadré 2.3. Même dans les sols reconstitués, la structure est importante !

Par des techniques de « génie pédologique », on peut être amené à reconstituer des « sols » dans des fosses de plantation d'arbres en pleine ville. Ces Anthroposols Reconstitués doivent constituer un bon support pour l'implantation et le développement de végétaux. Ils doivent donc répondre aux besoins des plantes…

Les **propriétés physiques** de ces sols sont très importantes : un compactage trop important (supérieur à 1,6 g/cm^3) empêche le développement racinaire et limite la circulation de l'air et de l'eau. De nombreuses espèces végétales de milieux modérément humides nécessitent au moins 10 à 12 % d'air (en volume), dans l'espace poral, pour se développer de façon satisfaisante. Mais la composition de l'air du sol varie en fonction de l'intensité de l'activité microbienne, par exemple. Peu d'espèces d'arbres peuvent développer des racines lorsque la concentration en oxygène dans l'air du sol chute en dessous de 2 % du volume d'air. Il faut donc un sol avec une porosité élevée, dont la macroporosité permette un renouvellement d'air et un drainage rapides qui limitent ainsi les risques d'anoxie et d'asphyxie. Inversement, les capacités de rétention d'eau doivent être suffisantes pour ne pas créer de situation de sécheresse…

Les propriétés initiales de tels sols reconstitués évoluent et se dégradent rapidement, c'est pourquoi des méthodes de reconstitution permettant notamment de renforcer la structure et de limiter le compactage ont été mises au point et consignées dans des cahiers des charges (d'après Grosbellet, 2008).

un assemblage dense et continu. En outre, la porosité interagrégats a disparu et on ne distingue plus que des bordures sombres d'anciens agrégats, plus riches en matières organiques (photo 2.3A). Cette structure est très différente de celle d'un sol situé à proximité et demeuré sous prairie permanente (photo 2.3B) qui montre des agrégats plurimillimétriques arrondis, indices d'une forte activité biologique.

Pour en savoir plus

Afes, 2009 ; Bruand 1986 ; Bruand et Tessier, 1996 ; Callot *et al.*, 1982 ; Chamayou et Legros, 1989 ; Jabiol *et al.*, 2007 ; Mathieu et Pieltain, 1998.

Chapitre 3

Structures des sols et êtres vivants

Jean-Michel GOBAT, Claire LE BAYON

Chacun se souvient avoir observé des déjections de ver de terre dans son jardin. Ces petits boudins de terre sont probablement une des manifestations les plus visibles de l'effet des organismes vivants du sol sur la structure de ce dernier. À une autre échelle, les taupinières ou les sols mis à nu par le labour des sangliers prouvent que de grands animaux agissent aussi sur la structuration du sol. Beaucoup moins connues sont les boulettes fécales millimétriques de certains acariens ou les microagrégats collés aux racines des plantes par les sucres que ces dernières sécrètent à la pointe de leurs radicelles. Dans tous ces exemples, les êtres vivants sont initiateurs, fabricants de ces structures.

Mais, comme tant d'autres processus écologiques, la poule fait l'œuf tout autant que l'œuf fait la poule ! Toutes ces structures d'origine biologique, auxquelles s'ajoutent celles d'origine physico-chimique, détaillées dans d'autres chapitres de cet ouvrage, vont à leur tour influencer la vie et les activités des êtres vivants du sol. Ainsi, une racine bloquée par une semelle de labour profitera-t-elle d'une galerie de ver de terre pour s'étendre plus en profondeur. Les micro-arthropodes se faufileront, eux, dans les espaces laissés par les polyèdres d'un horizon d'altération riche en argile. À ces influences directes s'ajouteront des effets indirects comme l'apport d'oxygène en profondeur grâce aux galeries des vers de terre anéciques ou endogés.

Parmi ce foisonnement d'interactions entre la structure et les organismes du sol, nous avons choisi d'illustrer dans ce chapitre six thèmes, sans prétendre à aucune exhaustivité. Nous les considérons toutefois comme majeurs par rapport au fonctionnement biologique du sol. Il s'agit de la bioturbation, de l'agrégation organominérale, de la porosité et du régime hydrique, de la décomposition de la matière organique, de la rhizosphère et de la nutrition des plantes, enfin des effets des structures biogéniques à l'échelle de la pédogenèse.

▸▸ La bioturbation, un processus multiscalaire

Les structures pédologiques présentées dans cet ouvrage proviennent d'échelles d'organisation spatiale très diverses, comme l'a montré le chapitre 1. Celles d'origine biologique ne font pas exception. Le processus de bioturbation, qui reflète les mouvements de matière dus à l'activité des organismes vivants, laisse en effet des traces de toutes dimensions, allant de surfaces entières retournées par les sangliers (photo 3.1) au dépôt à courte distance de crottes de vers de terre épigés (photo 3.2). Dans ces deux cas, la bioturbation permet à des constituants ou à des organismes du sol de se mélanger ou d'être disséminés. Elle est ainsi en lien direct avec la formation des agrégats.

Une autre conséquence, à toutes les échelles, de la bioturbation est la remontée, dans les couches supérieures du sol ou à sa surface, de particules fines initialement localisées en profondeur, par exemple les argiles. Les vers de terre (photo 3.3) et les termites (photo 3.4) sont particulièrement efficaces ici, en tant que puissants ingénieurs de l'écosystème. Inversement, les racines des plantes, par la « bioturbation lente »

Photo 3.1. Sol forestier retourné par les sangliers. Bôle, Neuchâtel, Suisse. Photo J.-M. Gobat.

Photo 3.2. Crottes de ver de terre épigé, déposées à la surface d'une feuille de hêtre tombée au sol. Province du Trentin, Italie. Photo A. Zanella.

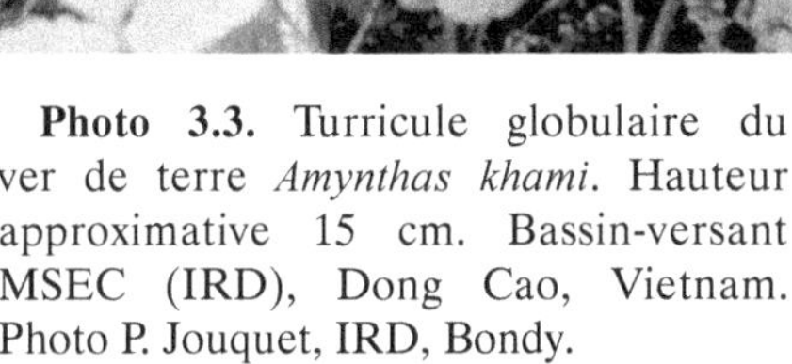

Photo 3.3. Turricule globulaire du ver de terre *Amynthas khami*. Hauteur approximative 15 cm. Bassin-versant MSEC (IRD), Dong Cao, Vietnam. Photo P. Jouquet, IRD, Bondy.

Photo 3.4. Termitière construite par *Macrotermes bellicosus*. Savane de Lamto, Côte d'Ivoire. Photo P. Jouquet, IRD, Bondy.

qu'entraînent leur croissance et leur pénétration dans le sol, y sécrètent des quantités énormes de matières carbonées diverses, regroupées sous le terme de rhizodépôts.

On y trouve par exemple des sucres sous forme de mucilage qui, conjointement aux apports bactériens, forment une espèce de glu collant les agrégats aux radicelles (photo 3.5). Mais les racines agissent en réalité à des échelles diverses, vu leurs tailles très variées entre les gros pivots de certains arbres et le dense mais très fin chevelu de certaines graminées. Dans les sols jeunes, la bioturbation rend souvent possible le démarrage de la structuration, grâce, par exemple, au transport par les fourmis de premiers agrégats fabriqués en profondeur dans leurs nids (photos 3.6A et B).

Photo 3.5. Adhésion des agrégats aux racines grâce au mucigel sécrété et aux polysaccharides bactériens. Parcelle agricole exploitée et recultivée par l'entreprise Toggenburger AG. Stadel, Zurich, Suisse. Photo C. Le Bayon.

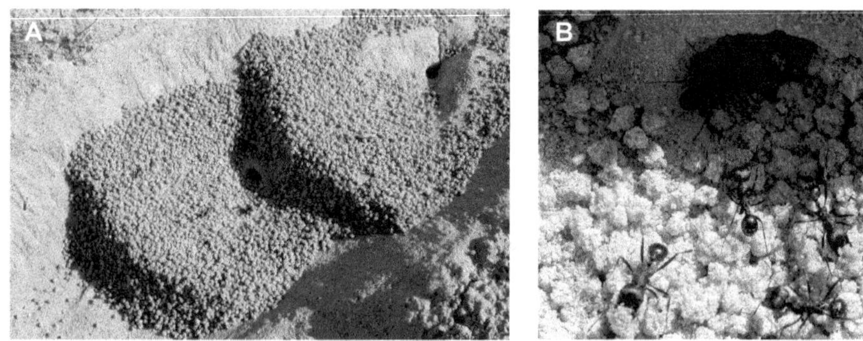

Photo 3.6. Apports en surface d'agrégats fabriqués au sein de la fourmilière.
A. Vue générale. **B.** Fourmis transportant les agrégats. Plantation forestière de Nefta, Djérid, Tunisie. Photos J.-M. Gobat.

▸▸ Les agrégats du sol : une formation multidimensionnelle

La formation des agrégats du sol résulte du réarrangement et de l'organisation de particules minérales et organiques (photo 3.7). Le type, la quantité et la stabilité des agrégats formés sont par conséquent fortement dépendants des teneurs en matières organiques et en argiles du sol, mais également des concentrations en éléments liants tels que les oxyhydroxydes (Fe, Al) et les ions calcium (Ca^{2+}), à l'origine de la mise en place du complexe argilo-humique, l'élément central de l'agrégat (voir aussi le chapitre 2). Ceci est particulièrement vérifié dans des milieux pionniers comme les zones alluviales, où les sols sont jeunes et, par conséquent, les agrégats récents (photo 3.8 ; voir aussi la photo 3.33A).

Si les composantes des agrégats sont bien connues, l'agrégation en tant que telle, en particulier les étapes initiales de création d'agrégats, restent un sujet de controverse. Les modèles les plus récents mettent en avant des adsorptions successives de matière organique sur des surfaces minérales, conduisant à la formation progressive de microagrégats (< 250 μm) qui se combineraient par la suite pour former des macroagrégats (> 250 μm). Il existerait ainsi une organisation hiérarchique très marquée de l'agrégat, dont la formation serait sous le contrôle de facteurs abiotiques (cycles de dessiccation-réhumectation, de gel-dégel) et/ou biotiques (racines, faune, microorganismes), la combinaison des deux catégories étant la plus courante. Outre les fourmis et les termites sous les tropiques, les acteurs les plus connus de l'agrégation en région tempérée sont indéniablement les vers de terre, véritables « usines à agrégats ». Ces ingénieurs de l'écosystème sont d'intenses bioturbateurs du sol, créant des galeries parsemées de déjections (photo 3.9 ; voir aussi la photo 3.14).

Photo 3.7. Agrégats de différentes tailles et formes, issus d'un horizon organo-minéral à activité biologique élevée. Aulnaie blanche. Rhäzuns, Grisons, Suisse. Photo G. Bullinger-Weber.

Photo 3.8. Macroagrégats peu stables issus d'un horizon minéral Js légèrement enrichi en matière organique (la couleur grisâtre est celle du sédiment sablo-limoneux). Saulaie blanche. Brignoud, Isère, France. Photo G. Bullinger-Weber.

Photo 3.9. Galerie d'un gros lombricien, de plus de 10 mm de diamètre, tapissée de déjections, creusée dans un horizon situé à 50 cm de profondeur. La différence de couleur marque l'apport de matière organique par le ver de terre. Ancienne friche de vigne transformée en jardin. Saint-Juéry, Tarn, France. Photo A. Delaunois.

Photo 3.10. Logette de ver de terre, cerclée de déjections endogées. Parcelle agricole exploitée et recultivée par l'entreprise Toggenburger AG. Stadel, Zurich, Suisse. Photo C. Le Bayon.

Photo 3.11. Turricule de ver de terre. Diamètre de la pièce : 27 mm. Parcelle agricole exploitée et recultivée par l'entreprise Toggenburger AG. Stadel, Zurich, Suisse. Photo C. Le Bayon.

Il est communément admis qu'environ 40 % des fèces de vers de terre se retrouvent ainsi dans le sol, garnissant le réseau de galeries souterraines et notamment les logettes que les vers de terre créent lors des périodes d'estivation (photo 3.10) ; les 60 % restants sont émis à la surface du sol, sous forme de turricules (photo 3.11 ; voir aussi la photo 3.3). Du fait de l'ingestion sélective des particules par le ver de terre, les fèces sont en général enrichies en éléments nutritifs disponibles pour d'autres organismes tels que les microorganismes et les plantes.

Il est par ailleurs courant d'observer, au sein des fèces de lombriciens, des boulettes fécales d'organismes subordonnés comme les collemboles, les acariens ou encore les enchytréides. Ces boulettes représentent de véritables réserves de matériaux organiques fins, dont l'allocation est souvent différée. En effet, au fil du temps, les structures biogéniques créées par les vers de terre tendent à se stabiliser et présentent dans certains cas des organisations internes complexes telles qu'un cortex compact constitué de fines particules minérales, limitant ainsi les échanges d'eau et d'air avec le milieu ambiant et créant des conditions anoxiques. La dynamique globale de l'agrégat, mais également des boulettes qui le constituent, est par conséquent une composante essentielle dans le recyclage de la matière organique des sols.

De plus, les conditions environnementales de ces déjections fraîchement émises sont tout à fait propices au développement des communautés de microorganismes qui, en retour, sécrètent des quantités importantes de mucilages riches en polysaccharides renforçant ainsi la cohésion de l'agrégat. Ce processus microbien de formation des agrégats initiaux existe également hors des déjections animales, comme l'illustrent les trois exemples de la photo 3.12.

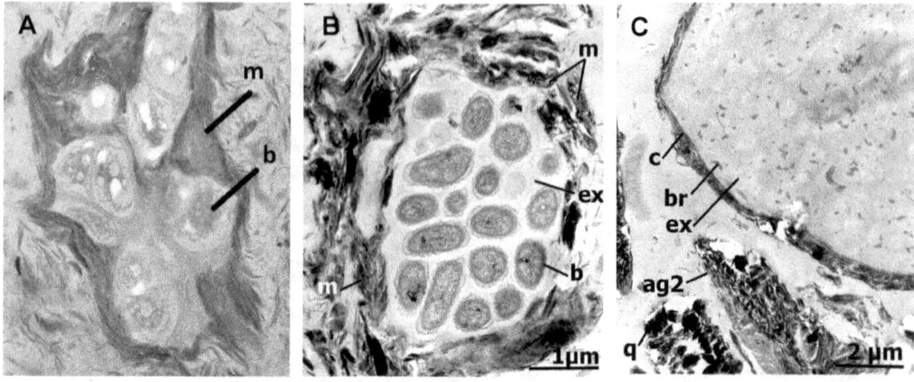

Photo 3.12. Agrégation organo-minérale d'origine bactérienne dans la fraction granulométrique 2-20 µm. Ces trois exemples illustrent bien le rôle de noyau initial joué par les microcolonies de bactéries (b = vivantes, br = résidus bactériens). Ces dernières sécrètent des exopolysaccharides (ex) sur lesquels viennent se fixer diverses petites particules minérales (m) ou des feuillets d'argile (c). À l'échelle supérieure, ces agrégats initiaux se réunissent progressivement à d'autres (ag2), de constitution pouvant être différente (q = quartz), jusqu'à former des macro-agrégats.
A. Dans un vertisol de la Martinique (Blanchart *et al.*, 2000). **B.** Dans un Calcisol rédoxique de Lorraine. **C.** Dans des flocs de boues urbaines de Lorraine. Watteau *et al.*, 2013. Microscope électronique à transmission (MET). Photos F. Watteau et G. Villemin.

▸▸ Porosité, régime hydrique et êtres vivants

Les « vides » du sol, autrement dit la porosité, n'en sont pas vraiment, puisque occupés par l'air ou par l'eau (voir le chapitre 2). On oublie aussi que, temporairement, ils le sont par les animaux du sol qui se déplacent, à la fois utilisateurs et fabricants de certains de ces vides. L'organisation multiscalaire de la porosité du sol, et par conséquent la régulation du régime hydrique, doit ainsi beaucoup aux tailles très variées des animaux, comme l'illustre la photo 3.13. Celle-ci souligne un autre aspect essentiel du contrôle de l'eau, celui de la connectivité. Dans les zones compactes, l'eau peut être en abondance mais elle ne circule pas ; à l'inverse, les grandes galeries des vers de terre favorisent un drainage rapide jusqu'à atteindre l'humidité à la capacité au champ. Des images spectaculaires de cette connectivité due aux galeries peuvent être obtenues par tomographie, une technique qui fournit aussi des caractéristiques quantitatives comme la longueur moyenne des segments et le nombre d'intersections (figure 3.1, voir aussi le chapitre 14). À une échelle plus grande, la termitière constitue un autre exemple de réseau « mégaporal » à forte connectivité. Celui-ci fonctionne à la fois comme un radiateur, réglant de manière très fine la température à l'intérieur de la termitière et du sol sous-jacent, et comme un régulateur hydrique à l'échelle de l'écosystème, entre les précipitations et la nappe phréatique.

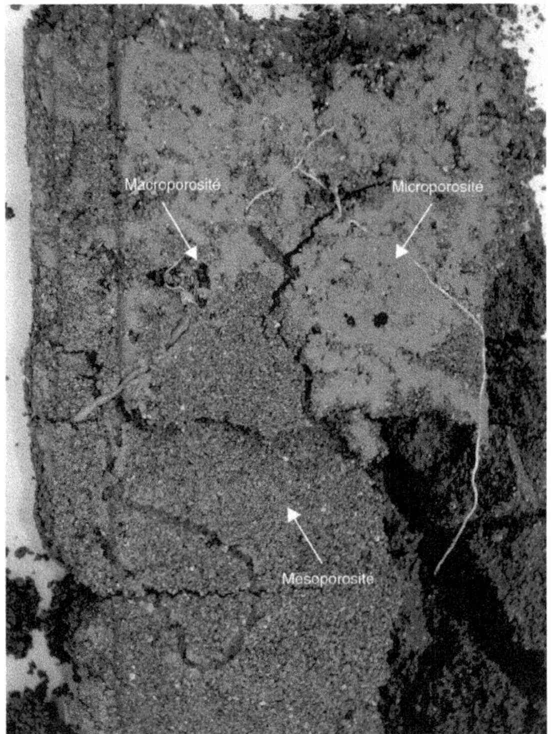

Photo 3.13. Porosité multiscalaire d'origine biologique. La macroporosité est celle des galeries de vers de terre, à forte connectivité et écoulement rapide de l'eau de gravité. La mésoporosité se répartit entre et dans les agrégats ; la connectivité y est également forte, mais l'écoulement plus lent. C'est le siège de la réserve utile. La microporosité est invisible, puisque située entre les plus petites particules, ici compactées en masses bien visibles ; sa connectivité y est quasi nulle et elle conserve une eau inutilisable par les plantes. Tranche de sol d'un microcosme. Photo R. Kohler.

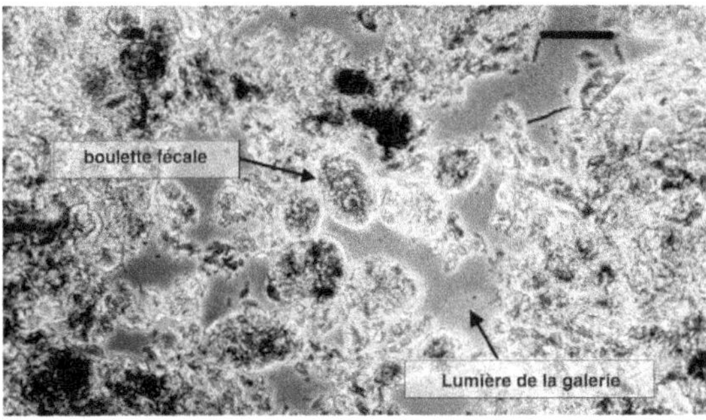

Photo 3.14. Boulettes fécales de l'oribate *Dendrobaena octaedra* à l'intérieur d'une galerie qu'il a forée dans une déjection de ver de terre. Longueur du trait : 50 µm. Photo J.-F. Ponge (Ponge, 2010).

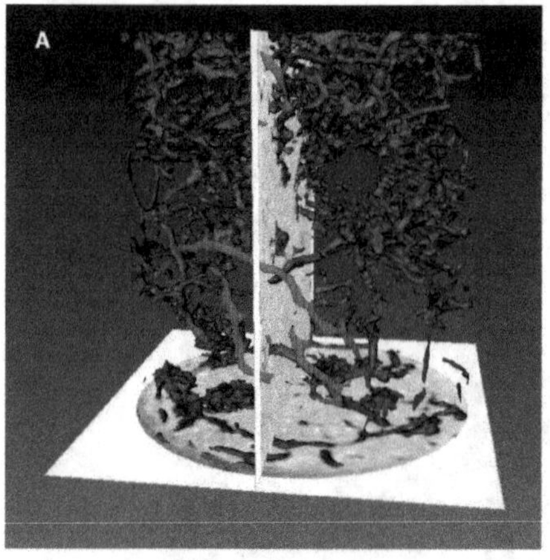

Paramètre	Quantité
Nombre de nœuds	886
Nombre de segments	929
Longueur moyenne (cm)	7,2
Diamètre moyen (cm)	0,28
Porosité totale (cm³)	45,8
Longueur totale (m)	6,6

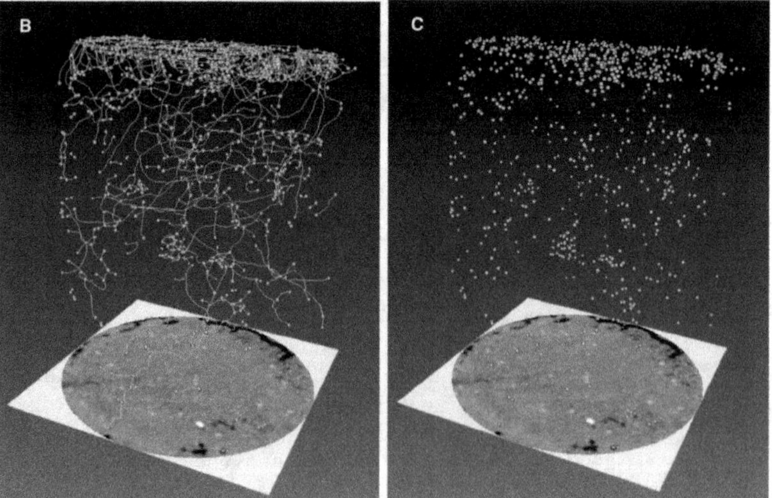

Figure 3.1. Galeries du ver de terre *Allolobophora chlorotica* mises en évidence par tomographie d'un microcosme (IRM du Centre hospitalier universitaire vaudois, Lausanne). **A.** Aspect général du réseau de galeries. **B.** Mise en évidence des chemins de galeries. **C.** Position des « nœuds », intersections des galeries. **D.** Quelques caractéristiques quantitatives du réseau. Photos P. Turberg et J. Amossé.

Par leurs galeries creusées dans le sol, les animaux offrent aussi des chemins de déplacement et de pénétration essentiels à d'autres organismes. Cela concerne des animaux non tunneliers, comme des oribates prédateurs, qui peuvent ainsi disséminer leurs boulettes fécales dans le sol et, avec elles, le carbone pré-humifié ; ce dernier pourra alors être dissous au passage de l'eau et transféré plus loin (photo 3.14). Les végétaux en bénéficient aussi, à l'instar de ce plant de maïs qui a profité d'une galerie de lombric à travers la semelle de labour pour aller puiser l'eau et les éléments nutritifs plus en profondeur ; encore un effet, indirect, de la macroporosité d'origine biologique sur le cycle de l'eau (photo 3.15).

Photo 3.15. Racine de maïs ayant utilisé une galerie de ver de terre pour longer, puis traverser la semelle de labour. Champ cultivé, Suisse romande. Photo DR.

Un autre exemple d'un lien fonctionnel très fort entre porosité, régime hydrique et organismes, est celui des plantes disposant d'un aérenchyme. Ce dernier est un tissu anatomique spécialisé qui permet à la plante vivante, tel le roseau, de livrer l'oxygène de l'air à ses racines pour leur respiration, au sein d'horizons totalement anoxiques (photo 3.16). À leur mort, ces rhizomes laissent de grosses ouvertures dans le sol, utilisées par l'eau de gravité pour s'écouler facilement en profondeur lors d'un abaissement temporaire de la nappe. Si la création de macroporosité par des grandes plantes comme le roseau n'étonne guère, on ne penserait pas *a priori* que des bactéries d'un micromètre puissent en faire autant ! C'est pourtant le cas observé dans les couches profondes d'un sol salin du Chott el-Jérid, en Tunisie (photo 3.17) : des microorganismes décomposent la matière organique en produisant des gaz, très probablement du CO_2 et du CH_4, qui s'échappent en formant des chenaux de dégazage. Certains de ceux-ci se colorent en rouille-orangé, trahissant la présence de fer oxydé.

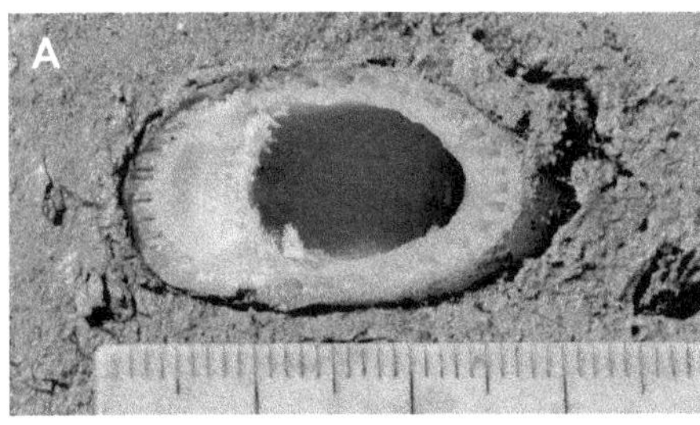

Photo 3.16. Le rôle de l'aérenchyme chez le roseau *Phragmites australis*.
A. Rhizome vivant transportant l'oxygène aux radicelles. **B.** Rhizome mort permettant à l'eau de gravité de descendre rapidement lors d'un abaissement de nappe ou de fortes précipitations. Réductisol Typique d'une prairie à laîche élevée (*Caricetum elatae*), Portalban, Suisse. Photos N.J. Dufaux.

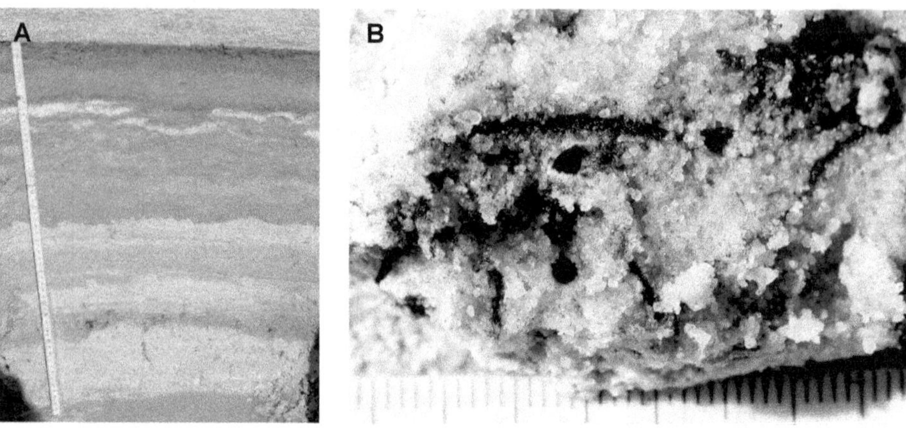

Photo 3.17. Chenaux de dégazage de gaz carbonique et de méthane dans les couches profondes d'un sol salin.

A. Profil du salisodisol avec la situation des chenaux. **B.** Chenaux de dégazage en atmosphère réduite (zones grises et noires, riches en matière organique) ou oxydée (chenal rouille orangé). Nefta, Chott El'Djérid, Tunisie. Photos J.-M. Gobat.

Enfin, plus anecdotique mais ponctuellement efficace, une plante très aérienne, le gui, facilite la dégradation des troncs tombés au sol de manière surprenante : les trous laissés par ses suçoirs de parasite (photo 3.18) sont autant d'entrées pour les bactéries, les animaux broyeurs et les champignons basidiomycètes décomposeurs du bois, mais aussi pour l'eau. Celle-ci imbibera rapidement et ameublira le tronc, le transformant en complexe saproxylique, donc en véritable annexe du sol, puis en sol lui-même. Un cas révélant une fois de plus les interactions insoupçonnées de tous les acteurs de l'écosystème !

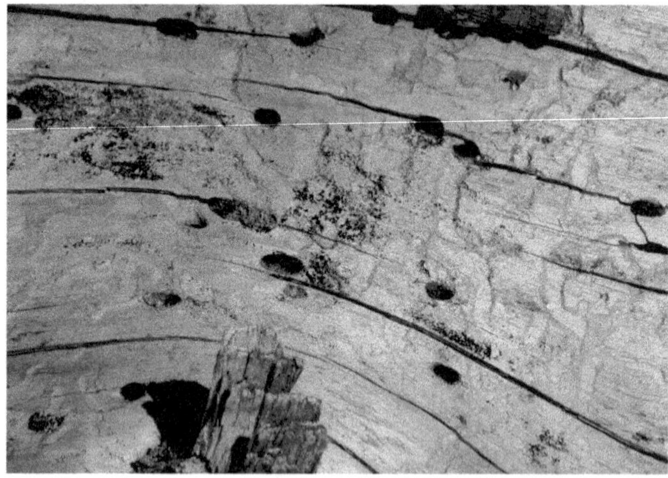

Photo 3.18. Les macropores laissés par les suçoirs du gui *Viscum album* dans un vieux tronc de sapin blanc *Abies alba* tombé au sol. Orvin, Berne, Suisse. Photo J.-M. Gobat.

⏩ Décomposition de la matière organique

Les matières organiques du sol présentent différentes origines : résidus de végétaux, exsudats racinaires, faune du sol, cadavres d'animaux, etc. Au cours du temps, ces matériaux suivent deux voies principales de transformation dans le sol. D'une part, la minéralisation des matières organiques constitue une source importante d'éléments minéraux, qui assurent une bonne croissance végétale. D'autre part, l'humification engendre la réorganisation biochimique des molécules organiques sous forme de composés insolubles, à savoir les substances humiques (rassemblées sous le terme général d'« humus »). Cette fraction humique représente la composante stable des matières organiques du sol et s'associe à la fraction minérale pour former le complexe argilo-humique. Par conséquent, les matières organiques du sol jouent un rôle primordial dans la formation des agrégats, assurant ainsi la stabilité des sols par le maintien d'une bonne structure.

Les acteurs biologiques de la décomposition des matières organiques sont très diversifiés et comprennent des organismes affichant des fonctions différentes et complémentaires, et ceci à des niveaux d'organisation variables dans le temps et l'espace. Les microorganismes, en complément des racines de plantes et des animaux du sol, libèrent des enzymes de différentes natures qui minéralisent la matière organique mais jouent également un rôle prépondérant dans son humification.

Les organismes fragmenteurs tels que les arthropodes utilisent leurs pièces buccales (photo 3.19) pour découper la matière et ainsi offrir des surfaces d'attaques plus grandes pour les microorganismes (bactéries et champignons). *Enchytréides*, *collemboles* et acariens se nourrissent quant à eux du parenchyme tendre des végétaux, laissant les parties ligneuses intactes (photo 3.20).

Photo 3.19. Chélicères de l'oribate *Nothrus* sp. Photo Y. Borcard, Université de Neuchâtel.

Photo 3.20. Feuille de hêtre *Fagus sylvatica* squelettisée. Seul le parenchyme a été consommé. Région du lac de Garde, Trentin, Italie. Photo D. Zanocco, reproduite avec l'autorisation de Humus forestali, Zanella *et al.*, 2001, Fondation Edmund Mach, San Michele all'Adige, Italie.

Les processus de digestion achevés, ces animaux rejettent des déjections sous forme de boulettes fécales, véritables concentrés de carbone (photos 3.21a et b). Ces microa-grégats organiques, très compacts, peuvent séjourner de longues périodes dans le sol sans être modifiés, ou alors être repris tels quels par des organismes plus grands comme les fourmis, les termites ou encore les vers de terre. Ces ingénieurs de l'éco-système, de par leur ingestion sélective, favorisent également la décomposition des matières organiques au sein de leur tractus digestif grâce à un cortège enzymatique qui leur est propre, et les concentrent dans leurs déjections (photo 3.22). Au final, à l'échelle du solum tout entier, il est possible d'observer différents états des matières organiques, sous forme de racines vivantes, de débris ou encore incorporées dans des agrégats (photos 3.23 et 3.24).

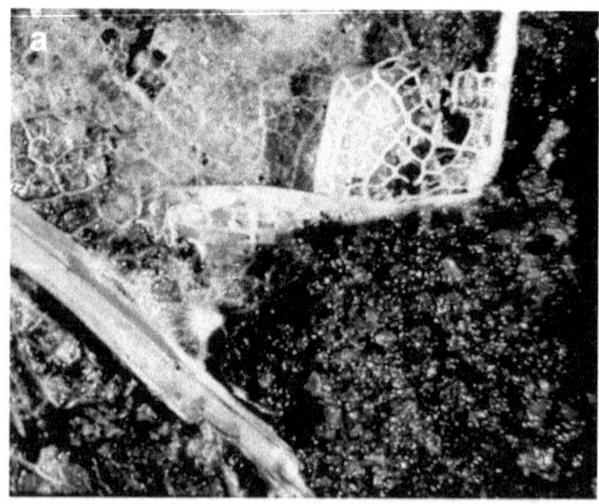

Photo 3.21. Déjections d'enchytréides (**a**) et d'oribates (**b**). Photos B. Jabiol.

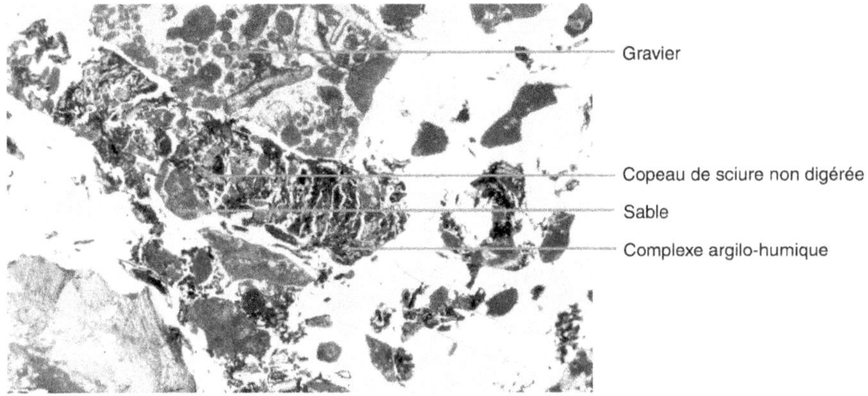

Photo 3.22. Lame mince d'un turricule de ver de terre. Les matières organiques figurent en brun, les grains minéraux en gris rose et les restes de sciure en jaune-orangé. Le matériel initial est composé d'un mélange de compost de boues d'épuration et de roche marneuse broyée en vue de la création d'un sol artificiel. Microscopie optique. Agrandissement 60 ×. Neuchâtel, Suisse. Photo C. Strehler (Strehler, 1997).

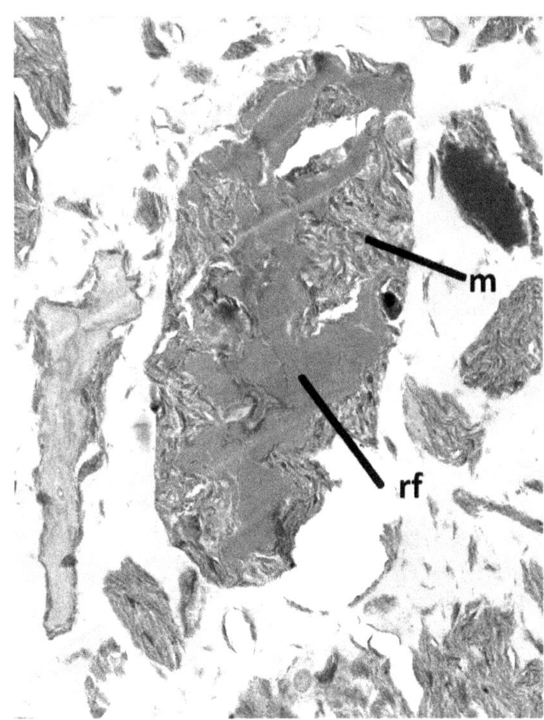

Photo 3.23. Reste de matériel végétal fibreux figuré (rf), non décomposé, piégé dans une gangue minérale (m). Fraction 2-20 µm d'un vertisol de la Martinique. Photo F. Watteau et G. Villemin (Blanchart *et al.*, 2000).

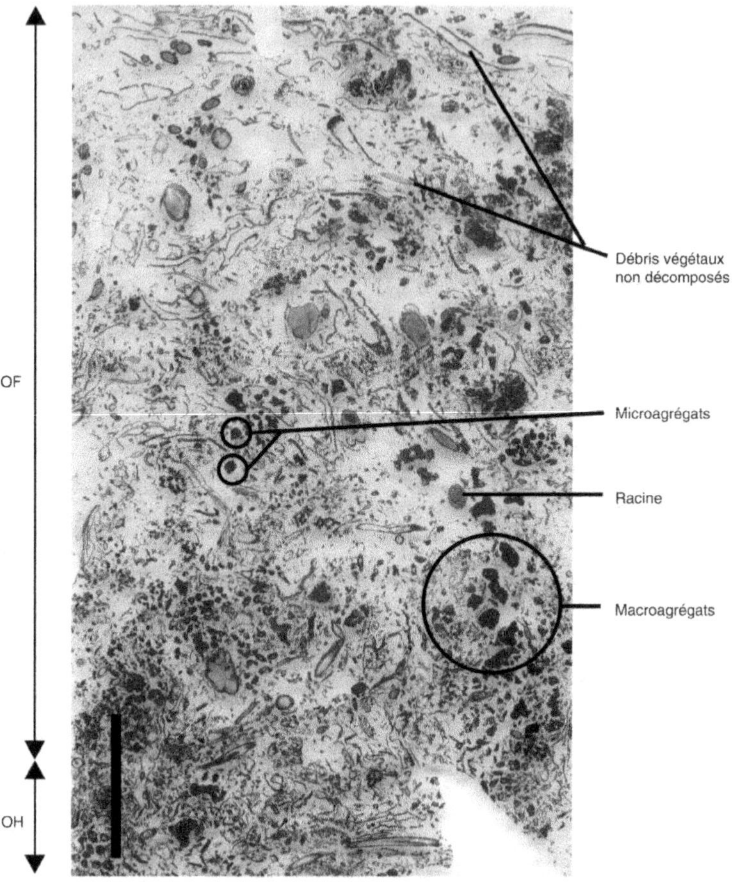

Photo 3.24. Diversité des matières organiques dans les horizons OF et OH d'un organosol sur permafrost. Lame mince. Réserve de la Chartreuse, Isère, France. Photo N. Cassagne.

La traduction macroscopique de toutes ces transformations, c'est la forme d'humus (photo 3.25).

▸▸ Rhizosphère et nutrition des plantes

L'appareil racinaire constitue le lieu privilégié d'ancrage des plantes dans le sol et d'absorption des éléments nutritifs essentiels à leur croissance. Sa morphologie varie considérablement selon l'espèce : racines principales pivotantes, racines secondaires fasciculées traçantes ou obliques, racines tubéreuses, racines fines, radicelles, etc. Les conditions du milieu influencent également l'allure générale du réseau racinaire, notamment la compacité des différents horizons, l'épaisseur de l'horizon organo-minéral, la répartition des ressources nutritives ou encore les conditions d'oxydo-réduction liées à l'engorgement du sol (photo 3.26) (voir également le chapitre 5).

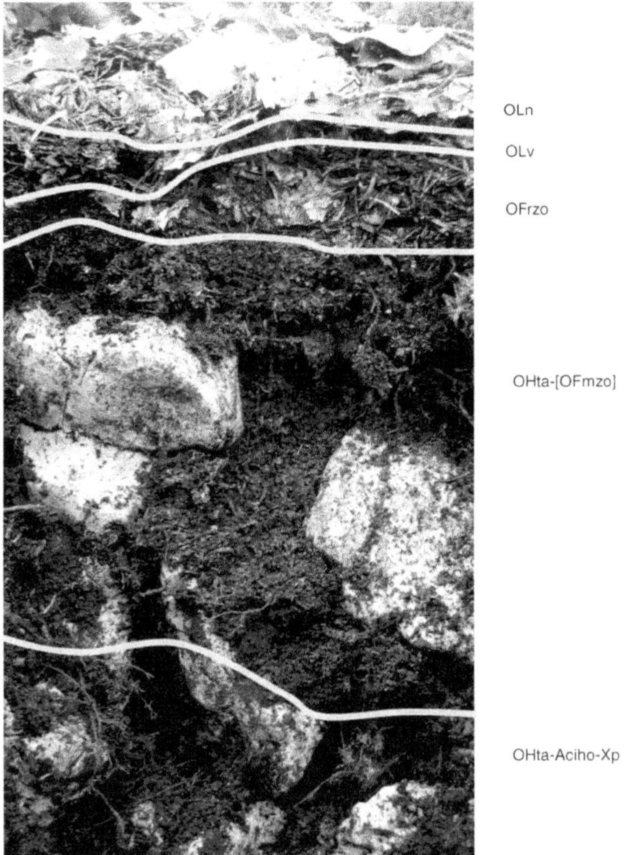

Photo 3.25. Forme d'humus de type eutangel. Nomenclature des horizons selon Zanella *et al.* (2011). Organosol Saturé. Hêtraie-sapinière, Ballens, Vaud, Suisse. Photo C. Heimo.

Photo 3.26. Réseau racinaire en forêt de feuillus. Les racines présentent des formes et des tailles très variées sur une échelle spatiale réduite. Sous l'arbre, le sol fait environ 70 cm d'épaisseur. Maison-Monsieur, La Chaux-de-Fonds, Suisse. Photo C. Le Bayon.

Les racines jouent un rôle essentiel de fixation de la végétation, qui se sert du sol comme support physique pour s'implanter. Outre la création de galeries par extension des racines, les plus fines forment également des agrégats par simple emmaillotage de particules minérales et organiques. La sécrétion concomitante de mucilages riches en polysaccharides, lubrifiants et colles naturels, consolide les agrégats ainsi créés. Bactéries et champignons, symbiotiques ou libres, émettent aussi des mucilages qui participent au renforcement des structures, les hyphes de champignons intervenant également dans les processus d'emmaillotage des agrégats, mais à une échelle plus fine (photo 3.27).

Photo 3.27. Hyphes de champignons formant un « filet » qui retient des agrégats de sol de différentes tailles et des débris de chaumes de blé. Waikerie, Australie méridionale. Photo V.V.S.R. Gupta, CSIRO Ecosystem Sciences, Adelaide, Australie.

En ce qui concerne la nutrition, c'est à l'échelle des radicelles, au sein de la rhizosphère, que se déroulent les échanges les plus intenses, plus particulièrement dans la zone des poils absorbants. À ce niveau, des sécrétions racinaires sont émises en grandes quantités et, en retour, les nutriments contenus dans la solution du sol sont absorbés. Les acides organiques sont entre autres connus pour favoriser la désorption de certains éléments depuis la matrice du sol, les rendant ainsi disponibles pour les végétaux. C'est le cas notamment de l'acide citrique qui, sous forme d'ions citrates, libère les ions phosphates du complexe argilo-humique par simple échange de ligand. Ainsi relargués dans la solution du sol, les phosphates sont ensuite absorbés par les radicelles. Le lupin blanc, *Lupinus albus*, est particulièrement étudié à ce sujet. En effet, incapable de réaliser des associations symbiotiques avec des champignons, il développe des racines spéciales, les « racines protéoïdes », capables de secréter des quantités phénoménales d'ions citrate, stratégie permettant de pallier d'éventuelles carences en phosphore du milieu (photo 3.28).

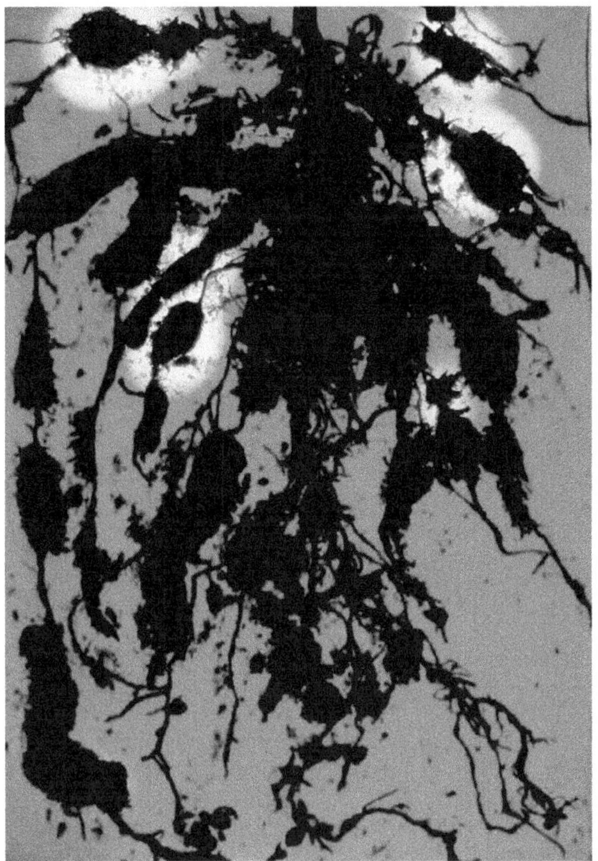

Photo 3.28. Mise en évidence de sécrétions de protons (*i.e.* acides organiques – zones jaunes, décoloration du gel préalablement coloré en rouge) au niveau de racines protéoïdes matures de plant de lupin (*Lupinus albus*). Photo L. Weisskopf (Weisskopf *et al.*, 2005).

Parfois, les sécrétions racinaires et la racine laissent des traces visibles à long terme, en quelque sorte « fossilisées », qui témoignent de la présence antérieure de végétaux. La photo 3.29 montre par exemple de la calcite secondaire précipitée dans les galeries d'anciens systèmes racinaires ; la photo 3.30 illustre quant à elle une racine calcifiée dans des sédiments calcaires. Les racines peuvent également bénéficier de la contribution de la macrofaune lombricienne en colonisant les galeries de vers de terre inoccupées. Les parois de ces galeries étant particulièrement enrichies en nutriments biodisponibles du fait du dépôt régulier de déjections et de mucus, les radicelles ont alors des ressources nutritives directement assimilables à disposition (photo 3.31 ; voir aussi la photo 3.15).

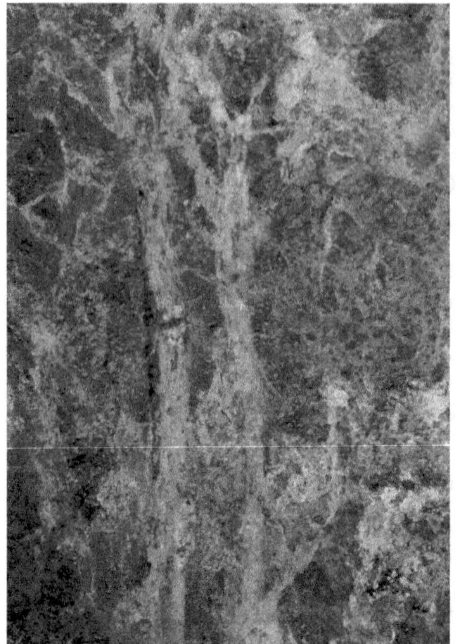

Photo 3.29. Calcite secondaire précipitée dans les galeries d'anciens systèmes racinaires. Luvisol Typique issu de lœss. La photo a été prise vers 1,50 m de profondeur dans le matériau parental calcaire. Hêtraie-chênaie, Vogtsburg-Schelingen, Kaiserstuhl, Allemagne. Photo J.-M. Gobat.

Photo 3.30. Coupe transversale d'une radicelle calcifiée traversant des sédiments carbonatés. Diamètre de la racine : 1 mm. Plaine alluviale de l'Areuse, Boudry, Neuchâtel, Suisse. Photo J. Becze-Deák, Office du patrimoine et d'archéologie, Neuchâtel, section Archéologie.

Photo 3.31. Radicelles avec poils absorbants d'un plant de blé d'automne, se développant au sein de galeries de vers de terre. Posieux, Fribourg, Suisse. Photo M. Horner.

▸▸ Structuration biologique et pédogenèse

Considéré à l'échelle de l'écosystème, le sol a besoin d'énergie pour se former, s'organiser en horizons et évoluer. Deux types d'énergie assurent cette dynamique. L'énergie solaire, dans ses longueurs d'onde du visible, rend possible la photosynthèse, la production de biomasse et le fonctionnement des réseaux alimentaires. C'est une énergie éminemment structurante, aboutissant par exemple à la stratification végétale ou à la différenciation des niches trophiques. Elle l'est aussi dans le sol, quand les racines s'organisent en couches plus ou moins interpénétrées. La photo 3.32 illustre ce phénomène par l'appareil racinaire multidirectionnel du hêtre, *Fagus sylvatica*, mis ici à nu en bordure d'une gravière.

L'énergie auxiliaire, quant à elle, rassemble toutes les ressources énergétiques nécessaires au fonctionnement de l'écosystème, mais qui ne transitent pas directement par la photosynthèse et la biomasse. S'y rattachent par exemple le vent qui renouvelle l'air de l'écosystème ou l'eau « mécanique » qui dépose des sédiments lors des crues, mais aussi les déplacements des organismes du sol. Ceux-ci favorisent l'incorporation et l'agrégation de la matière organique en profondeur, comme on l'observe très bien sur les sols peu évolués que sont les fluviosols (photo 3.33). Il s'agit là d'un processus majeur de la pédogenèse, en particulier dans ses premières étapes, traduit par le passage d'un horizon Js à un horizon A. Cette transformation est facilitée aussi par des agrégats préformés « hérités » par la sédimentation, qui peuvent servir de noyau initiateur à la formation *in situ* d'agrégats plus gros.

Photo 3.32. L'appareil racinaire multidimensionnel du hêtre *Fagus sylvatica*, influençant fortement le régime hydrique du sol dans les couches concernées et, par conséquent, les possibilités de lixiviation ou de lessivage. Le Pâquier, Neuchâtel, Suisse. Photo J.-M. Gobat.

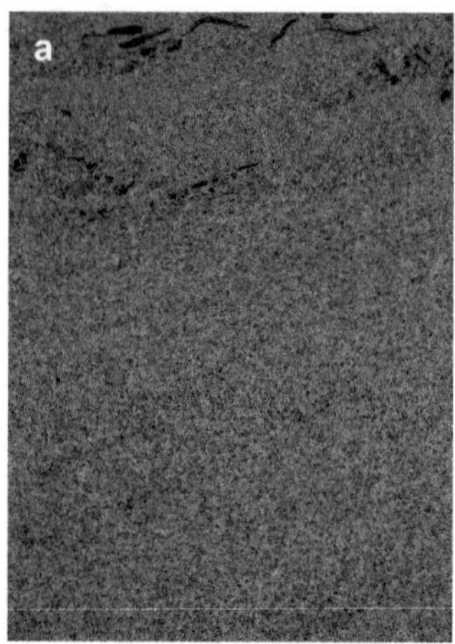
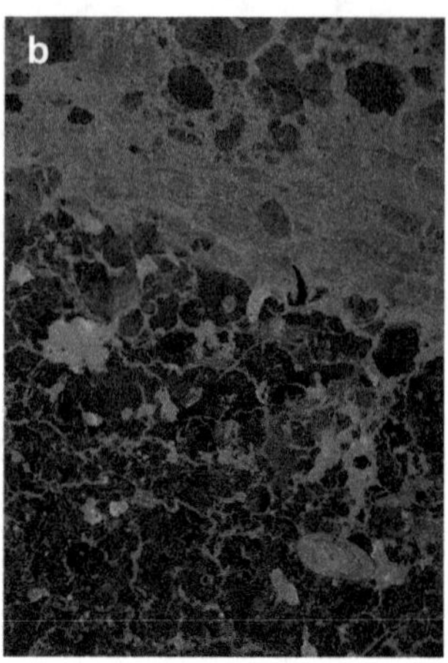

Photo 3.33. Étapes de la formation de l'horizon organo-minéral dans les sols alluviaux.
a. Apport très récent de matière organique sur une couche sableuse récemment déposée. Aucune structure biogénique n'est encore visible, seul l'héritage de débris ou d'agrégats venus de l'amont permet la différenciation d'un horizon Js très peu développé. Fluviosol Brut. Frênaie alluviale, Brugg, Argovie, Suisse. **b.** Structuration biogénique très active due aux vers anéciques. Dans la partie inférieure, présence d'un horizon A recouvert d'un dépôt limoneux récent. Ce dernier est peu à peu mélangé au précédent ainsi qu'à la couche supérieure formée de turricules récents, en partie repris et transportés en surface à partir de l'horizon enfoui. Fluviosol Typique. Aulnaie-frênaie, Brugg, Argovie, Suisse. Tranches polies de 9 × 6 cm. Photos C. Salomé.

Un autre cas spectaculaire d'incorporation profonde de matière organique est celui des larges galeries– les crotovinas – des sousliks[6], auxquelles les chernozems doivent une partie de leur grande fertilité (photo 3.34).

Mais la pédogenèse peut aussi être modifiée par des mouvements ascendants de matière, organo-minérale cette fois, et qui concernent souvent de grandes surfaces. C'est le cas des pâturages d'altitude subissant de manière cyclique des pullulations de campagnols, qui réalisent un véritable « ensemencement » de terre fine en surface (photo 3.35). Si les taches et petits dômes ainsi formés pénalisent la récolte de l'année à venir, ils sont plutôt favorables au maintien à terme de la fertilité, notamment sur des sols acides. Il existe enfin des cas très « passifs » d'influence de la structuration biologique sur la pédogenèse. On trouve en effet parfois, dans la profondeur de certains sols hydromorphes, d'anciens horizons histiques fibriques, dont la structure d'origine est due à l'accumulation des débris végétaux durant la formation de la tourbe. Il arrive même qu'une nouvelle pédogenèse se développe au-dessus en contexte totalement minéral, puis qu'une deuxième phase de structuration fibreuse organique intervienne. De tels cas ont été observés par exemple dans la plaine de l'Orbe, sur le plateau suisse, où le sol présente des alternances de craie lacustre, de sédiments fluviatiles et de tourbe (photo 3.36).

---

6. Les sousliks d'Europe ou spermophiles (*Spermophilus citellus*) sont des petits rongeurs proches des écureuils qui creusent des réseaux de terriers en profondeur dans les sols.

Photo 3.34. Incorporation profonde de matière organique dans un chernozem grâce à la galerie du souslik d'Europe *Spermophilus citellus*. Ce rongeur est indispensable à la maturation des chernozems. Talovaja, Russie. Photo N. Pflug.

Photo 3.35. Structuration spatiale en taches de la surface du sol par remontée de l'horizon A lors de pullulations de rongeurs. Par ce biais, le Brunisol Eutrique mésosaturé concerné ici voit sa fertilité garantie à terme, même si la production végétale est diminuée la première année. Chasseral, Berne, Suisse. Photo C. Le Bayon.

Photo 3.36. Alternance de structures massives d'origine minérale, notamment dues à des dépôts de craie lacustre et de structures histiques fibriques d'origine biologique caractéristiques des tourbes. Plaine de l'Orbe, Yverdon-les-Bains, Vaud, Suisse. Photo J.-M. Gobat.

Pour en savoir plus

Frapna, 2009 ; Gobat *et al.,* 2010 ; Jabiol *et al.,* 2007 ; Touyre, 2001.

Partie 2

Sur le terrain

Description des divers types d'agrégats et de la structuration des horizons non labourés

Denis Baize

La **structure d'un horizon** est la façon selon laquelle sont agencées naturellement et durablement les particules élémentaires (sables, limons, argiles, matières organiques) en formant ou non des volumes élémentaires macroscopiques appelés **agrégats** (appelés aussi **peds**, unités structurales ou éléments structuraux). C'est la façon selon laquelle il se subdivise ou s'organise en agrégats.

Un agrégat n'est donc pas une particule élémentaire mais un agglomérat de particules dont la cohésion interne est assurée par diverses substances : les minéraux argileux, les oxydes de fer, certaines matières organiques (telles que les polysaccharides), des gels…

Un agrégat est le résultat de l'organisation naturelle des constituants, ce en quoi il est fondamentalement différent d'un fragment, lequel résulte de la brisure d'un objet préexistant.

Dans les horizons de surface travaillés par les outils agricoles, la structuration naturelle est constamment modifiée, voire fabriquée, par des actions qui cassent et émiettent (par exemple, pour préparer les lits de semences) et par d'autres qui compactent. On emploie quand même le terme de structure pour ces horizons labourés, mais les unités structurales sont plutôt nommées « mottes » (voir chapitres 6 à 10).

Cette organisation **à l'échelle de l'horizon** (dite aussi **structure macroscopique**) est observable à l'œil nu en recourant uniquement aux mains et à un couteau pour la dégager et, éventuellement, à une loupe pour l'examiner en détail. Elle ne doit pas être confondue avec d'autres organisations pédologiques : les « microstructures » internes aux agrégats (étudiées avec diverses techniques de microscopie, voir chapitres 11, 12 et 13) ou les « mégastructures » des couvertures pédologiques aux échelles décamétriques à multikilométriques.

La structure particulière des horizons de sols est une de leurs spécificités. Cette capacité de s'organiser en agrégats ou peds est parfois appelée **pédicité** (*pedality* en anglais). Tous les mécanismes et processus de la pédogenèse (actions physiques, chimiques et biologiques) concourent à transformer progressivement des matériaux à structure lithologique (roches et dépôts étudiés en géologie) en matériaux à structures pédologiques.

Lors de la description des solums, on pourra observer :
— des **structures lithologiques** héritées des matériaux parentaux et donc plus ou moins résiduelles (schistosités, litages, stratifications, filons) ;
— des **structures pédiques ou pédologiques** (*i.e.* à agrégats) ;
— des structures **pédo-biologiques,** c'est-à-dire dont les agrégats ont été construits principalement par l'activité biologique au sens large ;
— des **structures apédiques** (*i.e.* sans agrégats), acquises grâce à l'action des processus de la pédogenèse, suite à des départs de matières (horizons éluviaux E) ou à des accumulations sous des formes indurées (horizons pétroferriques, pétrocalcariques, pétrosiliciques, etc. (*cf.* Référentiel pédologique 2008).

Il faut donc bien distinguer deux types de structures selon les mécanismes qui leur ont donné naissance :
— les **structures pédiques construites** par l'agglomération de particules élémentaires initialement individualisées : c'est le cas des structures grumeleuses et grenues, présentes dans les horizons de surface humifères à forte activité biologique ;
— les **structures pédiques dites mécaniques** dans lesquelles c'est la géométrie, variable selon l'état d'hydratation, des assemblages plasma argileux/grains du squelette qui joue le rôle principal (voir encadré 4.1) ; c'est le cas des structures polyédriques, prismatiques, sphénoïdes, lamellaires…).

▸▸ Précautions pour décrire la structure macroscopique

La structure macroscopique est une notion très importante, car elle conditionne la circulation de l'air, de l'eau et donc l'enracinement (voir chapitre 2). Sa description est cependant assez difficile et nécessite précautions, attention et réflexion.

Sur le terrain, l'état structural observé dépend largement de l'état d'humidité instantané de l'horizon. Ainsi, un horizon riche en argiles gonflantes, qui semble massif à l'état très humide, est susceptible de se rétracter et de se diviser puissamment en période sèche. La structure est donc une propriété qui s'exprime plus ou moins et différemment au cours du temps, selon des cycles saisonniers ou même plus courts, en fonction des événements météorologiques. On peut parler de la dynamique structurale d'un sol, étroitement liée à sa dynamique hydrique. D'où l'importance de préciser l'état d'humidité des horizons au moment de la description et la date de celle-ci.

Fréquemment, on est amené à observer des coupes naturelles ou artificielles pour étudier les sols (talus, fossés, carrières, fondations de maisons, etc.). En matière de structure, de telles circonstances nous conduisent à décrire des solums artificialisés en ce sens qu'ils sont depuis des mois voire des années en conditions de dessiccation anormale (et même de décompression). De ce fait, les structures observées, quoique développées naturellement, ne sont pas significatives du fonctionnement réel de la couverture pédologique en conditions habituelles. Il en va exactement de même pour une fosse laissée ouverte quelques semaines ou plusieurs mois. Dans un tel cas, on peut dire que s'exprime alors une **structure potentielle** qui ne s'exprime peut-être jamais en conditions de fonctionnement naturel (parce qu'un tel état de dessiccation n'est jamais atteint dans le sol). Il faut enfin insister sur l'**impossibilité de décrire la structure à partir d'un échantillon prélevé à la tarière** : les fragments retirés de l'outil ont été comprimés et vrillés et les agrégats naturels ne sont plus reconnaissables.

Encadré 4.1. Les assemblages plasma/squelette

L'assemblage des constituants les plus fins (minéraux argileux, oxyhydroxydes métalliques, macromolécules organiques) forme ce que l'on nomme le plasma argileux, car il est majoritairement constitué de minéraux argileux et présente un aspect amorphe lorsqu'on l'observe en microscopie optique… L'une des propriétés essentielles du plasma argileux est sa réactivité élevée vis-à-vis de l'eau, c'est-à-dire son aptitude à retenir l'eau au niveau de sites hydrophiles mais surtout au sein de la nanoporosité ménagée par l'assemblage des particules ou domaines argileux… Dans les sols, le plasma argileux est associé à des particules du squelette (grains de sables et de limons) lesquelles sont 10 à 1000 fois plus volumineuses. Dans la plupart des cas, le mode d'assemblage des grains du squelette avec le plasma argileux dépend essentiellement de leurs proportions relatives… Pour des teneurs en argiles inférieures à 15-20 %, le plasma argileux occupe principalement les vides qui résultent de l'assemblage des grains du squelette… Pour les teneurs en argile supérieures à 30-35 %, non seulement tout l'espace entre les grains du squelette est occupé par du plasma argileux mais les grains du squelette ne sont plus en contact les uns avec les autres et sont en quelque sorte noyés dans le plasma…

Les variations de volume du plasma argileux en fonction de l'état d'hydratation génèrent des contraintes mécaniques au sein de l'assemblage squelette-plasma argileux qui sont à l'origine de plans de rupture et qui génèrent tout un réseau de fissures. Plus la teneur en argile est élevée, plus la variation de volume entre deux états d'hydratation est théoriquement élevée et plus la fissuration de l'horizon devrait être importante. Mais ces phénomènes dépendent également beaucoup de la nature minéralogique des minéraux argileux (argiles « rigides » *versus* argiles gonflantes, voir chapitres 11 et 16).

D'après Chenu et Bruand, 1998.

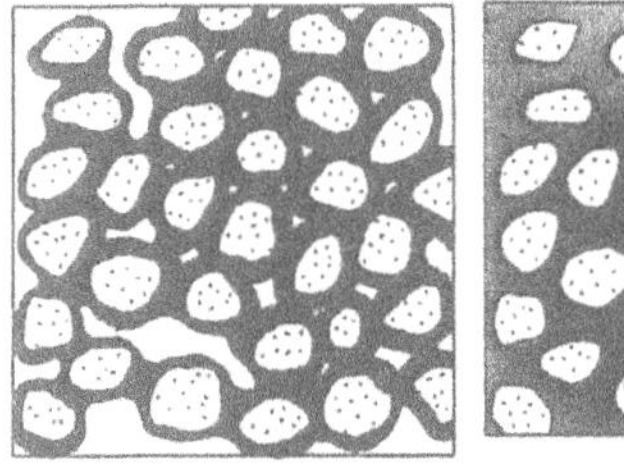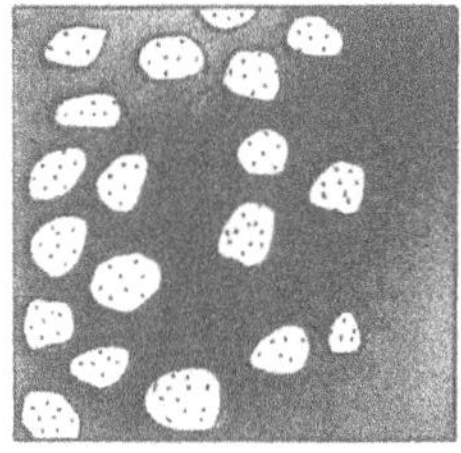

Figure 4.E1. Deux types de distribution relative des particules les plus fines (« plasma argileux ») et des particules beaucoup plus grosses (grains de sables et de limons = « squelette ») au sein du fond matriciel. À gauche : distribution énaulique (le plasma est présent entre les grains du squelette mais il reste beaucoup de vides) ; à droite, distribution « porphyrique » (les grains du squelette sont sertis dans le plasma, il n'y a pas de porosité visible). D'après Fédoroff et Courty, 1994.

►► Les grands types d'organisation structurale

La première question à se poser est : « Y a-t-il des agrégats ? » Selon la réponse, on envisagera trois cas auxquels correspondent trois grands types de structuration.

Structures apédiques (i.e. sans agrégats)

1. L'absence d'agrégats résulte d'un manque de cohésion des particules entre elles (en général sables ou graviers, mais aussi quelquefois sables limoneux, craie, etc.) : c'est la **structure particulaire**.

2. On remarque l'absence d'agrégats lorsque l'horizon est uniquement constitué de matières organiques plus ou moins décomposées (horizons holorganiques O des épisolums forestiers ou horizons H des histosols). Les particules peuvent être des fibres végétales, des débris de feuilles ou des déjections de la mésofaune, d'où les **structures fibreuses, feuilletées** et **coprogènes** (ou **granulaires**).

3. On constate l'absence d'agrégats, car il n'y a pas de fissures et une cohésion existe entre les particules ; c'est la **structure massive** ou **continue** dite aussi parfois « **fondue** »[7]. S'il y a une forte cohésion des particules entre elles et que la fragmentation ne peut être obtenue qu'artificiellement par choc ou brisure, la structure sera dite **massive indurée**. C'est le cas de tous les horizons plus ou moins cimentés par des oxydes de fer, du calcaire, de la silice, etc. appelés aussi **encroûtements, croûtes, carapaces, cuirasses, alios, grepp, grison**, etc.

Structures pédiques (i.e. à agrégats)

Dans les structures pédiques, il existe des agrégats naturels, individualisés, que l'on peut mettre en évidence en émiettant doucement l'horizon entre les mains ou en faisant ébouler l'horizon au couteau. Lorsque la structure est nette, les unités structurales se séparent, se détachent aisément. Le terme de **structures fragmentaires** est fréquemment employé mais il ne nous paraît pas approprié. En effet, un fragment est un « morceau d'une chose qui a été brisée » (Petit Robert) et une telle définition, nous l'avons vu, est contradictoire avec la notion d'agrégat et ne s'applique qu'aux mottes des horizons labourés. Mieux vaut employer les termes de **structures pédiques** ou de **structure à agrégats.** Les structures pédiques peuvent se présenter sous différentes formes :

1. Elles peuvent être construites sous l'influence prédominante des êtres vivants (champignons, microarthropodes, vers de terre, racines, fourmis, termites, etc., Gobat *et al.*, 2010), qui contiennent beaucoup de matières organiques et qui présentent en général des formes arrondies et des petites dimensions (voir chapitre 3).

---

7. À cette échelle, le terme « massif » correspond à une absence d'agrégats individualisés. Mais il est bien entendu que le cœur de gros agrégats, par exemple des prismes, peut être massif, sans porosité.

Ce sont les **structures grenues et grumeleuses**, dites aussi **structures construites** ou **pédo-biologiques**.

2. Elles peuvent s'exprimer grâce à un réseau de faces de dissociation préférentielles et qui résultent principalement de phénomènes de retrait et gonflement. Il faut pour cela la présence d'une quantité suffisante d'argile soumise à des cycles dessiccations/humectations (voir encadré 4.1). Les agrégats de ces structures ont des formes en général anguleuses avec des faces relativement planes : polyèdres, cubes, prismes, etc. En l'absence de graviers et cailloux, leurs faces ont tendance à s'organiser selon des plans verticaux et horizontaux.

3. Des structures hybrides combinent les deux grands types précédents et présentent des formes émoussées, un peu arrondies.

Autres structures

Enfin, il existe des structures plus spécifiques de **milieux** ou de **constituants particuliers** :

1. Les structures **sphénoïdes** (dites aussi **rhomboédriques** et « **en plaquettes obliques** ») reconnaissables à leurs faces conchoïdales et à orientation oblique. Elles sont révélatrices de la présence d'argiles gonflantes en grandes quantités et de mouvements internes (voir photo 4.10).

2. Les **structures micro-grumeleuses** (dite aussi *fluffy* ou floconneuse), à petits agrégats ovoïdes et très poreux, dues à des précipitations d'oxyhydroxydes d'aluminium.

▶▶ Comment décrire la structure ?

Il est possible de décrire : la présence ou non d'agrégats ; leur forme ; leurs dimensions ; leur netteté.

On pourrait imaginer de décrire précisément la géométrie des agrégats, mais il est beaucoup plus rapide et efficace de se rattacher à des grands types de structures prédéfinis.

Depuis la fin des années 1960, plusieurs groupes de pédologues ont travaillé à la normalisation des termes à utiliser. La figure 4.1 illustre les principales formes d'agrégats observées. Elles s'inscrivent dans les grands types d'organisation précisés au paragraphe précédent. Pour plus de détails, se reporter à l'ouvrage *Guide pour la description des sols* (Baize et Jabiol, 2011) qui fournit un référentiel en 16 catégories.

Pour opérer ce rattachement, on doit observer avec attention :
 — **la forme des faces** : sont-elles planes, arrondies convexes ou concaves, planes et courbes à la fois ?
 — **l'aspect des arêtes** : anguleuses (vives) ou émoussées ?
 — **l'orientation préférentielle de dissociation** : plans horizontaux (indice d'un tassement ou héritage) ; plans verticaux (tendance naturelle des matériaux riches en argile et peu altérés) ; plans obliques (caractère « vertique ») ; sans orientation préférentielle ?

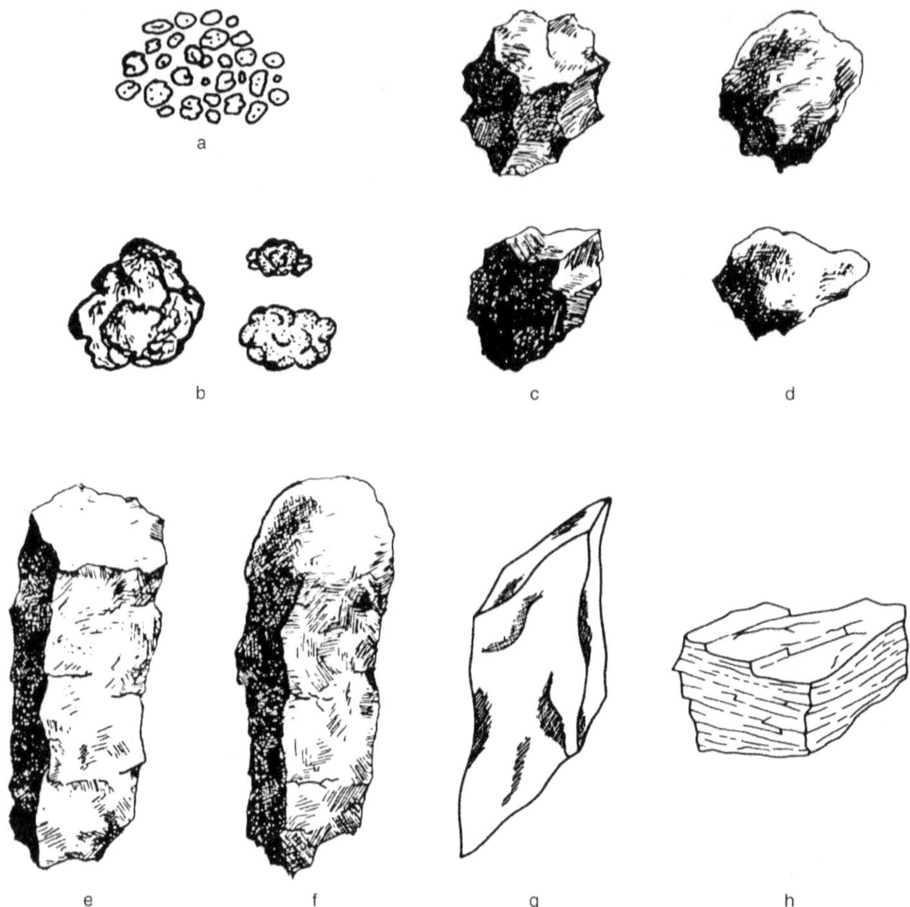

Figure 4.1. Forme des agrégats des principales structures pédiques.
a. Structure grenue. **b.** Structure grumeleuse. **c.** Structure polyédrique anguleuse. **d.** Structure polyédrique subanguleuse. **e.** Structure prismatique. **f.** Structure columnaire. **g.** Structure rhomboédrique (ou sphénoïde). **h.** Structure lamellaire.

Dimension des agrégats

La dimension est indiquée en millimètres. Pour les structures à orientation préférentielle verticale (structures prismatiques et columnaires) c'est la largeur qui doit être signalée de préférence mais on peut aussi, bien entendu, indiquer les dimensions verticales. Pour les structures lamellaires, l'épaisseur est le caractère essentiel.

« Netteté » de la structure

Une **structure très nette** montre des éléments structuraux bien formés, stables, aisément visibles *in situ*, adhérant peu les uns aux autres et se séparant facilement lorsque l'horizon est désorganisé. Dans la main, un prélèvement se décompose presque uniquement en agrégats entiers avec quelques agrégats brisés et très peu ou pas de « poudre » (particules élémentaires ou très fins débris d'agrégats).

À l'inverse, une structure est décrite comme **peu nette** quand les éléments structuraux sont mal formés, pratiquement invisibles *in situ*. Dans la main, un prélèvement se décompose en quelques agrégats entiers, mélangés à de plus nombreux agrégats brisés et à une masse importante de poudre.

Remarque : ne pas confondre des fragments détachés par l'outil de l'observateur avec des agrégats.

Structure, sur-structure et sous-structure

Les agrégats qui correspondent au niveau de structuration le plus apparent peuvent être assemblés en ensembles plus grands constituant ainsi une **sur-structure** (figure 4.2). Inversement, les mêmes agrégats se subdivisent souvent en agrégats plus petits délimités par des microfissures et qui ne se dégagent pas spontanément mais sous l'action des doigts ou d'un instrument : il s'agit alors d'une **sous-structure**. Un exemple très courant est celui d'une structure prismatique moyenne (largeur 30 mm) que l'on peut décrire comme ayant une sur-structure prismatique grossière (largeur 90 mm) et, dans le même temps, une sous-structure cubique moyenne (10-15 mm). De même, pratiquement toutes les structures polyédriques anguleuses très nettes se subdivisent en polyèdres plus fins ou, si l'on préfère, s'organisent en polyèdres plus gros. Dans de tels cas de structures « emboîtées », il n'est pas

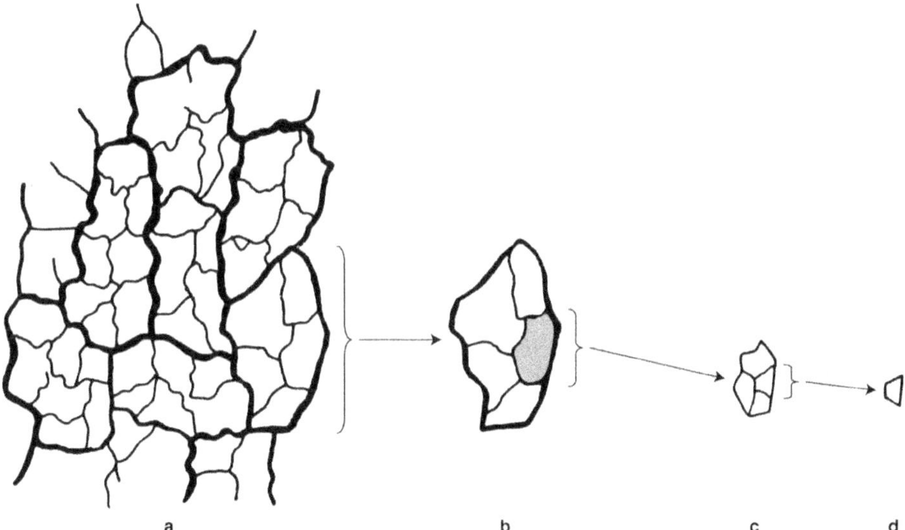

Figure 4.2. Structure, sur-structure et sous-structure (d'après Gaucher, 1968).
a. Aspect général. **b.** Élément de la sur-structure. **c.** Élément de la structure. **d.** Élément de la sous-structure.

toujours facile de savoir quelle est la structure « la plus apparente », laquelle est la sur-structure et laquelle est la sous-structure. D'autant que, nous l'avons déjà évoqué ci-dessus, ces différents niveaux de structuration n'apparaîtront pas avec la même netteté selon l'état d'humidité.

Des sous-structures micro-polyédriques (agrégats de dimensions < 1 mm) anguleuses peuvent également être observées dans des horizons profonds, dans des sols particuliers, tels les terres d'Aubues des plateaux de Basse Bourgogne (Bruand, 1985) ou nombre de fersialsols (Référentiel pédologique 2008).

En hiver, à la surface de certains sols argileux laissés nus, apparaît parfois une structure polyédrique très fine (agrégats < 5 mm), très nette et très anguleuse. Une telle structure, véritablement fragmentaire résulte de l'effet du gel sur un horizon labouré argileux (photos 4.11A et B).

Présence de deux types de structures juxtaposées au sein d'un même horizon

Dans quelques cas rares, plusieurs types de structures coexistent dans un même horizon très hétérogène. Le meilleur exemple est fourni par les horizons Eg&BTgd des Luvisols Dégradés (Afes, 2009). En conséquence, la caractérisation et la modélisation des propriétés hydrodynamiques de tels ensembles hétérogènes sont particulièrement difficiles (Frison *et al.*, 2007).

▸▸ Le fonctionnement structural

Structures construites des horizons de surface organo-minéraux (horizons A)

La formation et l'évolution des structures construites dépend de la dynamique des populations de bactéries, champignons, arthropodes et vers de terre. Ces structures peuvent être maintenues, renforcées ou reconstituées par l'action prolongée des racines de graminées (granulation) sous prairie, friche, pelouse, steppe. Les structures grenues ou grumeleuses apparaissent en général à la surface ou à proximité de la surface du sol. Les agrégats n'ont pas à supporter le poids d'horizons sus-jacents ; leur forme et leurs dimensions sont liées essentiellement à des actions biologiques et à des ciments organiques et non pas à des cycles successifs dessiccation/humectation. Même en période humide, les horizons conservent des vides suffisamment grands et nombreux pour permettre l'écoulement rapide de l'eau gravitaire. C'est l'« **architecture lâche** » de Concaret (1981).

Ces structures pédobiologiques sont caractéristiques des horizons supérieurs sous végétation naturelle, friche ou prairies. Elles disparaissent en général rapidement sous l'effet de la mise en culture, au profit de structures mixtes polyédriques subanguleuses plus ou moins fines.

Structures des horizons profonds

Les structures polyédriques, cubiques et prismatiques sont généralement observées dans des horizons de profondeur moyenne ou profonds. En périodes humides, elles y présentent souvent ce que Concaret appelle une « **architecture ajustée** ». Les agrégats sont juxtaposés et étroitement serrés les uns contre les autres ne laissant subsister entre eux aucune fissure utilisable pour l'écoulement de l'eau (mais sans pour autant se souder).

En périodes sèches, les éléments structuraux polyédriques, cubiques et prismatiques se séparent toujours selon les mêmes faces de dissociation. Dans ces fissures interagrégats peuvent circuler des eaux chargées de solutés, d'acides organiques, de particules solides en suspension (argile, limons). Y circulent aussi l'air et l'atmosphère du sol ; y pénètrent les racines et radicelles.

Une fois les premières discontinuités installées (revêtements par exemple), c'est au même endroit que la dissociation se fera au cycle suivant. Et c'est au même endroit qu'un autre revêtement se déposera, d'où un auto-renforcement du phénomène. De même, c'est à l'endroit où il y a déjà eu dégradation des argiles qu'il y a la meilleure perméabilité, c'est donc là que les flux d'eaux passeront préférentiellement et que la dégradation pourra continuer à se développer. C'est ainsi que se forment et s'accroissent progressivement (à l'échelle séculaire) les « glosses » verticales blanchies et appauvries en argile le long des anciennes faces de prismes (Luvisols Dégradés glossiques). Mais une telle progression selon un axe vertical (évolution vers une morphologie « glossique ») implique que la structure prismatique en question « s'ouvre » au moins pendant une partie de l'année où il y a des flux d'eau. Si la structure prismatique se « ferme » rapidement à l'automne (ou bien ne s'ouvre jamais) et que l'horizon devient (ou reste) imperméable, les flux prendront une orientation préférentielle horizontale et l'évolution du solum se fera plutôt vers une morphologie « planosolique ».

In situ, chaque agrégat considéré isolément subit le poids de la masse de sol qui est au-dessus de lui. Dans le cas d'horizons argileux à architecture ajustée, il subit les contraintes de ses voisins et sa possibilité de gonfler est grandement limitée par eux. C'est pourquoi toute étude structurale sur échantillons sortis de leur contexte ne peut pas être parfaitement représentative du fonctionnement *in situ*, en ce sens que l'on a alors affaire à des agrégats ou ensembles d'agrégats « libérés ». *In situ*, la seule possibilité d'expansion pour un sol à argiles gonflantes est vers le haut d'où le microrelief « gilgaï » des vertisols (voir figure 2.E1).

Concaret (1981) a beaucoup insisté sur le rôle des architectures ajustées comme obstacle à la pénétration de l'eau dans les horizons profonds et sur les conséquences que cela entraîne pour le drainage agricole et les pratiques associées. En effet, la désorganisation de l'architecture ajustée aussi bien dans les tranchées de drainage que suite à l'éclatement par sous-solage est capable de créer artificiellement une macroporosité efficace et durable. Inversement, dans un matériau argileux plastique à structure continue, le taupage non seulement fabrique des galeries artificielles mais aussi, grâce à son effet d'assainissement, permet à la masse argileuse d'exprimer une structure prismatique inconnue antérieurement.

Remarque : on a parfois tendance à qualifier de « belle » une structure très nette en gros prismes. Une telle structure est certes spectaculaire mais elle est plutôt « médiocre » voire « mauvaise » car la circulation de l'eau, de l'air et la pénétration des racines s'effectuent uniquement entre les prismes et il n'y a guère de prospection racinaire au cœur de ceux-ci. L'alimentation hydrique et minérale des plantes en sera d'autant plus difficile.

▸▸ Difficulté de représentation graphique de la structure et de sa quantification

On notera d'abord que la structure est très difficile à représenter graphiquement. La figure 4.3 montre que, malgré ses efforts, l'artiste n'est pas parvenu à rendre de façon réaliste le véritable aspect des trois types de structures superposées : *crumb* (grumeleuse), *subangular blocky* (polyédrique subanguleuse) et *prismatic*. La figure 4.4 est ce que nous avons trouvé de mieux dans la littérature (elle provient probablement d'une photographie). Le plus simple désormais, grâce aux appareils photo numériques, est de faire appel aux photographies en couleurs. Mais leur rendu n'est pas toujours excellent car, sur une paroi de fosse, la structure (quand elle existe) doit être mise en valeur par un travail au couteau long et fastidieux (voir, par exemple, la photo 4.2). Enfin, il faudrait penser à toujours mettre une échelle graduée ou un objet de dimensions connues sur l'horizon photographié (par exemple, photo 3.11).

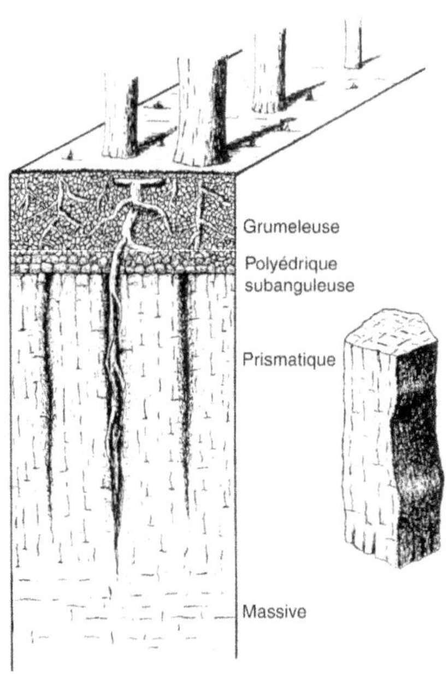

Figure 4.3. Changements de la structure avec la profondeur (Fitzpatrick, 1983).

Selon Calvet (2003) : « La structure du sol peut être étudiée et décrite de deux manières complémentaires : soit par l'étude et la description de la géométrie de la phase solide, soit par la description des vides ménagés par la phase solide : l'espace poral. » Si la quantification des diverses porosités procède de techniques devenues courantes (Baize, 2000 ; Mathieu et Pieltain, 1998), celle des phases solides demeure problématique. Selon Hillel (1984, 1988) : « Il n'y a pas de méthode pratique de mesure directe de la structure… C'est un concept qualitatif… Les méthodes proposées pour la caractériser sont en fait des méthodes indirectes qui mesurent telle ou telle propriété influencée par la structure plutôt que la structure elle-même. »

Certains auteurs ont cependant essayé de quantifier un certain nombre de caractères morphologiques dont la « structure macroscopique », classiquement décrits en cartographie des sols en de nombreux sites, pour estimer la capacité de transfert vertical de l'eau ou la capacité de rétention (Lin *et al.*, 1999a ; 1999b ; Pachepsky et Rawls, 2003) (voir également les chapitres 14 et 16).

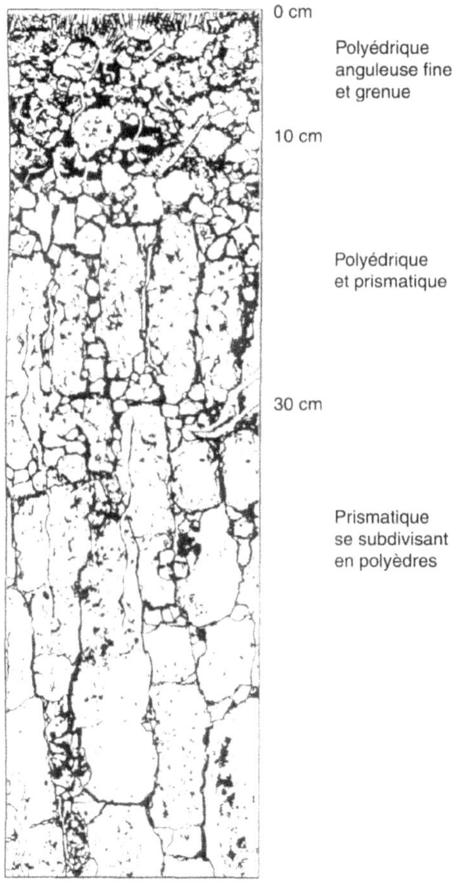

Figure 4.4. Schéma macrostructural (Rowell, 1994).

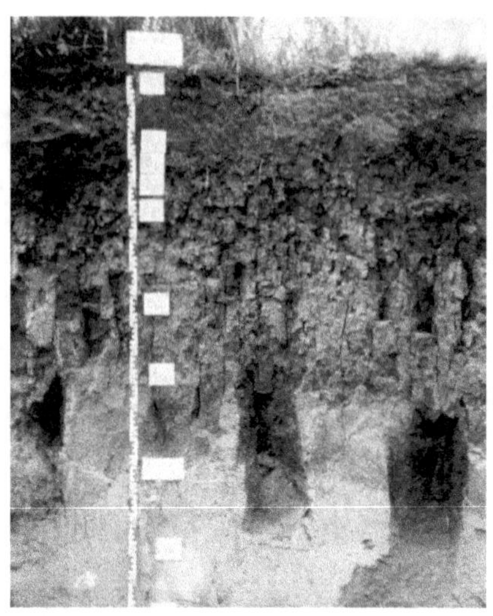

Photo 4.1. Planosol observé à Karnobat, Bulgarie. Noter la différence de structure (liée à un grand contraste textural) entre l'horizon supérieur appauvri en argile et les horizons profonds argileux. Photo D. Baize.

Photo 4.2. Sol développé dans un lœss de l'Oise. À mesure que l'on monte vers la surface, la structure prismatique s'affine. La paroi de cette carrière a été préparée de telle sorte que l'on voit à la fois le « cœur » des prismes (de couleur jaune) et leurs faces externes, tapissées de revêtements argileux brun noir, après arrachage desdits prismes. Photo J. Roque.

Photo 4.3. Contraste structural (et textural) entre un horizon de surface labouré limoneux et des horizons semi-profonds argileux à structure prismatique (Yvelines). Photo J. Roque.

Photo 4.4. Leptismectisol palusmectique sur alluvions lacustres observé dans le canton de Genève. Noter la structure prismatique entre 7 et 60 cm de profondeur (prismes de 100 mm de largeur). Photo D. Baize.

Photo 4.5. Agrégats d'une structure grumeleuse. Photo B. Jabiol.

Photo 4.6. Sol peu différencié développé dans des argiles du Lias, sur fortes pentes en Auxois. La fosse est profonde mais le sol, caractérisé par une structure en agrégats, est peu épais (sur les 40 premiers centimètres au maximum). La structure à orientation horizontale, visible en profondeur, est une structure lithologique héritée de la roche argileuse. Photo D. Baize.

Photo 4.7. Structure prismatique à sous-structure polyédrique anguleuse observée dans un horizon argileux profond. Parc de Grignon. Photo J. Michelin.

Photo 4.8. Kastanozem observé au Maroc (plaine des Triffa). L'horizon S, très argileux, est rouge ; sa structure est prismatique (prismes de 20 à 50 mm de large et 100 à 150 mm de hauteur). Cet horizon est calcique, mais non calcaire. Hauteur de la coupe : 120 cm. Photo A. Ruellan.

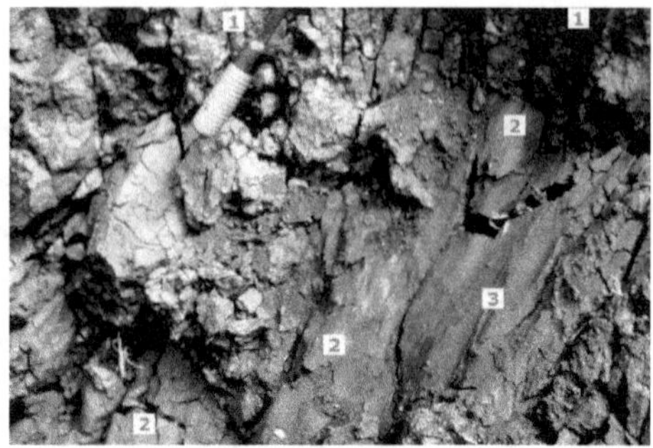

Photo 4.9. Structure polyédrique fine de l'horizon FS d'un sol rouge fersiallitique (Languedoc). Photo A. Ruellan

Photo 4.10. Vertisol : à environ 90 cm de profondeur, passage d'une structure prismatique (1) à une structure en plaquettes obliques (2) ; une surface oblique, lissée et striée, est bien visible (3). Les stries sont le fait de cailloux présents dans le matériau argileux. Maroc. Photo A. Ruellan.

Photo 4.11. Division spontanée en micro-polyèdres d'horizons de surface argileux sous l'effet du gel ou d'alternances humectations/dessiccations.
A. Moersdorf : pélosol développé dans une marne bariolée du Keuper (commune de Mersch, Luxembourg.). Photo Asta et Centre de recherche Gabriel Lippmann. **B.** Effet du gel sur la surface d'un sol argileux. Uppsala (Suède), avril 2013. La carte SD, qui donne l'échelle, fait environ 26 × 34 mm. Photo Julien Moeys.

Pour en savoir plus

Baize et Jabiol, 2011 ; Baize, 2000 ; Berrier *et al.*, 1999 ; Chenu et Bruand, 1998 ; Fédoroff et Courty, 1994 ; Stoops et Jongerius, 1975.

Chapitre 5

La structure des sols forestiers : spécificités, états, conséquences et enjeux

Bernard JABIOL

▶▶ Conditions générales de fonctionnement des sols forestiers

En conditions de textures et de minéralogie des argiles identiques (principaux facteurs qui influencent la structuration des horizons) et à histoire pédogénétique égale, les structures devraient être similaires, que l'on se trouve sous cultures ou sous forêt. Mais, d'une part, les terres mises en valeur par l'agriculture n'ont pas été en général défrichées par hasard (Badeau *et al.*, 1999) et peuvent correspondre à des conditions spécifiques de formation de la structure. D'autre part, il apparaît que les différences structurales les plus prononcées entre sols agricoles et forestiers sont liées à leurs différences d'utilisation actuelle. Par rapport aux sols agricoles, la plupart des sols forestiers présentent les particularités suivantes :

— ils sont issus majoritairement de matériaux initialement plus acides, ou de matériaux plus évolués et donc acidifiés contenant des minéraux argileux qui leur confèrent de médiocres qualités physiques, et sont souvent engorgés ; ces facteurs peuvent largement contribuer à l'acquisition de structures spécifiques ;

— ils sont historiquement acidifiés par l'anthropisation *via* les exportations de matières organiques au profit des terroirs les plus proches (Koerner *et al.*, 1997) ;

— ils révèlent une influence différente des êtres vivants, qu'il s'agisse des végétaux, des champignons saprophytes ou des activités animales (décomposeurs de la méso- ou macrofaune, animaux fouisseurs…) ;

— très rarement nus, ils sont protégés des actions dégradantes de la pluie (interception des arbres et de la végétation au sol, protection par les horizons O holorganiques), mais aussi protégés du gel ;

— ils reçoivent d'importants apports en matière organique par la surface (plusieurs tonnes/ha annuellement), d'où un développement des formes d'humus (successions d'horizons O et A) à structures spécifiques et une forte teneur en matières organiques des horizons A (Badeau, 1998) ;

— enfin et surtout, les types et niveaux de mécanisation y sont sans commune mesure.

L'état structural des horizons supérieurs des sols forestiers (0 à 40 cm environ, ce qui correspond à la zone de densité maximale de racines des arbres) est donc le résultat d'un ensemble de facteurs spécifiques et très variés, qui conduisent le plus souvent à des **conditions physiques favorables**, soit à l'infiltration des eaux, soit au développement racinaire, ces deux facteurs étant les facteurs essentiels de la « qualité » des sols sous l'influence de leur qualité structurale.

Les grands types de matériaux suivants correspondent à des situations fréquemment rencontrées dans les sols forestiers français :

– des **sols sableux bien drainés sans problèmes structuraux** : ce sont les très nombreux sols acides voués essentiellement à la forêt (landes de Gascogne, grès d'âges primaire, triasique, tertiaire, etc.) ou encore les sols issus de roches cristallines, dans lesquels la forte porosité texturale permet largement les fonctions de drainage naturel et d'enracinement. Leur fréquente acidité et la faiblesse de l'activité biologique qui s'ensuit n'entraînent pas de difficulté de comportement racinaire dans les premiers centimètres du sol, leur résistance au compactage est forte, d'autant plus s'ils sont caillouteux ;

– des **sols argileux à forte stabilité structurale** ; ils sont très représentés sur les plateaux ou dans les montagnes calcaires, correspondant souvent aux situations de couvertures pédologiques les plus minces ou les plus caillouteuses, ou encore aux affleurement marneux fréquents dans l'est de la France. Ils sont carbonatés ou calciques et la structure très stable des horizons S de moyenne profondeur est nettement polyédrique et très souvent très fine (sauf sur marnes). La pénétration dans les parcelles d'engins lourds peut entraîner, par temps très humide, tassements et orniérages, mais la **résilience**[8] de ces sols est forte : activité biologique fouisseuse importante grâce aux pH élevés, minéraux argileux favorables à la restructuration. Plus ces sols sont caillouteux, plus leur résistance à ces tassements sera importante (Gras, 1994) ;

– des **sols limoneux à limono-sableux bien drainés**, à structure subanguleuse parfois difficile à observer, mais qui sont naturellement à forte porosité et très faible compacité à l'état frais. Ils ont le plus généralement des qualités remarquables vis-à-vis de l'enracinement, qu'il est toujours surprenant de comparer celui de parcelles agricoles voisines. Mais ce potentiel naturel est à protéger impérativement car leur stabilité structurale est faible à très faible, même si elle est meilleure que celle des sols agricoles, et même si leur fragilité est moindre dans le cas de matériaux détritiques fortement caillouteux (limons à silex, par exemple). Cette sensibilité sera accentuée dans le cas de matériaux acides à moders, plus sensibles au compactage, et sur sols engorgés ;

– des sols très fortement **engorgés jusqu'à la surface** qui, dès lors qu'ils sont à dominante limoneuse, présentent des structures totalement « dégradées » dans la zone de battement de nappe, associées à de fortes compacités et de très grandes sensibilités au compactage. La présence d'une nappe, même à quelques décimètres de profondeur, est un facteur aggravant majeur du risque de tassement.

---

8. Capacité du sol à retrouver ses caractéristiques d'avant une perturbation.

▶▶ Les structures naturelles des horizons de surface des sols forestiers

Les horizons les plus superficiels des sols forestiers sont des horizons O et A, absents des sols agricoles. L'origine et la spécificité de leurs structures sont traitées au chapitre 3.

Les horizons O ne présentent généralement pas de problèmes structuraux directs vis-à-vis de la végétation : d'éventuels caractères défavorables pour la germination ou le développement de semis sont davantage imputables à leur comportement vis-à-vis de l'eau ou à leur caractère hyperacide. Leur structure (feuilletée, fibreuse, granulaire, parfois massive) est associée à une forte porosité, permettant le plus souvent une importante colonisation par les racines fines assimilatrices et leurs ectomycorhizes.

Dans le cas des horizons A, il convient de bien différencier : les horizons A biologiquement actifs (horizon biomacro- ou biomésostructurés des mulls ou amphimus (photo 5.1) et les horizons A non structurés par les vers des formes moders ou mors (photo 5.2). Les premiers sont par définition grumeleux, parfois polyédriques dans le cas des mulls pélosoliques où la structure d'origine biologique est fragmentée mécaniquement, et présentent donc une très forte macroporosité, favorable au drainage et sans limitation pour l'enracinement, même dans les formes les moins actives (dysmulls et oligomulls). À l'inverse, les horizons A des formes moders et mors sont massifs ou à structure particulière : mais même dans le premier cas, leur faible compacité leur confère quasiment toujours une bonne facilité de prospection ; seuls des horizons A engorgés ou des horizons A de sols issus d'argiles acides et massives peuvent, de façon naturelle, présenter des obstacles mécaniques à la pénétration racinaire d'un plant ou d'un semis.

Photo 5.1. Eumull pélosolique en forêt de Boucq (Meurthe-et-Moselle) : structure grumeleuse très nette de l'horizon A, vue de la surface, sous un horizon OLn pratiquement disparu. Photo F. Lebourgeois.

Photo 5.2. Limon acide en forêt de Fougères (Ille-et-Vilaine) : les structures des horizons O et A apparaissent très différentes, l'horizon A (5 à 8 cm) étant massif (comme l'horizon Eg sous-jacent). Néanmoins, les deux présentent de nombreuses racines fines grâce, pour le A, à une faible compacité. Photo B. Jabiol.

On le comprendra, l'enjeu principal de l'examen de la structure des horizons de surface sera pour le forestier de déceler d'éventuelles **traces de dégradation physique d'origine anthropique** (essentiellement « tassements » dus aux engins intervenant en forêt). En dehors de ces dégradations, très rares sont les cas où l'état structural des horizons de surface entraîne des contraintes mécaniques. Ce constat peut même être fait pour une très grosse majorité des **horizons E ou S** jusqu'à 40 ou 50 cm et même parfois plus. Les propriétés structurales de ces horizons sont encore liées aux conditions de « l'épisolum ». La bioturbation encore présente, l'abondance des racines, la présence d'encore un peu de matière organique, l'éluviation... font que, naturellement, ces horizons montrent une forte porosité et de relativement faibles densité apparente et compacité. Leurs caractères sont donc favorables à un drainage rapide et à un bon enracinement, même dans le cas où une structure en agrégats reste peu exprimée. Il a été démontré dans certains contextes (alocrisols à dominante sableuse) que leur stabilité structurale, ainsi que celle des horizons de surface, était pour les mêmes raisons meilleure que celle des mêmes sols sous agriculture (Levrel et Ranger, 2006). Font notablement exception deux catégories de sols. D'une part les pélosols, dont les horizons Sp peuvent acquérir à faible profondeur une structure massive et, d'autre part, les sols engorgés dont la contrainte à l'enracinement est surtout une contrainte d'anoxie, mais généralement aggravée, en texture fine, lorsque l'engorgement a provoqué la destruction des agrégats des horizons Eg (structure massive).

⟩⟩ Spécificité de la dégradation physique d'origine anthropique dans les horizons supérieurs : conséquences et résilience

Le travail du sol en forêt est extrêmement difficile à cause de la présence de souches et racines, nécessitant du matériel adapté. Il est coûteux et jamais nécessaire, dans un objectif d'amélioration structurale, en l'absence de perturbation importante d'origine anthropique ou naturelle (tempêtes). Et, on l'a vu, les horizons supérieurs du sol présentent **naturellement** des qualités physiques qu'il est inutile d'améliorer ; des interventions lourdes, difficiles à placer dans les travaux de renouvellement des peuplements et dans de bonnes conditions climatiques, risqueraient au contraire de détériorer une situation satisfaisante (c'est ce qui se passe parfois lorsque le forestier souhaite se débarrasser d'une végétation envahissante avant plantation). Nous ne parlerons donc pas ici des effets du travail du sol sur la structure, plus fréquent dans les gros chantiers de plantation relevant de ligniculture intensive que dans le cadre de gestion forestière multifonctionnelle.

Mais, depuis une à deux décennies, les forestiers prennent de plus en plus conscience de la nécessité de préserver la qualité structurale des sols vis-à-vis des agressions que peuvent lui faire subir d'autres types d'interventions, pouvant elles-mêmes être très lourdes, dans le cadre d'une gestion traditionnelle et multifonctionnelle dans des peuplements en place ou en cours de renouvellement : il s'agit en général d'opérations d'exploitation forestière (coupe et sortie des bois), de plus en plus mécanisées, faisant intervenir des engins de plus en plus lourds, souvent 6 × 6 voire 8 × 8 (porteurs, débusqueurs, abatteuses…), pouvant largement dépasser les 10 tonnes (photos 5.3 et 5.4).

Photo 5.3. Débusqueur intervenant en milieu de parcelle. Les pneus larges (700 mm et plus) préservent le sol, les chaînes évitent les dérapages mais sont agressives pour le sol ou les racines. Leur sont préférables les « tracks », semi-chenilles installées sur les roues de deux essieux, destinées à limiter les pressions au sol. Photo S. Gaudin, CRPF Champagne-Ardenne.

Photos 5.4. L'exploitation complète d'un peuplement est toujours une intervention importante (plusieurs centaines de mètres cubes de bois exploités par hectare) pouvant être lourde de conséquences sur le sol si elle est effectuée sans précaution et par temps humide. Photos S.G. Lebleu, CRPF Champagne-Ardenne, et B. Jabiol.

Aussi, la question du **tassement**[9] **des sols forestiers**, même si elle est connue ou citée depuis très longtemps (Plaisance, 1953), est devenue une question de premier plan dans les préoccupations actuelles de la profession (Rotaru, 1985 ; Richter, 1999 ; Jabiol *et al.*, 2000 ; Lamandé *et al.*, 2005 ; etc.).

Les conséquences du compactage sur les arbres et sur le sol

Les facteurs édaphiques les plus fréquemment mis en avant, conséquences du tassement et responsables des contraintes infligées aux racines, sont la **perte de macroporosité** et de sa continuité dus à la destruction des agrégats et, de manière générale, au réarrangement des particules du sol. Elle va de pair avec une augmentation de la masse volumique apparente, est souvent aggravée par l'augmentation concomitante de la compacité (résistance à la pénétration) et a pour conséquence fréquente des problèmes de circulation d'eau et de diffusion d'oxygène.

Les systèmes racinaires vont être sensibles à ces modifications : dans les premiers centimètres ou décimètres, il s'ensuit à la fois des problèmes « mécaniques » de développement et de croissance racinaire en milieu rigide à faible macroporosité et des problèmes d'hypoxie. La réponse du système racinaire de jeunes semis ne peut cependant pas être décrite à partir d'un seul de ces paramètres. Aucun d'entre eux (compacité, oxygénation, densité apparente, structure, porosité…) ne peut être seul un indicateur fiable de la qualité physique des horizons de surface ou un paramètre unique de modélisation prédictive de restauration des propriétés du sol après tassement (Goutal, 2012).

---

9. Ce terme général de tassement regroupe plusieurs processus : le scalpage, lié à des contraintes tangentielles et responsable de structures lamellaires ; le compactage, responsable du tassement *stricto sensu* et correspondant à une perte de macroporosité ; et l'orniérage, relevant des deux processus précédents avec un déplacement de matière important.

Lors d'opérations de régénération naturelle, des différences de comportement des jeunes semis ont pu être clairement liées, dans de nombreuses études, à des niveaux du compactage des horizons de surface. Par exemple, dans le cas d'un sol limoneux en Lorraine, il a été clairement montré (Di Cintio, 2006) que :

— la densité de semis de chênes ou hêtres de 4 à 10 ans (nombre de semis/m^2) était corrélée négativement aux caractères du sol pouvant témoigner du compactage des horizons de surface (structure massive, compacité, traces d'oxydo-réduction) ;

— la biomasse racinaire des semis de chênes était corrélée, elle aussi négativement, à la compacité ;

— le même constat pouvait être fait en corrélant le nombre ou le type de déformations racinaires avec les caractères du sol : déformations des jeunes pivots ou diminution du nombre et de la croissance des racines secondaires (photo 5.5).

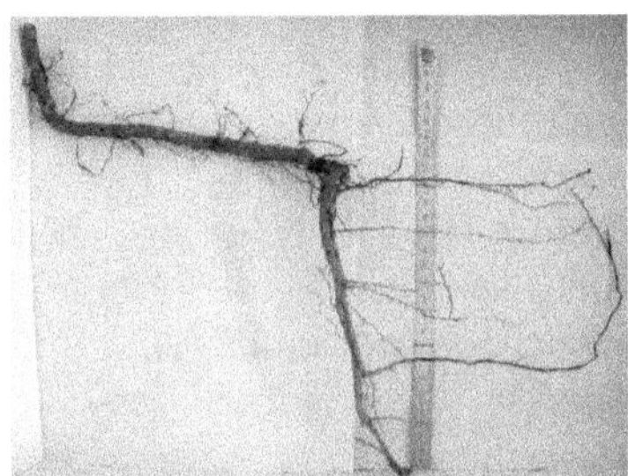

Photo 5.5. Système racinaire déformé de semis de chêne de 8 ans : noter la direction horizontale de toutes les racines principales, liée à l'apparition d'une structure lamellaire, et la très faible ramification et l'avortement de l'extrémité du pivot dues à une forte compacité ou une mauvaise oxygénation. Photo Di Cintio.

De même, sous peuplement adulte, Von Wilpert et Schäffer (2006) ont mis en évidence une densité racinaire entre 0 et 60 cm significativement différente entre zones compactées sous les traces de roue ou leurs bordures et les zones non compactées (figure 5.1). Sous des arbres adultes, la contrainte mécanique entraîne une difficulté de renouvellement des jeunes racines assimilatrices de surface, conduisant parfois à des mortalités.

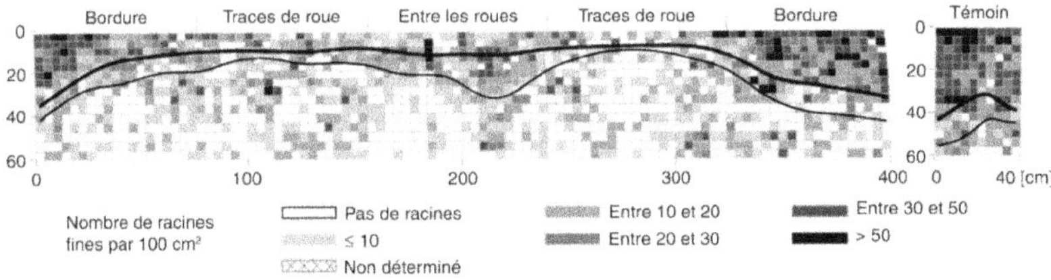

Figure 5.1. Impact du passage d'un engin de 15 tonnes sur la densité de racines fines de 0 à 60 cm (Allemagne, sol limoneux, opération d'éclaircie d'épicéas dominants de 35-40 ans). Reproduite avec l'aimable autorisation de *European J. of Forest Research* (von Wilpert et Shäffer, 2006).

En conséquence, des déformations racinaires parfois considérables, ainsi que la limitation du nombre de racines émises ou leur nécrose (photo 5.5), sont susceptibles de compromettre *in fine* à la fois :

– l'avenir des régénérations naturelles effectuées sur sols tassés : survie, croissance et densité des jeunes semis, puis, s'ils survivent, prospection profonde de l'adulte et sa stabilité. Les différences de résistance des espèces forestières aux contraintes du sol conduisent en outre à des modifications des dynamiques naturelles de régénération, favorisant les espèces les plus résistantes (mais souvent pas les plus souhaitées) au détriment des autres (envahissement par le tremble, par exemple).

– l'avenir des peuplements adultes dans lesquels ont eu lieu des interventions mal menées : des dépérissements de peuplements forestiers ont pu être imputés dès les années 1980 à des compactages des horizons supérieurs par les engins forestiers, principalement sur le hêtre, espèce réputée sensible (Nageleisen, 1993 et 1994 ; Herbauts *et al.*, 1998).

Mais la plupart des facteurs pédologiques indicateurs de la contrainte et responsables de ces comportements ne sont pas accessibles au forestier gestionnaire à cause de la complexité de leurs conditions de mesure. Dans les cas des compactages les plus marqués, quelques indicateurs morphologiques des premiers décimètres du sol ne présentent cependant aucune ambiguïté quant à leur origine et aux conséquences qu'ils auront sur la végétation ; toutefois, si une interprétation qualitative est possible, toute quantification de la gravité du tassement reste impossible de nos jours. Parmi ces indicateurs citons :

– la disparition des horizons holorganiques, voire leur mélange avec les horizons sous-jacents ;

– la destruction des agrégats conduisant à des structures massives, voire lamellaires, responsables des directions horizontales des systèmes racinaires (photo 5.6) ;

– des différences de compacité parfois facilement détectées, à même état d'humidité, entre ces horizons massifs et les horizons sous-jacents ;

– la présence de traces d'oxydo-réduction dans ces mêmes horizons, disparaissant plus profondément. Lorsqu'une couche de surface apparaît comme hydromorphe, alors que la couche sous-jacente ne l'est pas et qu'il s'agit d'un même matériau, il n'y a aucune ambiguïté à interpréter cette configuration comme une conséquence d'un compactage anthropique (photo 5.6) ;

– des déformations racinaires (photo 5.5) ;

– l'apparition d'une végétation spécifique, par exemple à base de joncs ;

– l'orniérage (photo 5.4) : il est parfois plus délicat à interpréter car des phénomènes de tassement *sensu stricto* peuvent exister même dans le cas où il est absent ; il existe cependant quelques typologies d'ornières dont certaines tentent des corrélations avec l'intensité des perturbations de surface (Rotaru, 1985 ; Lüscher *et al.*, 2009).

Ce dernier diagnostic est parfois très insuffisant, car il ne prend pas en compte les tassements profonds (au-delà d'une vingtaine de centimètres), les plus insidieux. En plus de la pression exercée au sol par les engins, responsable des déformations de surface les plus visibles, leur poids joue un rôle majeur dans le transfert des pressions vers la profondeur du sol : par exemple, pour une pression en surface de 1 kg/cm^2, la pression transmise à 40 cm est 4 fois plus élevée pour un engin de 10 tonnes à pneus larges que pour un engin de 2,3 tonnes à pneus plus étroits.

86

Photo 5.6. Sol limoneux acide tassé, observé 5 à 10 ans après plusieurs compactages (forêt de Sainte-Hélène, Vosges). Photos F. Di Cintio.
A. L'horizon compacté ne laisse apparaître aucun agrégat et l'on voit bien que les traces d'oxydo-réduction disparaissent au-delà d'une dizaine de centimètres. Les deux à trois premiers centimètres mettent en évidence une reprise de l'activité biologique responsable d'une structure grumeleuse assez nette.
B. Les 20 premiers centimètres sont particulièrement compactés par rapport à l'horizon sous-jacent dans lequel la structure subanguleuse d'origine apparaît encore. Les traces d'oxydo-réduction (flèches rouges) sont alignées horizontalement selon la structure lamellaire qui apparaît visible très localement sur la photographie (flèches vertes).

L'évolution des matériels conduit de nos jours à protéger les horizons les plus superficiels et diminuer les orniérages (pneus larges, tracks…), mais conduit en même temps à aggraver les impacts sur les horizons de moyenne profondeur (poids).

En cas de dégradation structurale sévère, la question la plus fréquemment posée est celle de la résilience du sol. A-t-il les capacités à se restructurer et dans quels délais ? Les caractères du solum influent grandement sur cette capacité.

Lorsque les facteurs de structuration sont favorables (voir chapitre 10), de forts tassements, voire des orniérages marqués, peuvent disparaître en quelques années ; c'est le cas des sols à forte activité biologique de vers de terre anéciques (eumulls voire mésomulls), donc riches chimiquement ; même si le compactage est plutôt défavorable à l'activité fouisseuse, elle l'élimine rarement lorsque les autres conditions sont optimales et il est fréquent d'observer, par exemple dans le cas d'argiles de décarbonatation, des turricules abondants au milieu d'ornières très compactées ; une structure d'origine biologique se reforme. C'est le cas aussi des sols riches en argiles gonflantes retrouvant rapidement une structure d'origine mécanique dans les horizons supérieurs, riches en matières organiques.

Par contre, il ne faut sans doute compter qu'exceptionnellement sur une résilience des horizons de moyenne profondeur (> 20 cm), mais peu de références existent en la matière.

C'est bien sûr dans les sols à la fois limoneux et acides, également les plus sensibles (voir chapitre 10) que la résilience sera la plus faible. Si des études récentes (Goutal, 2012) indiquent qu'il n'y a pas une réponse unique en fonction du facteur considéré, nombre d'études ou d'observations montrent que la qualité structurale, voire l'aération des horizons de surface, peuvent ne pas s'être améliorées après des décennies dans le cas de sols limoneux acides (Herbauts *et al.*, 1998 ; Von Wilpert et Schäffer, 2006).

Le remède : la prévention

Une exploitation forestière « durable » implique donc un respect maximal du potentiel naturel du sol, notamment de ses caractéristiques physiques. Il est clair également que des mesures correctives ne doivent pas passer prioritairement par un travail du sol, à la fois risqué et très coûteux, et donc que la prévention est la solution à préconiser. Un amendement calcaire peut s'avérer favorable à l'amélioration de la stabilité structurale (Levrel et Ranger, 2006) mais ne pourra être justifié économiquement que lorsque des préoccupations d'ordre chimique existent également sur la parcelle.

La question de la prévention est d'autant plus d'actualité que la demande de plus en plus forte de bois ainsi que la mécanisation croissante impliquent de plus en plus de contraintes appliquées au sol (Cacot, 2006). Une étude sur plusieurs chantiers dans des conditions différentes a montré que les surfaces circulées[10] représentent de 20 à 60 % de la surface de la parcelle pour une simple éclaircie de peuplement (pouvant intervenir tous les 10 à 20 ans), alors que le premier passage provoque le maximum de dégâts (Cacot, 2008a).

Les forestiers français et européens ont bien pris la mesure de ces enjeux depuis une décennie, comme le montrent à la fois le nombre de travaux de recherche lancés sur cette thématique, aussi bien que le nombre de publications dans les revues techniques et les directives données par les organismes de gestion. Ces documents relèvent de plusieurs objectifs, sans qu'il soit possible d'être exhaustif :

– l'acquisition d'une meilleure **connaissance des processus, de leurs conséquences** à court et moyen terme (par exemple Lamandé *et al.*, 2005 ; Loyen, 2005 ; Von Wilpert et Schäffer, 2006 ; Cacot, 2008a ; Goutal, 2012), puis une information à destination des gestionnaires ou propriétaires (par exemple : Cacot, 2008b ; De Paul et Bailly, 2005 ; Cacot et Pischedda, 2005) ;

---

10. La surface circulée correspond à la surface des traces de roue et à la surface entre les roues.

– une aide au **diagnostic de la sensibilité** des sols à la dégradation (par exemple : Jabiol *et al.*, 2000 ; Lüscher *et al.*, 2009 ; Pischedda *et al.*, 2009 ; Pischedda, 2009…) (voir figure 5.2) ;

– la présentation de **solutions pratiques** à mettre en œuvre lors des travaux d'exploitation et leur évaluation économique, soit sous forme de directives d'organismes de gestion (Office national des forêts…), soit sous forme d'articles de vulgarisation (par exemple : Pischedda, 2009 ; Lüscher *et al.*, 2009 ; Matthies *et al.*, 2006). Il ne relève pas de cet ouvrage de présenter ce volet.

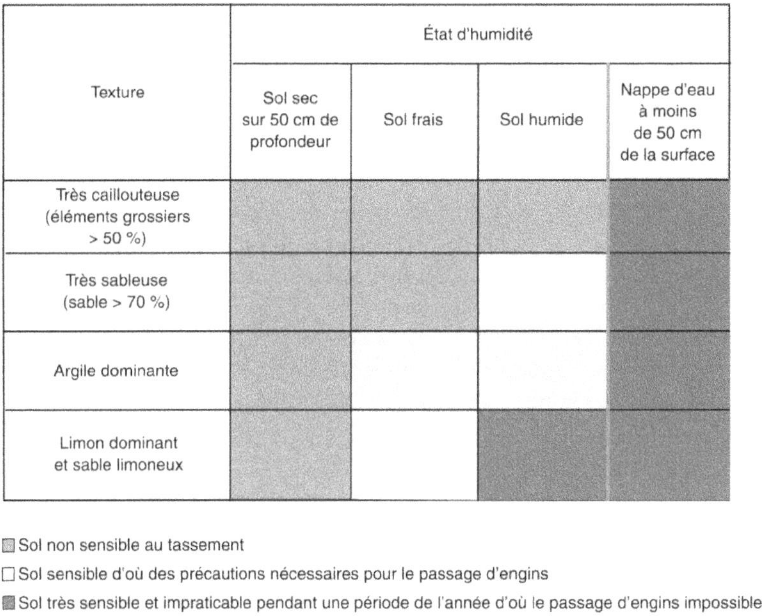

Texture	État d'humidité			
	Sol sec sur 50 cm de profondeur	Sol frais	Sol humide	Nappe d'eau à moins de 50 cm de la surface
Très caillouteuse (éléments grossiers > 50 %)	Non sensible	Non sensible	Non sensible	Très sensible
Très sableuse (sable > 70 %)	Non sensible	Non sensible	Sensible	Très sensible
Argile dominante	Non sensible	Sensible	Sensible	Très sensible
Limon dominant et sable limoneux	Non sensible	Sensible	Très sensible	Très sensible

▨ Sol non sensible au tassement

☐ Sol sensible d'où des précautions nécessaires pour le passage d'engins

▧ Sol très sensible et impraticable pendant une période de l'année d'où le passage d'engins impossible

Figure 5.2. Tableau d'estimation par le gestionnaire de la sensibilité d'un sol forestier au tassement (d'après Pischedda *et al.*, 2009).

Parmi tous ces documents, il nous paraît important de mettre l'accent :

– sur l'excellente synthèse de Pischedda (2009) ;

– sur le logiciel ProFor (Matthies *et al.*, 2006), outil destiné à indiquer au gestionnaire la possibilité qu'il a ou non d'intervenir sans risque sur une parcelle. Il indique le seuil critique de teneur en eau du sol (horizon de surface) au-delà duquel toute intervention provoquerait des dommages, en fonction des caractéristiques des engins utilisés (poids, pneumatiques, équipements…) et de certaines caractéristiques du sol (texture, abondance des éléments grossiers, teneur en matière organique et pente). La comparaison de cette teneur en eau avec celle du sol un jour donné permet d'envisager une intervention sans risque ou bien un changement de matériel pour éviter tout impact, voire d'interdire l'accès aux parcelle dans les conditions du jour. La limite d'utilisation du logiciel repose malheureusement sur l'impossibilité de mesurer la teneur en eau rapidement et en routine pour répondre, un jour donné, à la demande d'intervention d'un exploitant forestier. Or la teneur en eau des horizons est le premier facteur de sensibilité à la déstructuration.

▸▸ Racines d'arbres et structures des horizons profonds

La structure des horizons profonds des sols forestiers ne présente pas de spécificité par rapport à celle des sols agricoles. Cependant, son diagnostic est particulièrement précieux puisque ce caractère est parmi ceux qui limitent le plus la prospection racinaire en profondeur et donc la réserve utile maximale à disposition des arbres. Pour ces végétaux pérennes, c'est l'apparition d'un obstacle (compacité, structure massive, engorgement, dalle…) qui seule limite la profondeur prospectée. Même si la productivité des arbres est expliquée pour une bonne part par le réservoir en eau jusqu'à un mètre de profondeur, tout horizon plus profond est susceptible de participer à leur alimentation en eau en période sèche, donc à leur survie, voire à leur croissance.

C'est souvent l'association de plusieurs caractéristiques des horizons qui détermine la possibilité de prospection : en dehors des éléments grossiers qui ne seront pas cités ici (voir Baize et Jabiol, 2011), ce sont souvent la structure, la compacité et l'engorgement. Les structures polyédriques, même grossières, sont toujours favorables, une faible densité racinaire suffisant, en profondeur, pour assurer le prélèvement de la réserve en eau des horizons. Il en est de même, donc, des structures prismatiques à sous-structure polyédrique. Par contre, les structures prismatiques grossières à agrégats très denses, rencontrées souvent dans des argiles acides issues de paléosols, imposent une contrainte forte aux systèmes racinaires qui se retrouvent localisés sur les parois des prismes : l'utilisation des réserves est ainsi d'autant plus limitée que la taille de ces derniers est importante (photo 5.7).

Photo 5.7. Racines de chêne localisées à la surface des prismes d'un horizon argileux de profondeur (les prismes sont ici *ex situ*). Dans cet horizon à mauvaises conditions d'oxygénation, les racines de hêtre ne peuvent se développer. Photo F. Lebourgeois.

Cette limitation est elle-même d'autant plus forte que la contrainte mécanique est souvent associée, dans ce type d'horizon où la circulation verticale de l'eau est réduite, à une contrainte d'engorgement ; mais la résistance des essences à cette dernière contrainte « multiple » est très variable : si chênes et pins sylvestres, par exemple, ont une certaine capacité de prospection dans ces conditions difficiles, celle du hêtre est quasi nulle (Lebourgeois et Jabiol, 2002).

En outre, un contraste textural et structural fort et brusque ajoute par lui-même une contrainte par rapport à un passage plus graduel. Il en résulte généralement des difficultés de pénétration, des déformations, des racines horizontales... La figure 5.3 illustre le comportement racinaire différent de chênes dans deux types de sols à succession limon moyen/argile lourde : un Pélosol Différencié **surrédoxique** issu de marnes du Keuper et un Luvisol Dégradé surrédoxique à moder ; dans les deux sols, l'argile lourde est structurée en polyèdres grossiers dans ses 30 premiers centimètres au moins, y permettant une colonisation racinaire encore correcte (deux racines par dm^2) ; mais la comparaison des deux sols montre que la faible profondeur du plancher dans le Pélosol (30 cm) et son caractère plus brutal provoquent à la fois une concentration racinaire très forte en surface, n'ayant guère d'avantage sur l'alimentation en eau printanière, et une diminution très rapide de leur nombre dans la tranche 40-60 cm : le plus faible nombre de racines fines cumulées entre 40 et 140 cm provoque une plus grande difficulté d'exploitation des réserves hydriques de ces horizons, ce qui se traduit dans la productivité du peuplement.

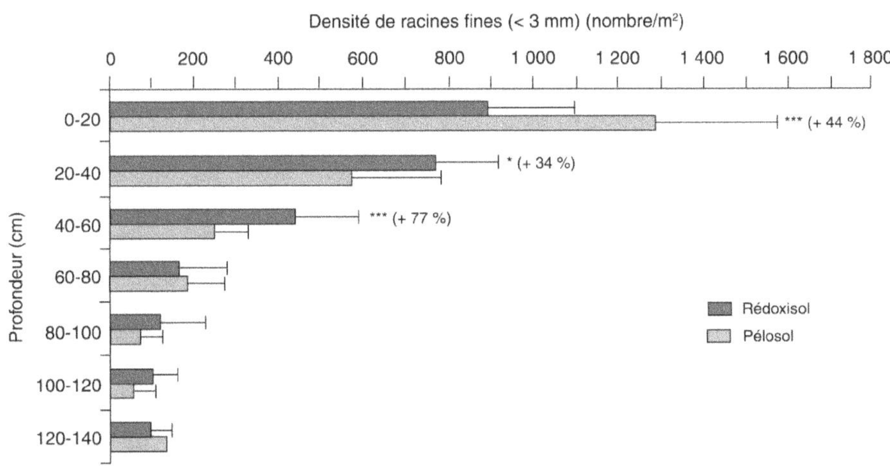

Figure 5.3. Nombre moyen de racines fines (< 3 mm) par horizon dans deux types de sols à « plancher » argileux : un Pélosol Différencié surrédoxique issu de marnes du Keuper et un Luvisol Dégradé surrédoxique à moder (appelé Rédoxisol par l'auteur) (Lebourgeois *et al.*, 2008).

▸▸ Conclusion : le diagnostic structural en forêt

Le gestionnaire forestier orientera donc son diagnostic structural dans trois directions correspondant à des profondeurs différentes et des objectifs distincts :

– la détermination de la structure des horizons A qui est nécessaire à un bon diagnostic des formes d'humus (Baize et Jabiol, 2011) ;

– la recherche de signes de tassements des horizons supérieurs, qui consiste en l'observation, à partir de la surface et vers la profondeur, de l'ensemble des critères cités plus haut ;

– la détermination des structures des horizons profonds, dont dépend une bonne prospection racinaire des arbres et donc un réservoir important en eau ;

– dans un sol à bonnes propriétés structurales, il conviendra en outre d'essayer de déterminer la sensibilité à la dégradation.

Pour en savoir plus

Badeau *et al.*, 1999 ; Cacot, 2008a et b ; Cacot et Pischedda, 2005 ; De Paul et Bailly, 2005 ; Herbauts *et al.*, 1998 ; Jabiol *et al.*, 2000 ; Pischedda *et al.*, 2008 ; Pischedda, 2009.

Chapitre 6

Maîtrise de la structure des sols cultivés : tassement et travail du sol, avec et sans labour

Jean ROGER-ESTRADE, Hubert BOIZARD, Guy RICHARD

La structure des sols est une composante importante de leur fertilité. On la définit comme la disposition spatiale de leurs constituants et comme la nature et l'intensité les liaisons qui existent entre eux. Ce concept désigne donc l'organisation de la phase solide du sol, à différents niveaux d'échelle. Son complémentaire, la phase des vides, constitue le volume poral, communément dénommé porosité. On distingue la porosité texturale, liée à l'organisation des composants élémentaires (argiles, limons, sables, ciments), qui est constituée de pores de petits diamètres, de la porosité structurale, plus grossière, qui varie au cours du temps. L'état de la structure et de la porosité définit l'essentiel de la composante physique de la fertilité des sols cultivés.

Structure et porosité déterminent les propriétés physiques dont dépend le déroulement de la germination et de la levée des cultures, puis la croissance et le fonctionnement de leurs racines. La porosité (volume, connectivité, distribution de taille des pores) conditionne les transferts de l'air et de l'eau (avec ses solutés) vers les racines ou en profondeur. La structure des premiers centimètres de sol régit le partage entre eaux d'infiltration et eaux de ruissellement. La structure du sol détermine également son comportement mécanique (résistance à la fragmentation par les outils, portance…). Enfin, structure et porosité jouent un rôle fondamental sur les conditions de vie de la faune et de la flore du sol et, plus largement, sur les processus bio-physico-chimiques qui s'y déroulent.

L'agriculteur agit sur la composante physique directement par le travail du sol et la circulation des engins agricoles (qui peut entraîner, lorsque celui-ci est trop humide compte tenu des pressions appliquées, des tassements qui réduisent la porosité). Il joue plus indirectement sur la structure à travers le choix des successions de cultures (y compris intercalaires) qui fixe le calendrier d'occupation de la parcelle et conditionne pour partie l'intensité de l'action des agents naturels : le climat (action des alternances humectation-dessiccation ou gel-dégel, qui fissurent les zones tassées) ; la faune (action de la macrofaune (figure 6.1) et de la mésofaune sur la macroporosité et de la microflore sur la stabilité structurale) ; les racines.

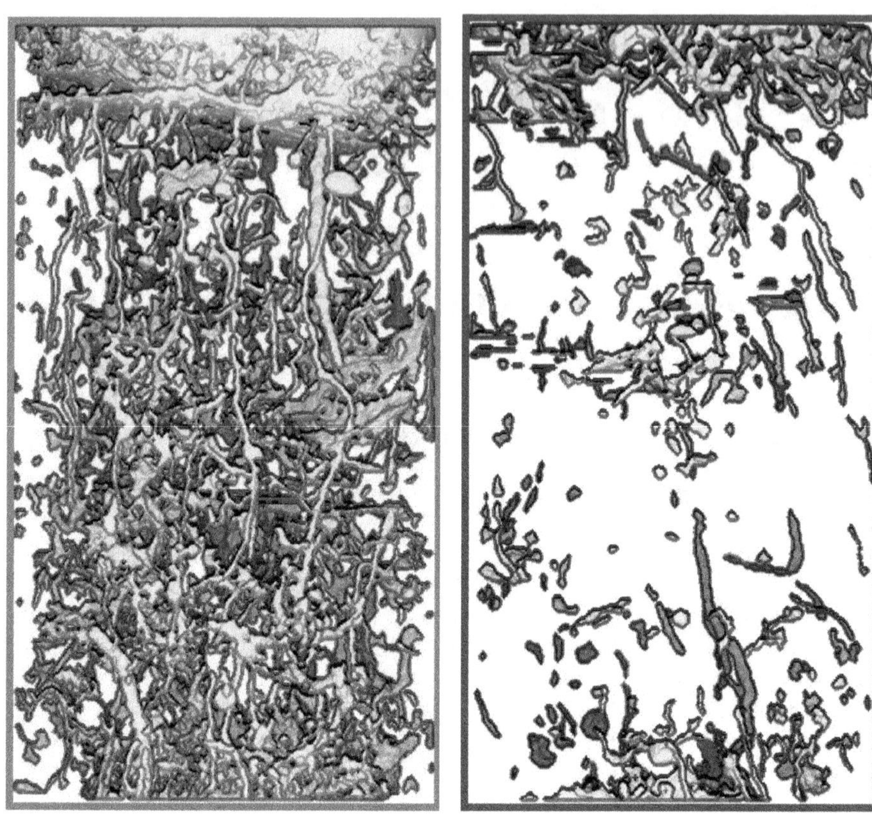

Figure 6.1. Reconstruction 3D du réseau de galeries de vers de terre dans un cylindre de sol (15 cm de diamètre et 25 cm de hauteur) pris dans une couche travaillée. À gauche, hors passage de roue. À droite, le cylindre a été prélevé à proximité, mais sous le passage de roue, ayant fortement tassé le sol. Le tassement détruit les galeries de manière très significative. Les mesures effectuées 8 mois plus tard ont montré que les vers n'avaient pas encore totalement recolonisé le volume tassé. On a utilisé un gradient de fausses couleurs pour donner une impression de relief. Le jaune représente ce qui est le plus près de l'observateur, le bleu ce qui est le plus éloigné. Y. Capowiez, Inra.

▸▸ Évolution de la structure

Dans une parcelle cultivée, la structure des couches superficielles du sol évolue sous l'effet des interventions de l'agriculteur qui soit la dégrade (tassement) soit la régénère (fragmentation par les outils). Mais la structure évolue aussi sous l'effet du climat : la pluie peut dégrader les premiers centimètres (création d'une croûte de battance) mais les alternances humectation/dessiccation ou gel/dégel créent de la porosité par fissuration et régénèrent la structure (Boizard *et al.*, 2002). Enfin, la macrofaune du sol (et tout particulièrement les vers de terre) ainsi que les racines des plantes contribuent à l'entretien et à la régénération de la porosité structurale

94

(Pérès *et al.*, 1998). L'agriculteur peut, par le choix des rotations, du calendrier de ses interventions, etc., favoriser les actions de ces agents naturels sur la structure (Roger-Estrade *et al.*, 2011). Leur efficacité dépend beaucoup de la texture. Lorsque l'agriculteur opte pour un itinéraire de travail du sol simplifié, voire pour le semis direct, le rôle de ces agents est déterminant et les risques pris concernant la structure dépendent beaucoup du type de sol.

Battance et érosion

Les propriétés importantes à considérer pour prévoir l'évolution de la structure ou les risques d'érosion sont l'aptitude à la fissuration, la cohésion, l'adhésivité et la stabilité structurale (Chenu *et al.*, 2000). Ces propriétés dépendent largement de la composition granulométrique (et beaucoup de la teneur en argile) et sont également influencées par la teneur en matière organique et en calcaire de l'horizon considéré. Mais le comportement d'un horizon de sol soumis à une contrainte dépend aussi de sa structure initiale et de la teneur en eau au moment où la contrainte est appliquée.

Ainsi, par exemple, la résistance à la dégradation par les gouttes de pluie (battance) des premiers centimètres de sol d'une parcelle qui vient d'être préparée pour le semis (tableau 6.1) dépend de la teneur en argile et en matière organique de la terre, de la distribution en taille des mottes constituant le lit de semences et de l'histoire hydrique récente du sol (Le Bissonnais, 1996 ; Le Bissonnais et Arrouays, 1997). La structure des horizons situés immédiatement sous le lit de semences est également importante à considérer : si ces horizons sont tassés, cela ralentit l'infiltration de l'eau et favorise l'excès d'eau dans le lit de semences, ce qui fragilise ce dernier. Le déclenchement de l'érosion hydrique dépendra quant à lui de l'état de surface obtenu et de la structure des couches situées immédiatement sous le lit de semences qui conditionne les possibilités d'infiltration de l'eau (photo 6.1). Mais le calendrier d'occupation de la parcelle et la présence de résidus végétaux protégeant la surface sont également à prendre en compte (voir chapitre 10).

Photo 6.1. Formation d'une croûte de battance à la surface d'un lit de semences dans une parcelle de maïs sur sol limoneux dans le Béarn. La plantule de maïs a franchi la croûte à la faveur d'une fissure qui est apparue lorsque la croûte a séché. Photo : H. Manichon.

Tableau 6.1. Les différentes « épaisseurs de sol » à prendre en compte.

15 premiers millimètres	Possibilité de fermeture de la surface (battance) pouvant initier un ruissellement superficiel
5 à 20 premiers centimètres	Préparation du lit de semences, travail superficiel
30 à 40 premiers centimètres	Travail profond – horizon « labouré » L
50 premiers centimètres	Examen du profil cultural
50 à 80 premiers centimètres	Sous-solage
20 à 200 centimètres	Totalité du solum – examen du profil pédologique

Tassement

Le tassement des sols cultivés résulte essentiellement du roulage des engins agricoles (photo 6.2). Il y a tassement lorsque cette circulation entraîne une réduction de la porosité du sol. L'intensité du tassement dépend :

– des caractéristiques des engins agricoles (charge sur essieu, largeur d'appui au sol) ;

– des caractéristiques intrinsèques et pérennes du sol (qui déterminent ses propriétés mécaniques) ;

– de l'état du sol au moment du passage de l'engin : teneur en eau, profil hydrique et état structural au moment du passage de la roue sont les paramètres qui déterminent la déformabilité.

Photo 6.2. Les chantiers de récolte de betterave sucrière en Picardie, effectués avec des engins lourds et en conditions humides, entraînent souvent de violents tassements qui peuvent affecter les horizons situés sous le fond de labour. Photo L. Favre, Inra.

L'épaisseur affectée par le tassement dépend de l'intensité des contraintes mécaniques appliquées et de la surface de contact entre les pneumatiques et la surface du sol. La plupart du temps, le tassement affecte essentiellement la couche de sol travaillée. Cependant lorsque les contraintes sont très élevées, la porosité peut être fortement diminuée au-delà du fond de labour. On parle alors de tassement profond. De même, lors du labour avec une charrue à versoir, le tracteur roule en fond de raie et, si le sol est suffisamment humide, cela peut créer du tassement sous le fond de labour (on parle alors de « semelle » de labour). Il est difficile de remédier à ces tassements profonds qui nécessitent l'emploi d'engins de sous-solage. C'est l'un des intérêts des techniques de travail du sol sans labour que d'éviter la création d'une telle semelle.

À l'échelle de la parcelle cultivée, l'intensité de la dégradation de la structure par le tassement dépend également de la proportion de la superficie qui est roulée. Cette proportion est liée à la largeur de travail des outils et à leurs règles d'emploi.

Le tassement perturbe la croissance et le fonctionnement des racines (figure 6.2) et donc l'alimentation en eau et en éléments minéraux des plantes. Il modifie le fonctionnement biologique du sol et la circulation des fluides. Un sol tassé est donc moins favorable à la croissance des plantes. Mais le tassement a également des conséquences sur l'impact environnemental de l'agriculture (par exemple, un sol tassé est beaucoup plus favorable à la dénitrification, qui résulte de l'activité de bactéries fonctionnant en anaérobie ; de même lorsque l'horizon de surface est tassé, son infiltrabilité diminue et cela accroît le risque de ruissellement (Labreuche *et al.*, 2007).

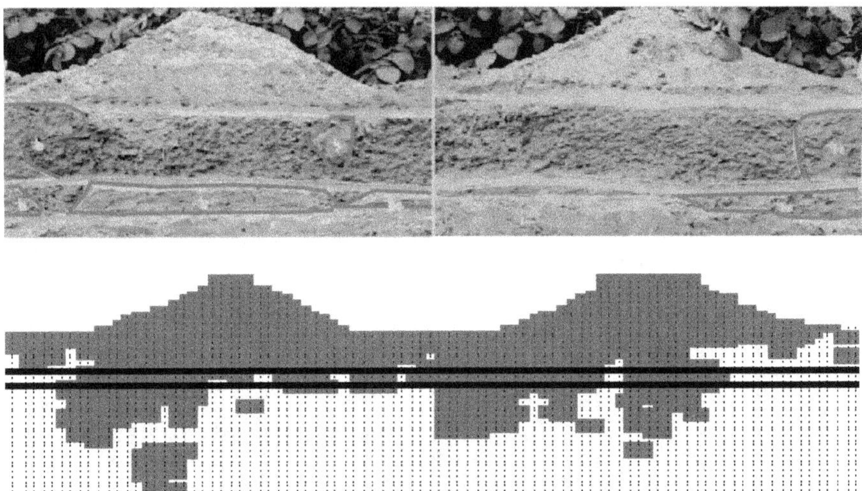

Figure 6.2. Profil cultural sous une culture de pomme de terre dans un sol limoneux en Picardie. La photographie représente la face d'observation du profil et les horizons individualisés par l'action des outils. Le schéma représente la répartition des racines dans ce profil. Les racines sont inégalement réparties dans le sol du fait de la présence de zones tassées. Photo H. Boizard, Inra.

Travail du sol

Le travail profond touche généralement les 30 à 40 premiers centimètres de sol[11] (voir tableau 6.1). En France, ce type d'opération est traditionnellement effectué à l'aide d'une charrue à versoir (photo 6.3) (plus rarement à disques) ou avec un matériel animé par la prise de force du tracteur (rotobêche, rotavator… des outils plutôt employés en maraîchage et horticulture). Les objectifs sont multiples : enfouir et mélanger au sol les résidus de récolte, les adventices, les repousses, les engrais verts, les amendements ; favoriser l'évacuation de l'eau en excès ; régénérer la structure en fragmentant le sol et en remontant (dans le cas du labour) à la surface des volumes de terre qui, sinon, seraient restés en profondeur à l'abri des actions favorables du climat ou des outils de travail superficiel. Il existe également des outils de travail profond dont le seul objectif est de fragmenter le sol pour le « décompacter » sans le retourner (outils à dents) (photo 6.4). Enfin, l'agriculteur est parfois amené à travailler plus profondément (pour briser un horizon compact situé sous le fond de labour ou pour préparer le terrain en vue de l'implantation d'un verger ou d'une vigne). On parle alors de sous-solage, qui n'est, en général, pas réalisé tous les ans. La profondeur de travail peut atteindre jusqu'à 80 cm (voir tableau 6.1).

Le travail superficiel fait appel à une grande diversité d'outils qui se distinguent surtout par l'intensité avec laquelle ils fragmentent la terre (herses simples, vibroculteurs, chisels, herses animées par la prise de force du tracteur). L'épaisseur de sol concernée varie entre 5 et 20 cm (voir tableau 6.1).

Photo 6.3. Labour de printemps en sol de limon avec une charrue réversible à versoirs. Photo P. Régnier, Inra.

Photo 6.4. Décompacteur lourd permettant de créer une structure favorable sur une profondeur de quelques décimètres sans retourner le sol. La profondeur de travail est de l'ordre de 40 cm. Photo P. Régnier, Inra.

---

11. On labourait autrefois (jusque dans les années 1970) jusqu'à une profondeur de 40 cm environ. Mais cette pratique a été abandonnée car, devant la spécialisation de l'agriculture entraînant une raréfaction des ressources en fumier dans les exploitations de grande culture sans élevage, on s'est efforcé de ne pas diluer la matière organique dans un trop grand volume de sol. Même si désormais on ne laboure plus aussi profond (très généralement entre 25 et 30 cm), la trace de tels labours profonds reste visible lors de l'examen du profil cultural.

Là encore, les buts poursuivis sont nombreux. On distingue les opérations de déchaumage (qui, selon les cas, visent l'un ou plusieurs des objectifs suivants : mélanger les résidus et amendements à la terre, détruire les adventices et repousses, enfouir les résidus de produits phytotoxiques, favoriser l'assèchement du sol et son réchauffement, niveler la surface ou au contraire créer des billons) de celles dont l'objectif plus spécifique est la préparation des premiers centimètres de sol pour créer un environnement favorable à la germination et à la levée des semences ou à la reprise des plants de la culture à mettre en place. Enfin, à ces deux premières catégories, il faut ajouter le travail du sol en cours de culture, réalisé surtout pour lutter contre les adventices (binage, sarclage), mais aussi pour aérer le sol, rechausser les plants ou limiter l'évaporation.

L'agriculteur combine l'emploi de ces équipements multiples en planifiant un itinéraire de travail du sol pour préparer la parcelle à recevoir la culture. Ses décisions dépendent de beaucoup de facteurs : type de sol (profondeur, texture, teneur en cailloux), climat récent et à venir, état du champ (enherbement, degré de tassement, humidité), nature de la culture et du précédent cultural, disponibilité en temps et coût des opérations. Il en résulte une infinie variété des itinéraires de préparation du sol. Par ailleurs, la régénération de la structure n'est pas, sauf exception, le seul but poursuivi.

▸▸ Le raisonnement du travail (et du non-travail) du sol

Pour décider des actions à mener pour corriger une structure jugée insatisfaisante, il faut au préalable faire un diagnostic au champ. Plusieurs méthodes existent, dont celle fondée sur l'observation d'un profil cultural, effectuée dans une fosse d'une cinquantaine de centimètres de profondeur, d'une largeur suffisante pour piéger la variabilité latérale des états structuraux au sein des horizons travaillés (Roger-Estrade *et al.*, 2000). L'examen du profil cultural ne se confond pas avec celui du profil pédologique, mais lui est complémentaire (voir tableau 6.1). L'objectif de ce dernier est la caractérisation du solum dans son ensemble, l'analyse des facteurs de différenciation du sol et de son fonctionnement. On s'intéresse ici essentiellement à l'horizon L (voir encadré 6.1). Les différentes méthodes de caractérisation de la structure des horizons de surface sont présentées aux chapitres 7 et 8.

L'observation du profil cultural permet de relier l'état structural aux caractéristiques des opérations culturales et aux conditions dans lesquelles elles sont pratiquées. On peut tirer de cette observation des enseignements afin de modifier les itinéraires techniques en tenant compte non seulement des objectifs à atteindre en matière d'état structural, mais aussi des contraintes que l'agriculteur doit intégrer dans ses choix : succession des événements météorologiques, organisation du travail et équipement qui déterminent le temps dont il dispose pour réaliser les opérations culturales, gestion des adventices, etc.

Il n'existe pas de méthode « idéale » pour préparer le sol d'une parcelle avant d'y mettre en place une culture. Il y a beaucoup d'options possibles, qui ont chacune leurs avantages et leurs inconvénients. Ainsi, par exemple, la nécessité de diminuer les temps de travaux dans des exploitations dont la rentabilité dépend de la baisse des charges de structure amène certains agriculteurs à supprimer le labour.

Encadré 6.1. Les horizons labourés (horizons L) selon le Référentiel pédologique

Les horizons L sont les horizons de surface dont la morphologie et le fonctionnement ont été anciennement ou sont encore périodiquement artificialisés par un labour et/ ou d'autres pratiques agricoles. En effet, horizon « labouré » est à prendre au sens large : c'est une couche résultant du travail d'une charrue ou de tout autre outil qui réalise un ameublissement profond (machine à bêcher, chisel, outil rotatif, etc.).

Les transformations liées à l'activité agricole sont d'origine mécanique (retournement et/ou mélange d'horizons). Elles affectent principalement la structure des premiers centimètres du sol, selon souvent un cycle saisonnier. Elles s'accompagnent d'autres actions humaines répétées telles qu'amendements calcaires ou organiques, fertilisations, traitements pesticides, épandages de déchets liquides ou solides, etc. Ces horizons étaient dénommés antérieurement Ap.

Cette option est également souvent présentée comme une solution efficace pour maîtriser un certain nombre de problèmes environnementaux : érosion en particulier, mais aussi séquestration du carbone (Guérif, 1994 ; Roger-Estrade *et al.*, 2011). Les arguments les plus fréquemment avancés sont le maintien d'une couverture végétale (vivante ou morte) à la surface du sol qui peut, dans certaines situations, représenter une technique efficace de lutte contre l'érosion hydrique ou éolienne et la diminution de la vitesse de minéralisation des résidus qui entraîne un stockage du carbone plus important dans les sols non labourés que dans ceux qui le sont. Tous les aspects de la question des conséquences environnementale ne sont cependant pas définitivement tranchés ; il demeure par exemple la question du bilan réel de la simplification du travail du sol sur l'émission de gaz à effet de serre (Métay *et al.*, 2009).

Le cas de la détermination des objectifs à atteindre en matière d'état structural du lit de semences est un peu particulier. Cet objectif dépend d'abord des exigences de la graine pour accomplir les phases de germination et de levée : besoin d'oxygène et d'eau pour la germination, absence d'obstacle mécanique lors de la levée. Mais il faut également tenir compte des risques d'évolution du lit de semences (battance, dessiccation trop rapide). L'agriculteur est donc amené à réaliser des compromis entre des objectifs parfois contradictoires (par exemple concernant le degré d'affinement de la structure, qui ne doit pas être trop important en cas de risque de battance, mais qui doit être suffisant pour permettre une alimentation correcte en eau de la semence…). Là encore, il ne peut être question de proposer une « recette » : ces choix doivent être raisonnés dans chaque situation en tenant compte du climat, de la plante, du type de sol, de l'équipement disponible et de l'organisation du calendrier de travail. Ainsi, si le risque premier est la battance (dans un sol de faible stabilité structurale), on ne cherchera pas à trop affiner le lit de semences ; il faut éviter toutefois les structures trop grossières, défavorables en raison du mauvais contact entre la terre et la graine. Si la crainte est le manque d'eau au cours de la phase de germination, on rappuiera le lit de semences à l'aide d'un rouleau pour éviter l'évaporation excessive et améliorer le contact terre-graine.

Encadré 6.2. Les sols forestiers aussi…

Les travaux forestiers (entretien, éclaircie, récolte, etc.) sont de nos jours réalisés avec des engins de plus en plus lourds, potentiellement capables de réaliser « toutes opérations en toutes conditions ». De ce fait, les sols forestiers sont soumis à des contraintes physiques dont les incidences sur leur porosité et par conséquent sur leur fonctionnement (transferts des fluides, géochimie, activité biologique), mais aussi sur l'avenir des peuplements (développement des racines, respiration, parasites, etc.) sont loin d'être négligeables (voir chapitre 5).

Ainsi, après une éclaircie réalisée par un porteur et un débusqueur dans une futaie régulière de chêne, il a été montré que la surface totale sur laquelle les deux engins ont circulé, en dehors des cloisonnements existants, représente près de la moitié de la parcelle étudiée (Cacot, 2001).

De nombreuses études ont abordé les modifications des propriétés des sols suite aux déformations appliquées à leurs horizons supérieurs (scalpages, compactages, orniérages ; photo 6.E1) et ont montré l'importance des impacts au sein d'une parcelle forestière et les difficultés de restauration (Ranger *et al.*, 2005). Le compactage superficiel provoque une forte résistance à la pénétration des racines en périodes sèches et une diminution de l'aération en périodes humides.

Photo 6.E1. Orniérage sous forêt. Impact d'une charge totale de 20 tonnes. Photo : Jacques Ranger, Inra.

Pour suivre la restauration naturelle ou assistée des sols, l'Inra et l'ONF ont mis en place, en Lorraine, deux dispositifs de suivi à long terme. Ces sites ont été installés sur des sols particulièrement sensibles aux phénomènes de tassement (limoneux en surface, argileux en profondeur) et dans deux contextes d'acidité différente afin d'évaluer la restauration naturelle liée simplement aux effets du climat (gel/dégel, humectation/dessiccation) ou dépendant de l'activité des végétaux et des lombricidés. Les effets d'un amendement calcique et d'un labour ont été également testés. Quatre ans après le passage du porteur, une différence significative existe toujours entre les propriétés physiques des sols dans la parcelle témoin et dans la parcelle tassée.

…

...

> Un projet pluridisciplinaire associant l'ONF, le FCBA, l'Inra, la forêt privée et les entrepreneurs de travaux forestiers a été lancé dès 2003 avec pour objectif de faire le lien entre les connaissances scientifiques sur la sensibilité des sols et l'identification des systèmes d'exploitation les plus adaptés (Bartoli *et al.*, 2006). Une méthode de diagnostic pragmatique a été mise au point, fondée sur la texture du sol et son taux d'humidité permettant au gestionnaire et à l'intervenant en forêt de prendre des précautions ciblées en terme soit d'organisation raisonnée de la circulation des engins, soit d'adaptation du matériel ou du système d'exploitation.

Pour en savoir plus

Arrouays *et al.*, 2011 ; Bartoli, 2006 ; Pischedda, 2009 ; Ranger *et al.*, 2005 ; Ranger, 2008 ; Richard, 2008.

ONF, 2009. Diagnostiquer la sensibilité du sol au tassement. Fiche technique sol. n° 2, 6 p.

ONF, 2005. Dossier. Conséquences des tassements du sol dus à l'exploitation forestière. RDV Techniques, 8, pp. 23-51.

http://www.onf.fr/lire_voir_ecouter/++oid++922/@@display_media.html

Inra, 2009. Le tassement, un risque majeur pour les sols ? Colloque Sima, 25 février 2009, 11 p.

Chapitre 7

Le profil cultural : une méthode d'étude *in situ* de la structure des sols cultivés

Joséphine Peigné, Jean-François Vian, Olivier Chrétien, Yvan Gautronneau

▸▸ Origine et objet du concept de profil cultural

Le profil cultural est, pour l'agronome, un outil de diagnostic et d'aide à la décision agronomique qui permet, à partir de l'examen d'un sol dans une fosse, d'établir un diagnostic concernant le fonctionnement du peuplement végétal et le comportement de ce sol sous l'action du climat et des outils. Il se distingue du profil pédologique par sa finalité. Alors que l'étude du profil pédologique débouche sur l'identification des mécanismes qui ont présidé à sa différenciation et permet de comprendre les grands traits de son fonctionnement actuel, l'amélioration de la croissance et du développement des cultures sera la principale préoccupation de l'observation du profil cultural. Celui-ci se différencie également au niveau des échelles de temps et d'espace : plusieurs **couches** déterminées par les interventions de travail du sol par l'agriculteur dont la structure évolue au cours de l'année sont distinguées au sein de **l'horizon de surface travaillé**, codé L par les pédologues (Gautronneau et Manichon, 1987).

La méthode du profil cultural met en œuvre une vision macroscopique de la structure du sol, de l'échelle de l'agrégat à celle du mode d'assemblage des mottes dans un volume centimétrique à décimétrique. Des concepts spécifiques de description de la structure ont été élaborés afin de diagnostiquer l'état physique du sol, et ceci dans une démarche prenant en compte l'ensemble des composantes physiques, chimiques et biologiques (voir figure 7.1).

C'est principalement l'ensemble des horizons explorés par les instruments de culture et explorable par les racines des plantes qui est pris en compte. « Le profil cultural est l'ensemble constitué par la succession des couches de sol individualisées par l'intervention des instruments de culture, les racines des végétaux et les facteurs naturels réagissant à ces actions » (Hénin *et al.*, 1960).

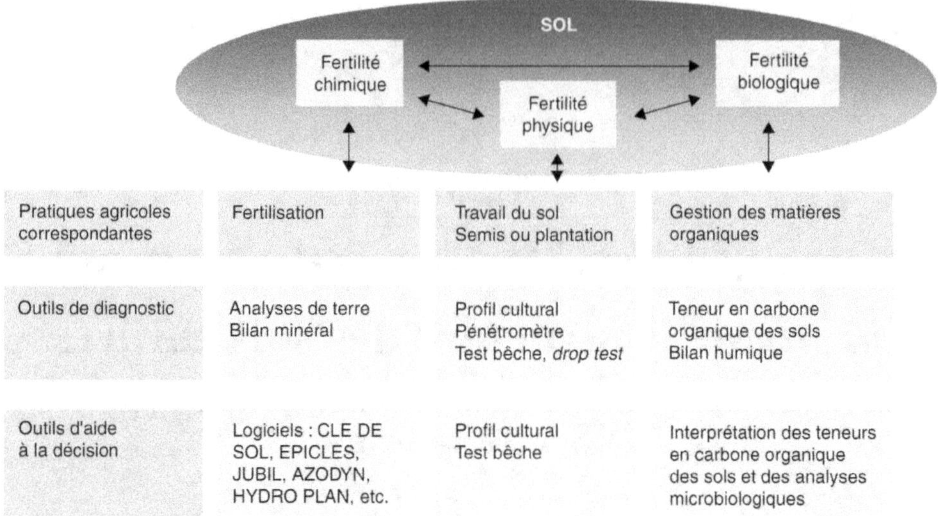

Figure 7.1. Les composantes physique, chimique et biologique du sol et les outils d'évaluation.

La description de ces couches tient compte de la variabilité spatiale des états structuraux en leur sein, généralement liée au travail et à la circulation des engins agricoles. Ainsi, les couches travaillées sont décrites par une **double partition** (Manichon, 1982) (voir tableaux 7.1, 7.2 et photo 7.1) :

– une **partition verticale**, constituée par les couches horizontales créées par les outils de travail du sol (dites couches supérieures fréquemment travaillées, notées H) et des horizons pédologiques sous-jacents non travaillés (notés P) ;

– une **partition latérale** (notée L) liée aux passages de roues lors des différentes opérations culturales postérieures au labour et modifiant latéralement la structure de certains volumes de ces couches.

Les **compartiments** définis à l'intersection de ces deux partitions au niveau des couches supérieures fréquemment travaillées font l'objet d'une description très méthodique.

Tableau 7.1. Nomenclature utilisée pour la description de la partition verticale.

	H0	Surface du sol
Couches fréquemment ou anciennement travaillées (horizons L du pédologue)	H1 à H4	Couches de reprise du labour
	H5	Couche « labourée » non reprise
	H6 et H7	Bases de couches anciennement labourées
Horizons sous-jacents non travaillés	P1*	Premier horizon sous-jacent non travaillé
	Pn	n^e horizon sous-jacent non travaillé

* Le haut de P1 a pu être partiellement ameubli par des outils de type sous-soleuse, on appelle alors cette couche H8.

Tableau 7.2. Nomenclature utilisée pour la description de la partition latérale.

L1	Volumes affectés par les roues d'engins, après les derniers travaux d'ameublissement superficiel. Leurs traces sont visibles en surface au moment de l'observation.
L2	Volumes où ont circulé les roues d'engins utilisés entre le labour et la dernière façon d'ameublissement.
L3	Volumes indemnes des actions précédentes.

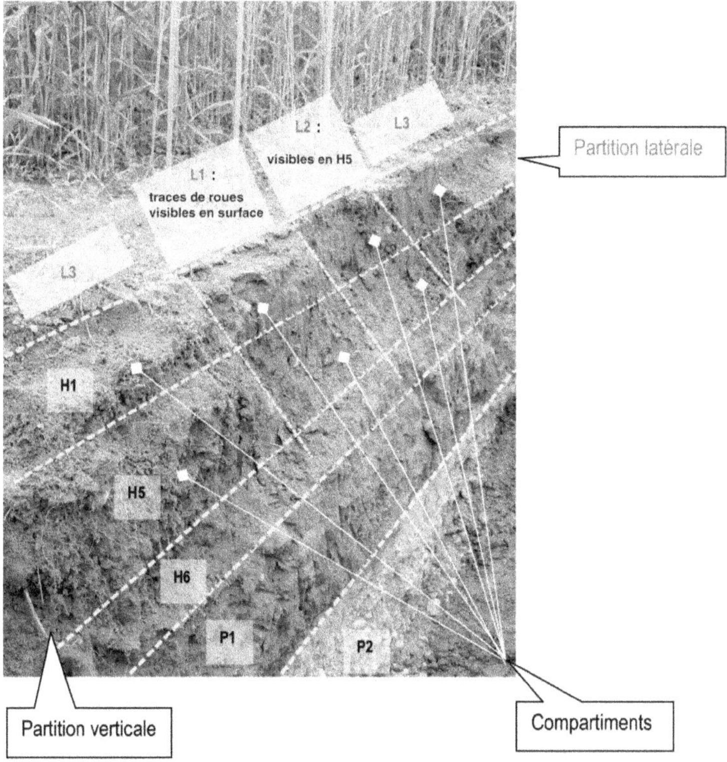

Photo 7.1. Description du profil cultural en utilisant la double partition. Photo : V. Lefèvre.

▶▶ Réalisation du profil cultural et mise en évidence de la double partition

Après avoir choisi une zone représentative des observations à réaliser sur la parcelle (par la méthode du « tour de plaine », Sébillotte, 2001), il convient de localiser, dimensionner et orienter la fosse à creuser, en fonction de la question posée. Elle doit être orientée perpendiculairement au sens du travail du sol à observer, ce qui suppose de connaître précisément l'itinéraire technique de la parcelle, la face d'observation doit être suffisamment large12 (au moins une largeur de l'outil cultural) pour permettre une bonne prise en compte de la variabilité spatiale. La zone d'observation doit être préservée de tout compactage supplémentaire, même du piétinement, particulièrement si le profil est creusé par des moyens mécaniques (voir photo 7.2).

La réalisation de la fosse détruit partiellement la culture sur le chemin d'accès et totalement sur la zone du profil en lui-même, cette destruction a un impact économique négligeable sur la parcelle13. Il convient cependant de bien choisir le lieu et la période de l'intervention pour valoriser un maximum d'informations par rapport à la question posée tout en réduisant son impact.

Dans un premier temps, l'agronome distingue et **décrit les horizons sous-jacents non travaillés**, en partant du fond de la fosse et en remontant jusqu'au bas des horizons travaillés. Il observe notamment la texture, la structure, la présence de racines, les traces d'activités de la faune du sol… Cette description est proche de celle du pédologue, mais on s'attarde principalement sur le volume potentiellement utilisé par la plante.

Arrivé au niveau des couches travaillées, il repère les partitions verticale et latérale, indispensables pour une compréhension de l'origine des différents états structuraux et une interprétation correcte du profil.

Pas à pas, les compartiments de sol, à l'intersection des deux partitions, vont être mis en évidence (la connaissance précise de l'itinéraire technique14 appliqué sur la parcelle est indispensable pour relier en permanence les observations et les interventions effectuées).

Photo 7.2. Creusement de la fosse par des moyens mécaniques. Photo : J. Peigné.

---

12. Généralement sur 1,50 m de profondeur et 3 à 4 m de long.

13. La destruction totale sur la zone du profil cultural concerne au maximum une surface de 20 m^2. Sur une parcelle de blé avec un rendement de 80 quintaux à l'hectare, cette perte représente seulement la production d'une quinzaine de kilogrammes de grains !

14. « Suite logique et ordonnée d'opérations culturales appliquée à une espèce végétale donnée » (Sébillotte, 1978) qui permettent de contrôler le milieu et d'en tirer une production.

Pour l'observation du profil, quelques outils sont indispensables : une bêche ou une fourche à bêcher, un couteau avec une lame de 15 cm environ et arrondie à son extrémité (type couteau trancheur), un ou deux double mètres, et un bon soufflet, qui permet d'éliminer la terre fine gênant l'observation (photo 7.3).

Photo 7.3. Utilisation du soufflet pour faire apparaître les « fonds de travail » et les lissages des outils de travail du sol. Photo : J. Peigné.

►► Observation fine des compartiments

Chacun des **compartiments** fait l'objet d'une description très méthodique sur cinq points (Gautronneau et Manichon, 1987) auxquels a récemment été ajouté l'aspect biologique dont l'observation de l'activité fouisseuse des vers de terre (Fayolle et Gautronneau, 1998) :
- état structural du sol ;
- état hydrique et traits d'hydromorphie ;
- localisation et évolution des matières organiques visibles à l'œil nu ;
- observation du système racinaire ;
- activité biologique dans le sol ;
- autres observations.

État structural du sol

Les constituants de la structure du sol sont les mottes, éléments formés par les fragmentations ou les compactages occasionnés par les outils et les engins circulant sur la parcelle, croisés avec les actions du climat. Deux niveaux d'organisation structurale sont utilisés pour la description des horizons travaillés ou anciennement travaillés : l'état interne des mottes et le mode d'assemblage des mottes (Gautronneau et Manichon 1987).

État interne des mottes

Après avoir fragmenté la motte à la main, l'observation de la face de rupture de la motte permet de décrire la porosité visible à l'œil nu. Cette observation permet une distinction morphologique des états structuraux interne des mottes. Ainsi, dans le profil cultural, trois principaux types de mottes sont distingués (voir encadré 7.1) :

– les mottes delta (Δ). La porosité visible à l'œil nu a pratiquement disparu, la face de rupture de la motte est lisse, peu ou pas de racines et de galeries de vers de terre la traversent (photo 7.4). Ces mottes résultent d'un compactage sévère.

– les mottes phi (Φ). Elles dérivent des mottes delta. Sur des surfaces lisses, elles présentent une fissuration (forme anguleuse de la porosité) due à l'action du climat (pluie, gel) dans des sols à forte dynamique structurale liée principalement aux minéraux argileux gonflants. (voir photo 7.5).

– les mottes gamma (Γ). Leur porosité est bien visible à l'œil, la face de rupture est rugueuse, les racines et galeries de vers de terre sont nombreuses. Elles proviennent de l'agglomération de petits agrégats en l'absence de tassement important d'origine anthropique ou de prise en masse. Ces agrégats s'agencent naturellement les uns par rapport aux autres et se lient sous l'action de l'eau sur les particules les plus fines, de la fraction organique humifiée et des gels du sol d'origine biologique. Les forces de liaison sont faibles (elles augmentent quand le matériau sèche) et chaque élément structural peut être distingué à l'œil nu. Ces mottes ont donc une faible cohésion (photo 7.6).

Photo 7.4. Exemple de motte delta (Δ). Photo : Y. Gautronneau.

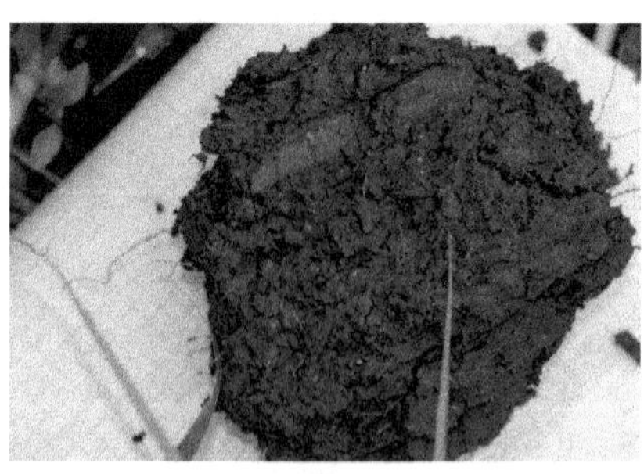

Photo 7.5. Exemple de motte phi (Φ). Photo : J. Peigné.

Photo 7.6. Exemple de motte gamma (Γ). Photo : J. Peigné.

Encadré 7.1. Mottes gamma (Γ), phi (Φ) et delta (Δ) : pourquoi ces symboles ?

Le choix des lettres grecques a été fait pour créer un système de notation reproductible sur tout type de sol. La lettre gamma Γ est ouverte, elle évoque une grande porosité. Inversement la lettre delta Δ est fermée, elle représente un manque de porosité donc un tassement. La lettre phi Φ est fermée avec un trait la barrant, elle symbolise bien une motte tassée en voie de fissuration en raison des cycles de gonflement-retrait.

Les différents états internes des mottes peuvent passer de l'un à l'autre, l'état structural d'une motte pouvant évoluer au cours du temps (figure 7.2). Par exemple, les mottes gamma peuvent passer sous forme delta si un tassement se produit. Et, inversement, suite à l'action du gel et donc de la fissuration, les mottes delta peuvent passer sous forme phi.

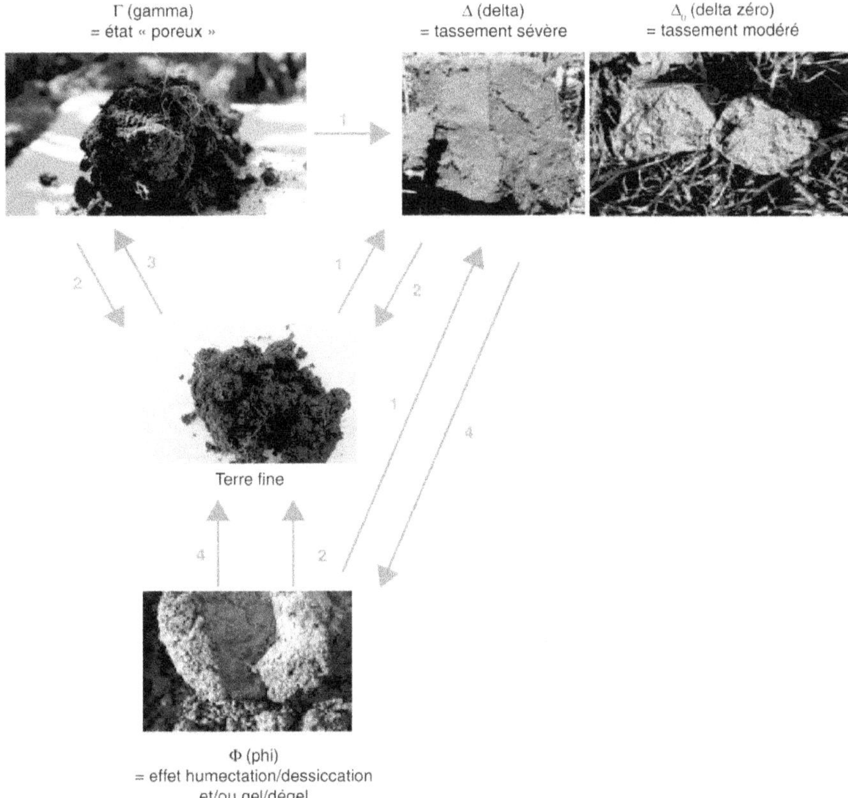

Figure 7.2. Les évolutions de l'état interne des mottes. 1. Création d'une structure continue via le tassement ou prise en masse à la dessiccation. 2. Fragmentation par les outils. 3. Agglomération (interactions climat-faune-texture), contraintes modérées. 4. Fragmentation par gonflements et retraits (interaction climat-texture) (d'après Manichon, 1982).

Mode d'assemblage des mottes

Pour décrire le mode d'assemblage des mottes, deux options distinctes peuvent être prises en fonction de l'épaisseur des couches.

La première option concerne les couches de faible épaisseur (moins de 10 cm), généralement toutes les couches de l'horizon labouré L sauf la couche non reprise H5. Le mode d'assemblage des mottes correspond à l'observation de la macroporosité entre les mottes. Ainsi, si un compartiment n'est constitué que d'une seule motte, le mode d'assemblage des mottes est dit de type massif (M). Si le compartiment se caractérise par la présence de plusieurs mottes, la description s'appuie sur l'état de leurs liaisons (tableau 7.3). Si les mottes sont fortement soudées entre elles et qu'il est très difficile de les distinguer, le mode d'assemblage est noté SD, comme « soudé difficilement » discernable, s'il est facile de les distinguer il est noté SF, comme « soudé facilement » discernable. Enfin, si les éléments structuraux sont clairement individualisés, le mode d'assemblage est noté F, comme « fragmentaire ».

Tableau 7.3. Processus de détermination du mode d'assemblage des mottes.

Un élément structural ↓	Plusieurs éléments structuraux		
Structure continue	Soudés entre eux		Individualisés
↓ M Massif	Difficilement discernables ↓ SD Soudés difficilement discernables	Facilement discernables ↓ SF Soudés facilement discernables	↓ F Fragmentaire

La deuxième option concerne la couche H5, qui mesure généralement plus de 10 cm d'épaisseur. Sur cette couche, le mode d'assemblage des mottes est de même nature, résultat des mêmes actions de travail du sol. Il peut alors être décrit de manière plus précise. Trois regroupements peuvent être faits (tableau 7.4) :

— état o. Il correspond à un état ouvert, sans compactage ; il regroupe les états de type F, SF ;

— état b. Il correspond à un état de type bloc ; on le retrouve dans les horizons labourés, avec des unités structurales décimétriques d'états SD ou M entourées de cavités ou de terre fine ;

— état c. Il correspond à un état de type continu, il regroupe les états de type M ou SD.

Des nuances sont souvent ajoutées par l'agronome pour permettre d'affiner son jugement.

Tableau 7.4. Définition des états types.

État type	Définition et origine
o	Dominance de modes d'assemblages F et SF Terre fine abondante Pas de cavité ni de mottes décimétriques Exemple : bande de labour fortement émiettée
b	Dominance de M et F avec mottes décimétriques séparées par des cavités structurales importantes Peu de terre fine Exemple : bande de labour peu fragmentée, grosses mottes
c	Dominance de M et SD Exemple : compactage post labour sur une terre à l'origine fortement émiettée

La procédure sur le terrain

Pour décrire l'état structural du sol tel qu'expliqué précédemment, l'agronome procède en deux étapes sur le terrain. Dans un premier temps, pour chaque compartiment défini par la double partition du profil, il prélève un bloc de sol (photos 7.7a et b) car la description se fait en volume. L'assemblage des mottes et leur regroupement sont alors observés et décrits sur le bloc entier. Puis, dans un deuxième temps, le bloc est scindé (photo 7.7c) afin de faire apparaître les mottes individuellement et chaque motte est fragmentée à la main afin de décrire l'état interne de la motte (photo 7.7d).

L'ensemble des observations est reporté sur une fiche de terrain (figure 7.3), en notant en pourcentage la part de volume moyen occupé par chacun des types de mottes, compartiment par compartiment. Par exemple, 80 % de mottes delta et 20 % de mottes gamma. Quand les mottes sont peu soudées, la dominance de la terre fine (micro-agrégats et/ou poussière) par rapport aux mottes, ou l'inverse, est signalée[15].

État hydrique et traits d'hydromorphie

L'observation du profil cultural permet de noter la variabilité de l'humidité dans l'espace, laquelle renseigne sur les circulations ou blocages de l'eau dans l'ensemble de la zone de solum en interaction avec le système racinaire de la plante (horizons peu perméables, remontées capillaires). De plus, elle permet de voir les traits d'hydromorphie qui s'expriment par des taches de fer réduit ou oxydé, liés à des engorgements plus ou moins prolongés et plus ou moins localisés. Il est alors possible de lier l'observation de l'état structural à l'état hydrique du solum lors des interventions agricoles et d'identifier les contraintes liées au régime hydrique.

---

15. Par exemple : mottes >> terre fine correspond à une observation de plusieurs mottes avec un peu de terre fine autour et inversement terre fine >> mottes correspond à l'observation d'une grande quantité de terre fine avec la présence de quelques mottes.

Photo 7.7. Les étapes chronologiques de l'observation de la structure d'un compartiment. Photos : J. Peigné.

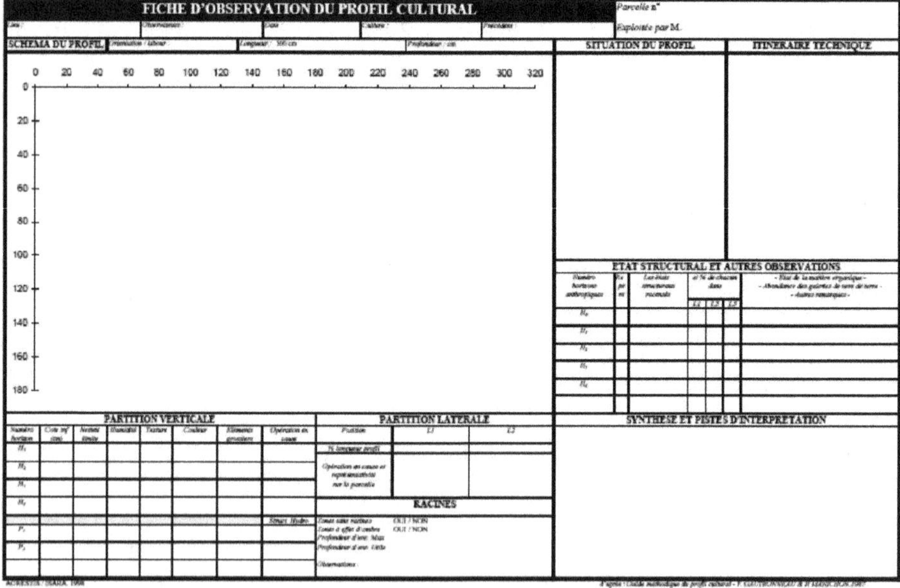

Figure 7.3. La fiche d'observation du « profil cultural ».

Localisation et état de décomposition des matières organiques visibles à l'œil nu

L'observation des débris végétaux dans les différentes strates du sol renseigne sur la décomposition de la matière organique visible, sa localisation et son abondance. Ces observations permettent d'évaluer les effets du travail du sol sur leur enfouissement et de relier l'état structural à la décomposition de la matière organique. Dans le cas de tassements intenses, empêchant la circulation de l'air (motte delta), la matière organique et le fer sont réduits de manière anaérobie formant des composés bleutés, malodorants et phytotoxiques (voir photo 7.8). Ces volumes, dits désormais « réductiques », étaient appelés autrefois « gley ».

Photo 7.8. Volume « réductique ». Le matériau riche en matière organique se trouve en situation d'anoxie. Le fer est sous forme réduite, d'où la couleur bleuâtre. Photo : O. Chrétien.

Observation du système racinaire

La description des différentes couches du profil cultural conduit à observer la présence, la densité et la forme des racines. Cela permet de noter la profondeur d'enracinement maximal (dite aussi « utile »[16]) de la culture, d'observer l'influence de l'état structural sur l'enracinement et d'identifier les obstacles pour les racines : présence de racines coudées près de zones tassées, développement bidirectionnel des ramifications, zones sans racine…

Cette observation fournit des données indispensables au calcul des volumes de sol exploités pour la nutrition minérale et hydrique de la plante (bilan azote, disponibilités en phosphore et potassium, réserve utile…).

Pour pousser plus loin l'observation, la réalisation du profil cultural peut être couplée à l'observation « fine » du système racinaire *via* la réalisation de profils racinaires. Pour cela, une grille avec un maillage 2 cm × 2 cm que l'on applique sur la face d'observation du profil permet de dénombrer les racines présentes dans chaque maille, fournissant une indication précise de la densité racinaire sur l'ensemble du profil cultural (Tardieu et Manichon, 1986).

---

16. Profondeur d'enracinement utile : profondeur en dessous de laquelle la densité des racines est inférieure à approximativement une racine par dm^3.

Activité biologique dans le sol

L'activité biologique prend de plus en plus d'importance, mais faute d'outil simple, cet aspect est principalement appréhendé à travers le prélèvement d'échantillons pour analyse en laboratoire. Seule l'observation de l'activité fouisseuse des vers de terre est aujourd'hui courante sur le terrain.

L'activité des vers de terre est visible sur la face d'observation : galeries vides et brillantes (photo 7.9a) ou partiellement remplies de déjections (photo 7.9b), présence de cavités sphériques, vers en activité, etc. Ces observations sont à lier d'une part à l'enracinement, d'autre part à l'état structural du sol.

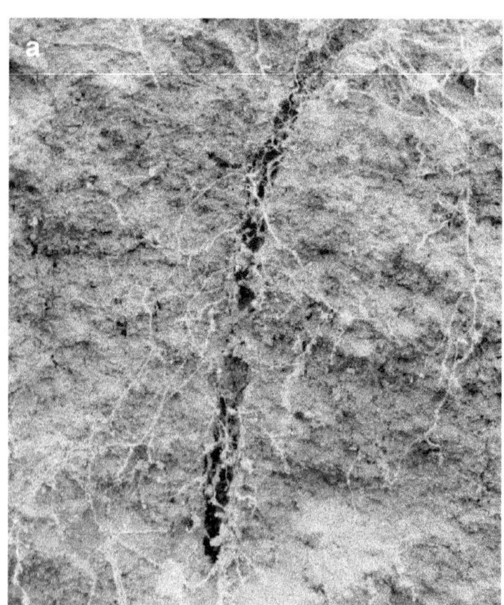

Photo 7.9. Action des vers de terre.
a. Galerie de vers de terre vide. **b.** Cavité sphérique de vers de terre remplie de déjections, utilisation d'une galerie de vers de terre par une racine. Photos : V. Lefèvre.

De la même manière, des observations approfondies de la population de vers de terre peuvent compléter l'observation du profil cultural. Il s'agit d'identifier le nombre de turricules de vers de terre observés en surface du sol, de compter le nombre d'orifices de vers anéciques au niveau de plans situés sur le fond de labour et 15 cm plus bas, de dénombrer et identifier les vers prélevés dans des volumes de sol à différents niveaux de profondeur (Fayolle et Gautronneau, 1998).

Autres observations

Le profil cultural étant une opération lourde à mettre en œuvre, il faut en profiter pour la valoriser au mieux, au-delà de son objectif initial de description des états structuraux des couches labourées. C'est pourquoi on procède habituellement à d'autres observations, mais qui ne sont pas l'objet de ce chapitre (consacré à la structure).

Par exemple, on décrit les états de surface : battance, érosion, mailles de fissuration, traces de roues, taille et état des mottes et des cailloux, présence de débris végétaux… Ces observations sont mises en relation avec l'analyse de la structure des différentes couches.

Des tests à l'acide chlorhydrique sont effectués sur chaque horizon pour vérifier si le sol est calcaire ou pas.

Des prélèvements à différentes profondeurs peuvent être réalisés pour prévoir des analyses chimiques et avoir accès à la répartition spatiale de la fourniture de nutriments accessibles aux racines, au sein du solum.

▶▶ Intérêt agronomique du profil cultural

La description fine de la structure des horizons L, telle que proposée par le profil cultural, permet de connaître :
- la variabilité spatiale de leur état structural ;
- l'origine de l'évolution de cet état, sous l'effet des outils de travail du sol et des facteurs climatiques ;
- le degré de tassement du sol dans son ensemble avec indication de l'intensité et des volumes concernés ;
- la localisation des zones tassées en particulier dans les bandes labourées ou en fond de travail du sol ;
- l'adaptation de chacune des interventions de travail du sol réalisées au contexte pédoclimatique.

Ainsi, l'analyse de la structure de chaque compartiment permet de comprendre l'effet des pratiques culturales sur la parcelle. Par exemple, la description de la partition latérale permet de distinguer :
- les effets des interventions post-labour (état des positions L1 et L2, comparé à celui de L3) ;
- les effets directs du labour (états types dominants en L3) ;
- les effets « hérités » du système de culture (état interne des mottes en L3).

Par cette expertise, les opérations culturales ou les éléments du système de culture qui sont responsables d'un état observé peuvent être identifiés.

Ainsi, l'observation du profil cultural permet autant de juger le potentiel agronomique d'une parcelle, que d'identifier les dysfonctionnements d'une culture liés aux caractéristiques physiques du sol.

Le profil cultural peut donc être utilisé comme outil :
- **d'expertise agronomique** ; l'évaluation globale des potentialités agronomique est utilisée soit dans l'objectif de définir une stratégie agricole quelle qu'en soit l'échelle (de la zone de parcelle à la région agricole), soit pour indiquer la valeur d'une parcelle détournée de son utilisation agricole définitivement ou temporairement. Dans ce dernier cas, l'expertise débouche sur une démarche de gestion du sol et une nouvelle expertise de contrôle des potentialités agronomiques de la parcelle doit être réalisée avant qu'elle soit remise en exploitation agricole ;

– **d'aide à la décision** et de **communication** avec les agriculteurs ; l'approche des différentes composantes (voir figure 7.1) du sol par la description du profil cultural est un excellent outil de dialogue avec les agriculteurs ou les conseillers (photo 7.10). Plus qu'une observation du sol, il permet un diagnostic allant jusqu'à identifier dans la plupart des cas l'intervention à l'origine d'un accident de structure. Il fournit en outre un très bon outil d'aide à la décision et éventuellement de contrôle de l'efficacité de la mise en place d'interventions (décompactage, passage au non-labour, irrigation, fertilisation[17]...) ;

Photo 7.10. L'observation du profil cultural constitue un excellent moyen de dialogue avec les professionnels. Photo : V. Lefèvre.

– **d'acquisition de références** (réseau et suivi agronomique de parcelles) ; ce point est crucial en période de forte mutation des pratiques culturales dont les modalités dépendent fortement du fonctionnement des sols des parcelles (par exemple lors du passage de sol labouré à des sols sans labour). Des bases de données de profils culturaux sont en cours de constitution ;

– **de recherche** : des mesures précises peuvent être réalisées, telles que description et mesure par analyse d'image des surfaces plus ou moins tassées afin, par exemple, de comparer les pourcentages de mottes tassées (Δ) suivant le travail du sol (Roger-Estrade *et al.*, 2004). L'utilisation du profil cultural comme méthode d'échantillonnage permet de relier les états structuraux du sol à son fonctionnement. Par exemple, Vian *et al.* (2009) ont décrit la répartition et l'activité de minéralisation de la biomasse microbienne en lien avec l'état structural et la localisation des résidus de culture (figure 7.4).

Les relevés racinaires et les comptages de vers de terre sont également des indicateurs qui permettent de comparer des systèmes de cultures.

---

17. Aide à la décision en irrigation et en fertilisation par l'intermédiaire d'une meilleure compréhension des volumes de sol utiles pour la nutrition hydrique (estimation de la réserve utile) et en nutriments des cultures.

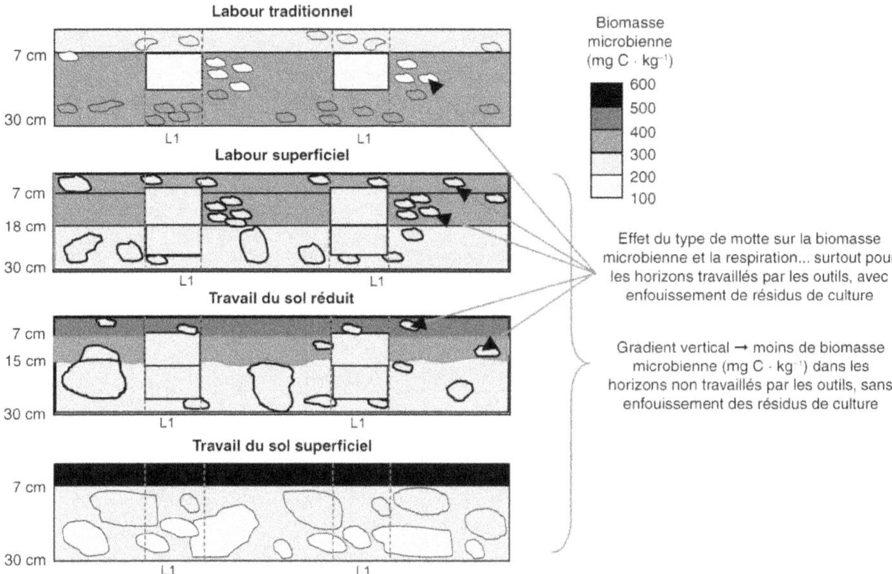

Figure 7.4. Comparaison des volumes sévèrement tassés (mottes Δ) et de l'abondance de la biomasse microbienne dans divers itinéraires techniques (Vian *et al.*, 2009). Expression en milligramme par kilogramme de carbone bactérien.

Pour en savoir plus

http://profilcultural.isara.fr/ ; www.istro.org : Boizard H., *et al.*, 2007 ; Gautronneau et Manichon, 1987 ; Roger-Estrade *et al.*, 2004.

Chapitre 8

Caractérisation au champ de la structure des horizons de surface des sols cultivés

Hubert BOIZARD, Bruce C. BALL, Graham SHEPHERD,
Jean ROGER-ESTRADE

▸▸ Les principales approches développées dans le monde

La recherche de moyens simples d'évaluation de la structure des horizons de surface travaillés (horizons L des pédologues) a été un souci constant des agronomes dans de nombreux pays depuis 50 ans. L'objectif était de pouvoir fournir une méthode d'évaluation simple que les praticiens et agriculteurs puissent utiliser facilement. Pour cela, les méthodes doivent répondre à plusieurs critères :

– la méthode doit pouvoir être mise en œuvre au champ rapidement, être facilement appropriable par les praticiens et pouvoir être appliquée dans une large gamme de conditions de sol, de système de culture et de climat. Enfin, les résultats de l'évaluation ne doivent pas dépendre de la date d'observation ;

– elle doit être basée sur des critères d'observation rigoureusement définis de façon à pouvoir être répétée sans trop dépendre de l'observateur et à permettre la comparaison entre situations ;

– elle doit permettre aux praticiens de porter un diagnostic fiable et utile à l'amélioration des pratiques agricoles ;

– le coût de sa mise en œuvre doit rester raisonnable.

Plusieurs méthodes de caractérisation visuelle de la structure des sols cultivés ont été développées depuis les années 1960, dans différents pays. En 2005, un séminaire international s'est tenu à la station de recherche Inra d'Estrées-Mons dans le nord de la France (Boizard *et al.*, 2005). Organisé dans le cadre de l'International Soil Tillage Research Organisation (Istro) par le groupe de travail « Appréciation visuelle de la qualité des sols », ce séminaire a représenté pour des chercheurs spécialistes en science du sol une bonne opportunité pour confronter et présenter leurs approches sur les principales méthodes existantes au niveau mondial.

Lors de ce séminaire les différentes méthodes ont été testées sur une parcelle homogène et un sol de limon (Luvisol Typique, selon le Référentiel pédologique) et dans

plusieurs situations correspondant à des modalités de travail du sol et des pratiques culturales différentes. La comparaison a montré que les méthodes pouvaient se classer en trois catégories :
 – l'observation du profil cultural sur un plan vertical dans une fosse ;
 – l'observation directe de blocs de sols d'environ 20 cm de côté prélevés avec une bêche (méthodes bêche) ;
 – l'observation d'échantillons de sol, résultant aussi de prélèvements à la bêche, mais que l'on fait chuter d'une hauteur de 1 m (*drop test*).

Cette rencontre a constitué une excellente base de réflexion quant aux complémentarités de ces grands types de méthode. Depuis ce séminaire, un travail d'homogénéisation a été réalisé par les chercheurs, qui a conduit à la fusion des différentes « méthodes bêches » et à un second colloque organisé en mai 2011 au Danemark.

Les trois types de méthodes ont des points communs et des différences que nous avons résumés dans le tableau 8.1.

Tableau 8.1. Caractérisation sur le terrain de la structure des horizons de surface travaillés : comparaison des trois méthodes. Une croix signifie que le critère est un frein au développement de la méthode, alors que trois croix représentent un atout.

	Observation du profil cultural	Méthode bêche	*Drop test*
Sensibilité à l'humidité du sol*	+ +	+ +	+
Niveau d'expertise nécessaire	+	+ +	+ +
Rapidité	+	+ + +	+ +
Facilité de mise en œuvre	+	+ +	+ + +
Capacité à décrire la structure	+ + +	+ + +	+ + +
Capacité à comprendre l'origine des états structuraux	+ + +	+	+

* Il est seulement conseillé d'éviter les sols secs trop résistants à la pénétration. Dans les sols caillouteux, les trois méthodes sont beaucoup plus difficiles à mettre en œuvre.

L'observation du profil cultural (OPC, voir chapitre 7) a été développée dans plusieurs pays : en France (Hénin *et al.*, 1969 ; Gautronneau et Manichon, 1987 ; Manichon, 1987 ; Roger-Estrade *et al.*, 2004), en Grande-Bretagne (Batey, 2000) et en Australie (McKenzie, 2001). C'est la méthode la plus connue en France, parce que largement vulgarisée suite aux travaux d'Hubert Manichon. Après avoir creusé une fosse, la structure des couches travaillées est mise en évidence sur une face perpendiculaire au travail du sol. Un point fort de l'OPC est sa capacité à repérer efficacement les différents sous-horizons générés par le travail du sol et de localiser les zones tassées par des passages de roues. Sa représentativité dépend du choix de l'emplacement de la fosse dans la parcelle et de la largeur du profil observé, qui doit être suffisamment grande pour prendre en compte la variabilité de la structure engendrée par les passages de roues. Le second point fort est sa capacité à remonter aux causes de l'état structural. Par exemple, l'OPC permet d'évaluer l'effet des outils de travail du sol sur les caractéristiques des horizons ou l'effet de passages de roues sur la création de zones tassées. Mais son caractère destructif va à l'encontre de son utilisation régulière dans le temps et dans l'espace ; par ailleurs, sa mise en œuvre est longue et demande un degré d'expertise élevé, ce qui la réserve aux agronomes initiés à cette méthode et qui la pratiquent régulièrement.

La « méthode bêche », que nous décrirons plus en détail dans la seconde partie de ce chapitre, a été développée initialement par Peerlkamp (1967). Trois méthodes issues de ces travaux initiaux ont été présentées lors du séminaire d'Estrées-Mons. Les chercheurs T. Batey, B. Ball (Écosse) et L. Munkholm (Danemark) les ont fusionnées en une seule (Ball *et al.*, 2007).

La procédure consiste à prélever des blocs de terre d'environ 20 cm d'épaisseur de façon aléatoire dans la parcelle, le nombre de répétitions assurant la représentativité. Ces blocs sont soumis à un examen attentif relatif à quelques critères : porosité visible à l'œil, façon dont les fragments se brisent sous une légère pression, taille des agrégats ou mottes qui en résultent… Un score est attribué en utilisant une charte de référence qui permet de se référer à des états structuraux types. La « méthode bêche » est rapide à mettre en œuvre, elle est simple et le niveau d'expertise nécessaire pour la pratiquer est réduit par rapport à l'observation du profil cultural. Par contre, sa capacité à déterminer l'origine des états observés est plus faible.

La méthode du *drop test* a été mise au point par un chercheur néozélandais, G. Shepherd (2000). Une méthode très similaire a été mise au point en Suisse (Hasinger *et al.*, 2004). Le *drop test* repose sur les mêmes principes que la « méthode bêche », en particulier en ce qui concerne l'échantillonnage. La principale différence concerne la façon de fragmenter le bloc : pour cela l'opérateur laisse tomber le bloc d'une hauteur de 1 m environ dans un bac en matière plastique. Tous les fragments obtenus sont ensuite rassemblés soigneusement en regroupant à la main les fragments de même taille. La méthode attribue ensuite une note en se comparant à des photos de référence. Plusieurs autres indicateurs portant sur les propriétés liées à la structure peuvent compléter l'observation. Il s'agit de la couleur du sol, de la présence et de la forme de taches d'hydromorphie, de l'abondance de lombriciens dans l'échantillon, de la présence ou pas d'une semelle de labour, du caractère plus ou moins motteux du lit de semences et de la sensibilité à l'érosion éolienne ou par ruissellement.

Dans la suite de ce chapitre, nous présenterons les méthodes les moins connues en France : la « méthode bêche » et le *drop test*.

▸▸ Évaluation de la structure des horizons L par la « méthode bêche »[18]

La méthode bêche (en anglais VESS, pour *Visual Evaluation of Soil Structure*) est un test simple et rapide qui permet d'évaluer la structure du sol à partir de l'apparence

---

18. Section d'après Bruce C. Ball, SAC Crop and Soil Systems Research Group (bruce.ball@sruc.ac.uk). Traduction H. Boizard.

et des caractéristiques d'un bloc de sol dégagé avec une bêche. Si la parcelle est hétérogène avec des zones où la culture est moins bien développée ou bien où la structure est dégradée, il est conseillé d'échantillonner ces zones séparément. Il est aussi possible de distinguer plusieurs couches. L'objectif dans ce cas est de détecter des horizons plus tassés qui ont un comportement différent en termes de propriétés physiques.

Tableau 8.2. Les différentes étapes pour mettre en évidence la structure d'un bloc de sol.

1. Extraire		Extraire un bloc de 15 cm d'épaisseur sur la hauteur de la bêche et placer l'ensemble sur la feuille, la boîte ou le sol.
2. Examiner	Structure uniforme	Enlever les débris et les éventuelles traces de tassement en périphérie du bloc.
	Deux sous-horizons ou plus sont discernables	Estimer la profondeur de chaque sous-horizon et les individualiser pour pouvoir les noter chacune séparément.

Séparer les fragments entre eux

3. Séparer les fragments	Mesurer la longueur du bloc ou des sous-horizons. Manipuler doucement le bloc en utilisant les deux mains pour révéler les sous-horizons ou groupes de fragments cohérents. Si possible, distinguer les agrégats d'origine naturelle et les mottes résultant du travail du sol. Les mottes sont plus grosses avec une forte cohésion, alors que les agrégats sont plutôt arrondis.
4. Briser les plus gros fragments pour confirmer la note	Briser les plus grosses mottes et les fragmenter jusqu'à obtenir une taille de 1,5 à 2 cm. Évaluer leur forme, la porosité visible à l'œil, les racines et la facilité de rupture. Des fragments non poreux et anguleux révèlent une structure de mauvaise qualité, d'où un score élevé.

Classer les états structuraux

5. Attribuer une note		Confronter le prélèvement aux photos de la charte, catégorie par catégorie, pour choisir la mieux adaptée.
6. Confirmer cette note		*Facteurs influençant la note*
	Extraction du bloc	Difficulté à extraire le bloc du sol
	Forme et taille des fragments	Taille, forme plus ou moins angulaire, faible porosité, présence de trous de ver
	Racines	Amas, épaississements et déformations
	Anaérobiose	Poches ou couches de couleur grise, avec une odeur de soufre et présence de fer ferreux
	Rupture des fragments	Facilité de rupture des mottes lorsqu'on les fragmente
7 .Calculer une note globale pour deux ou plusieurs horizons de structure différente		

Tableau 8.3. Charte de la méthode bêche.

Qualité de la structure	Taille et apparence des agrégats	Porosité visible à l'œil et présence de racines	Apparence après rupture : différents sols	Apparence après rupture : même sol et différentes modalités de travail du sol	Trait distinctif	Apparence des fragments (naturels ou obtenus par rupture) de ~ 1,5 cm de diamètre
Sq1 **Friable** Agrégats friables avec les doigts	La plupart des agrégats < 6 mm après émiettement	Très poreux. Les racines ont colonisé le sol			Agrégats fins	L'action de briser le bloc est suffisante pour les révéler. Les gros agrégats sont composés de plus petits, maintenus par les racines
Sq2 **Intact** Agrégats faciles à briser avec une seule main	Mélange d'agrégats poreux, arrondis de 2 à 70 mm. Aucune motte présente	La plupart des agrégats sont poreux. Les racines colonisent entièrement le sol			Forte porosité des agrégats	Les agrégats obtenus sont arrondis, fragiles, se cassent très facilement et sont très poreux
Sq3 **Ferme** La plupart des agrégats se brisent avec une seule main	Mélange d'agrégats poreux de 2-100 mm. Moins de 30 % < 10 mm. Présence possible de fragments angulaires non poreux (mottes)	Présence de pores et de fissures. Présence de pores et de racines à l'intérieur des agrégats			Faible porosité des agrégats	Les agrégats/ fragments sont plutôt faciles à obtenir. Ils ont peu de pores visibles et sont arrondis. Les racines poussent habituellement à travers les agrégats
Sq4 **Compact** Exige un gros effort pour briser les fragments avec une seule main	Principalement mottes > 100 mm, angulaires, non poreuses ; moins de 30% < 70 mm ; structure lamellaire possible	Peu de pores et de fissures visibles. Toutes les racines sont localisées dans les pores et autour des agrégats			Macropores visibles	Les agrégats/ fragments sont faciles à obtenir quand le sol est humide, se présentant en cubes avec des formes anguleuses et des fissures internes
Sq5 **Très compact** Difficile à briser	Principalement des mottes angulaires et non poreuses > 100 mm, très peu de fragments < 70 mm	Très faible porosité. Des pores peuvent être discernables. Anoxie possible. Peu de racines et localisées dans les fissures			Couleur bleu-gris	Le sol peut être fragmenté quand il est humide, mais peut exiger un effort important. Habituelle-ment, pas de pores ou de fissures visibles à l'œil

Des informations complémentaires sont également accessibles sur le site https://djfextranet.agrsci.dk/sites/vsee/public/Documents/presentations/Bruce_Ball_VESS_Summary_Wednesday_180511_May2011.pdf

La mise en œuvre de la méthode

L'équipement

La méthode requiert peu de matériel : une bêche ayant approximativement 20 cm de large et 25 cm de hauteur. Une feuille de matière plastique blanche ou une boîte de dimension ~ 50 × 80 cm, un couteau et un appareil photo sont des compléments utiles.

L'échantillonnage

Le mode opératoire consiste à choisir une zone homogène, qui peut être déterminée par rapport à l'état de la culture, à la couleur du sol ou pour répondre à un problème agronomique particulier. À l'intérieur de cette zone, on effectue au moins 10 prélèvements suivant une grille. Sur des placettes expérimentales de petites dimensions, limiter le nombre de prélèvements à 3 à 5 par placette. La méthode peut être mise en œuvre à n'importe quelle période de l'année, mais de préférence lorsque le sol est humide. Lorsque le sol est trop sec ou trop humide, il est difficile d'obtenir un échantillon représentatif. Il faut aussi noter que les racines sont bien visibles sous culture ou quelques mois après la récolte.

Méthode d'évaluation

Sur sol meuble, le mode opératoire consiste à extraire un bloc de 15 cm d'épaisseur sur la hauteur de la bêche. Sur sol ferme il est conseillé de creuser un trou légèrement plus large et plus profond que la bêche en préservant une face, ce qui permet de découper chaque côté du bloc avec la bêche et de l'extraire en bonnes conditions.

La deuxième étape consiste à examiner le bloc prélevé. Le bloc est posé à terre ou sur une table. Si on est amené à faire une démonstration de la méthode à un groupe d'agriculteurs ou de conseillers, il est préférable d'extraire les blocs de sol et de les poser sur une table pour la mise en œuvre de la méthode. L'examen se fait alors en plusieurs étapes telles que décrit dans le tableau 8.2.

Il est conseillé, lorsqu'on attribue une note à un échantillon, de ne pas y passer trop de temps et de passer rapidement à un autre échantillon, car plus on observe d'échantillons, plus il est facile de les classer.

Les notes de qualité de la structure vont de 1 à 5 en relation avec l'aptitude de l'horizon à favoriser la croissance des plantes. Sq1 est la meilleure note et correspond à une structure grumeleuse. Sq3 correspond à un mélange d'une structure grumeleuse et de plus gros fragments en incluant quelques mottes. Sq 5 correspond à un état très compact avec de grosses mottes difficiles à briser. Sq2 et Sq4 sont des notes intermédiaires. La note Sq5 correspond à une structure dégradée, avec un enracinement faible et parfois une couleur grise ou bleuâtre liée à l'anoxie et à la réduction des oxydes de fer. Les horizons de surface classés Sq4 et Sq5, qui apparaissent sur un fond rose sur la charte, nécessitent une action de correction soit par un travail du sol approprié, soit en incorporant de la matière organique.

Quelle que soit la façon dont le test est réalisé, il est utile de prendre une photo du bloc une fois fragmenté de façon à pouvoir comparer des échantillons d'origine différente. Ainsi, des échantillons du même site peuvent être comparés à différentes dates, permettant d'évaluer les améliorations ou dégradations[19]. Des exemples de blocs fragmentés correspondant à différentes modalités de travail du sol ou textures sont aussi montrés.

La note globale, pour plusieurs horizons observés, sera calculée en multipliant la note de chaque horizon par son épaisseur et en divisant par l'épaisseur totale. Par exemple, pour un bloc de 25 cm avec 10 cm de terre meuble (Sq1) sur un horizon plus compact (Sq3) à 10-25 cm de profondeur, la note du bloc est $(1 \times 10)/25 + (3 \times 15)/25 =$ Sq 2,2. Les notes peuvent donc se moyenner entre catégories Sq. Les notes 1 à 3 sont généralement acceptables, tandis que 4 ou 5 requiert un changement de pratiques.

---

19. Des informations complémentaires sont accessibles sur le site Internet www.sruc.ac.uk/vess qui contient des vidéo-clips montrant comment prélever les échantillons et comment analyser un bloc de sol compact ou meuble.

⯈ Évaluation de la structure des horizons L par la méthode du « drop test »

La méthode du *drop test*[20] consiste à évaluer la structure des horizons travaillés à partir des propriétés des mottes et des agrégats obtenus après fragmentation d'un bloc de sol que l'on a laissé tomber une ou plusieurs fois d'une hauteur d'environ 1 m (Shepherd, 2009). La structure est classée selon une note globale qui dépend de plusieurs critères – taille, forme, résistance, porosité – et en fonction de l'abondance relative des agrégats et des mottes (nous ne présentons ici que les critères liés directement à la description de la structure). Les horizons qui ont une bonne structure ont majoritairement des agrégats friables, fins, poreux avec des formes peu angulaires et plutôt arrondies (comme des noisettes). Ceux ayant une structure dégradée présentent des mottes de grande taille, plus résistantes, de forme anguleuse et soudées entre elles.

L'observation initiale

À l'aide d'une bêche, creuser un trou d'environ 20 × 20 cm de côté × 30 cm de profondeur et observer la petite fosse (et les horizons sous-jacents) en évaluant si la structure est uniforme pour les critères suivants : l'horizon est-il meuble et friable ou est-il dur et résistant ? Pour une bonne évaluation, tester la résistance du sol avec un couteau, en partant du haut et en progressant rapidement vers le bas et noter si la résistance à la pénétration testée avec un couteau est faible ou élevée.

Prélever un bloc de sol

Si la structure paraît uniforme sur une épaisseur de 20 cm, prélever une tranche de 20 cm d'épaisseur avec la bêche. Lors du prélèvement, s'assurer que la bêche s'enfonce verticalement de façon à obtenir réellement le volume nécessaire à l'évaluation. Il est possible d'échantillonner à la profondeur que l'on souhaite, mais il faut s'assurer de disposer chaque fois d'un échantillon équivalent à un cube de 20 cm de hauteur. Si, par exemple, la surface du sol est tassée sur 10 cm et qu'il est envisagé d'évaluer cette couche, prélever deux blocs de 20 × 20 × 10 cm avec une bêche. Si l'on veut évaluer un tassement à une profondeur donnée (par exemple une semelle située entre 10 et 20 cm, enlever la surface du sol sur 10 cm de profondeur et prélever deux blocs de 20 × 20 × 10 cm. Noter que l'observation d'un bloc de 20 cm immédiatement au-dessous de la couche arable peut donner des informations précieuses sur l'état structural des horizons sous-jacents et ses conséquences pour la croissance des plantes et la gestion des pâturages ou des parcelles.

---

20.   Section d'après T.G. Shepherd, BioAgriNomics Ltd, gshepherd@BioAgriNomics.com. Traduction H. Boizard.

Réaliser le drop test

• Évaluer la texture de l'horizon testé. Faire tomber le bloc une ou plusieurs fois selon sa texture et son aptitude à se fragmenter, comme décrit ci-dessous.

– Pour les textures argileuses et limoneuses, faire tomber l'échantillon au maximum trois fois d'une hauteur de 1 mètre sur une surface dure, par exemple dans un bac en matière plastique (environ 45 × 35 × 25 cm) (photo 8.2). Si de grosses mottes se détachent encore après la première ou deuxième chute, les faire tomber une à une de nouveau. Si une motte de terre se brise en petites unités correspondant à des agrégats élémentaires après une ou deux chutes, ne pas répéter l'opération. Le nombre de chutes pour un bloc donné ne doit jamais dépasser trois ;

– Pour les textures sablo-limoneuses, laisser tomber le bloc de sol au maximum deux fois d'une hauteur de 1 mètre ;

– Pour les textures sablo-limoneuses, laisser tomber le bloc une seule fois d'une hauteur de 50 cm. Si celui-ci est très riche en matière organique (par exemple sous prairie permanente), le laisser tomber une seule fois de 1 mètre de hauteur ;

– Pour les textures limono-sableuses ou sableuses, laisser tomber le bloc de sol avec précaution et seulement une seule fois, à une hauteur de seulement 5 cm.

• Transférer le prélèvement obtenu sur une feuille de matière plastique (au moins 75 × 50 cm). Il est préférable de choisir une feuille blanche pour obtenir un bon contraste de couleur.

Photo 8.2. Laisser tomber le bloc dans un bac en matière plastique. Le nombre de fois où l'opérateur fait tomber l'échantillon et la hauteur de chute dépendent de sa texture et de son aptitude à se fragmenter. Photo : G. Shepherd.

Photo 8.3. Trier et assembler les fragments à la main en fonction de leur taille, en positionnant les plus gros à une extrémité et les plus petits à l'autre. Photo : G. Shepherd.

• Exercer très doucement une pression avec les doigts pour séparer les mottes de terre, en s'aidant des points de faiblesse (fissures, vides) quand ils existent. Si une motte ne se fragmente pas facilement, ne pas exercer de pression supplémentaire parce que les fissures ou vides ne sont probablement pas continus et ne sont donc pas en mesure de favoriser le transfert de l'oxygène, de l'air et de l'eau facilement. Séparer les agrégats et les mottes qui sont soudés ensemble par les racines des plantes.

• Déplacer les éléments les plus gros à une extrémité de la feuille de matière plastique et les plus fins à l'autre extrémité (photo 8.3). Distribuer les agrégats sur la bâche de façon à ce que l'épaisseur de terre soit à peu près constante sur toute sa surface. Cela donne une évaluation de la distribution de la granulométrie des fragments. Comparer la distribution des fragments avec les trois photographies et les critères indiqués dans la figure 8.1 et attribuer un score visuel (SV) le plus proche possible des photographies. Le système de notation est continu, aussi si l'échantillon que vous évaluez ne correspond à aucune des photos, mais se situe entre les deux, un score intermédiaire peut être donné, c'est-à-dire 0,5 ou 1,5. Ainsi, la qualité de la structure est classée soit bonne (SV = 2), moyennement bonne (SV = 1,5), modérée (SV = 1), plutôt mauvaise (SV = 0,5), ou très mauvaise (SV = 0).

La méthode peut être mise en œuvre dans une large gamme de conditions d'humidité, mais les meilleures conditions se situent lorsque le sol est humide ou légèrement humide ; éviter les conditions ou trop sèches ou trop humides.

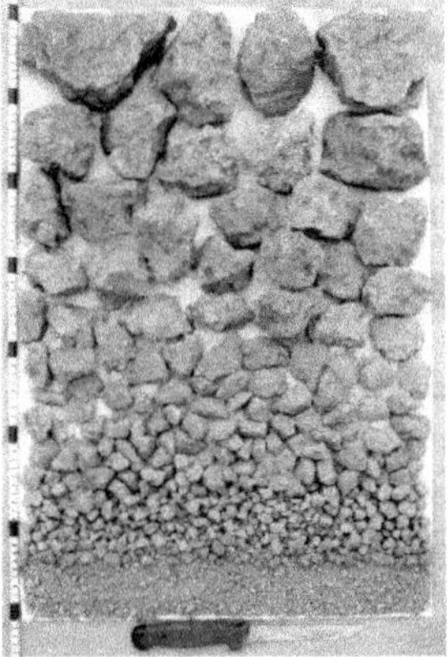

Bonne qualité SV = 2
Il y a surtout des agrégats friables et fins avec très peu de mottes. Les agrégats sont généralement arrondis et poreux.

Qualité moyenne SV = 1
Il y a autant de mottes grossières (50 %) que d'agrégats friables et fins. Les mottes sont fermes, de forme plutôt anguleuse et la porosité visible à l'œil est réduite.

Mauvaise qualité SV = 0
Nette dominance des mottes grossières avec faible présence d'agrégats fins. Les mottes sont très fermes, de forme anguleuse et contiennent peu ou pas de porosité visible à l'œil.

Figure 8.1. Score visuel (SV) de la structure d'horizons de surface travaillés.

Conclusion

La structure du sol évaluée selon la méthode du *drop test* est fortement corrélée à la taille moyenne des fragments obtenus par tamisage à sec ($r^2 = 0{,}91$, $p < 0{,}001$; figure 8.2). La méthode d'évaluation est également étroitement liée à la circulation de l'eau et de l'air dans le sol, c'est-à-dire à sa conductivité hydraulique à saturation ($r^2 = 0{,}86$, $p < 0{,}001$; figure 8.3) et à la perméabilité à l'air ($r^2 = 0{,}80$, $p < 0{,}001$; figure 8.4). En revanche, la note de qualité de la structure est modérément corrélée à la macroporosité ($r^2 = 0{,}69$, $p < 0{,}001$; figure 8.5) et à la densité apparente ($r^2 = 0{,}64$, $p < 0{,}001$) (Shepherd, 2003).

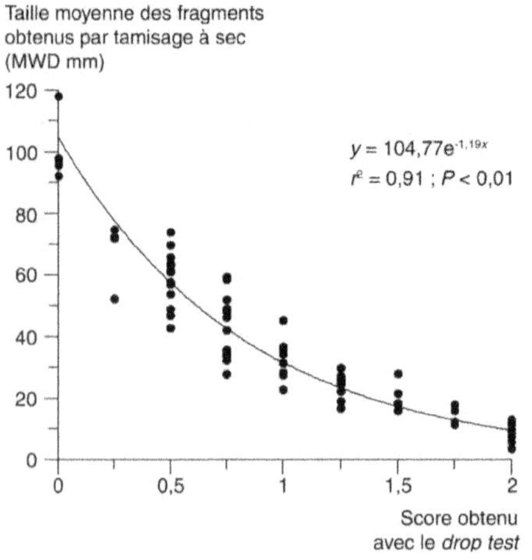

Figure 8.2. Relation entre le score obtenu avec le *drop test* et la taille moyenne des fragments obtenus après tamisage à sec.

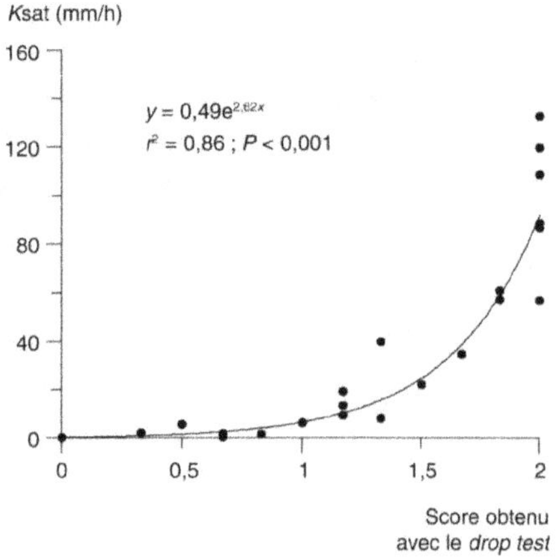

Figure 8.3. Relation entre le score obtenu avec le *drop test* et la conductivité hydraulique à saturation.

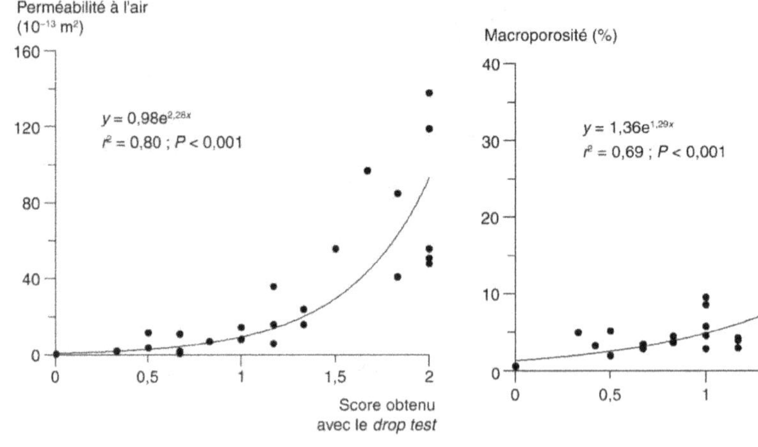

Figure 8.4. Relation entre le score obtenu avec le *drop test* et la perméabilité à l'air.

Figure 8.5. Relation entre le score obtenu avec le *drop test* et la macroporosité.

Le *drop test* fournit une procédure standardisée et reproductible qui permet aux personnes sans formation en science du sol d'évaluer efficacement la structure des horizons de surface par eux-mêmes avec une fiabilité du test tout à fait similaire à ce qu'obtient un expert. De plus, le fait de s'approprier la méthode rend chacun plus sensible à la qualité de l'état structural et permet de mieux comprendre l'information fournie par le test. Enfin, la méthode donne aux praticiens un moyen d'évaluer efficacement l'effet des pratiques culturales mises en œuvre sur l'état du sol et son évolution dans le temps.

Pour en savoir plus

Ancelin *et al.*, 2008 ; Boizard *et al.*, 2002 ; Défossez *et al.*, 2002 ; Roger-Estrade *et al.*, 2004.

Chapitre 9

Applications de méthodes électriques pour l'identification sur le terrain des états structuraux Principe, exemples et limites

Arlène BESSON, Isabelle COUSIN

Appliquées aux sols, les méthodes géophysiques électriques permettent de caractériser la propriété dite de conductivité électrique (ou son inverse la résistivité). La conductivité électrique peut être définie comme étant la facilité avec laquelle un courant électrique peut circuler dans le sol ; inversement, la résistivité en représente la difficulté.

Deux méthodes géophysiques sont désormais très utilisées en science du sol : la méthode d'induction électromagnétique (méthode EMI, *ElectroMagnetic Induction*) et la méthode de résistivité électrique (méthode DC, *Direct Current*) dont le principe de mesure est présenté dans la figure 9.E1. Cet attrait croissant s'explique par :

– la possibilité de les mettre en œuvre pour des objectifs de science du sol très divers ; par exemple, la description des transferts d'eau et de solutés, la caractérisation de la salinité, des teneurs en argile, des états structuraux, la détection d'un substrat rocheux… ;

– leur caractère non destructif ; le dispositif de mesure, généralement placé en surface, ne perturbe pas le sol ;

– leur exhaustivité spatiale ; la densité des mesures obtenue est suffisamment élevée pour permettre une caractérisation spatiale quasi continue ;

– la répétabilité des mesures ; rapides, elles peuvent être réitérées au même endroit.

Conductivité électrique ou résistivité peuvent ainsi être suivies dans le temps avec précision dans un espace à 1, 2 ou 3 dimensions (Samouëlian *et al.*, 2005).

Encadré 9.1. La méthode de résistivité électrique (méthode DC)

Potentiel électrique et courant électrique

La méthode de résistivité électrique s'appuie sur le développement d'un champ électrique de très basse fréquence (de l'ordre de quelques hertz). Aux bornes de deux électrodes de charges opposées (dipôle électrique A et B) mises en contact avec le sol, une différence de potentiel électrique est artificiellement créée, elle même générant un courant électrique (I, en mA) dans le sol de très basse fréquence et d'intensité constante et connue. Ce courant électrique résulte de la migration de charges électriques portées par les ions. Les cations sont ainsi attirés par l'anode et les anions vers la cathode. Il s'installe une différence de potentiel électrique (ΔU, en V) mesurée par le biais de deux nouvelles électrodes (dipôle électrique M et N) et traduite en terme de résistivité (ρ, en ohm·m) (ou conductivité σ, en S·m^{-1}) à partir de la loi d'Ohm par :

$$\rho = \frac{\Delta U}{I} K \text{ et } \sigma = \frac{1}{\rho}$$

K : coefficient géométrique (m) lié à la géométrie du dispositif d'électrodes. Comme montré sur le schéma (figure 9.E1), le sol peut être ainsi assimilé à la résistance d'un circuit électrique. Toutes variables du sol susceptibles de modifier, de faciliter ou au contraire de limiter la migration des charges électriques portées par les ions du sol interagissent sur la mesure de résistivité (ou de conductivité). Plusieurs techniques peuvent être mises en œuvre *in situ* : sondages électriques, traînés électriques, tomographies électriques 2D, 3D.

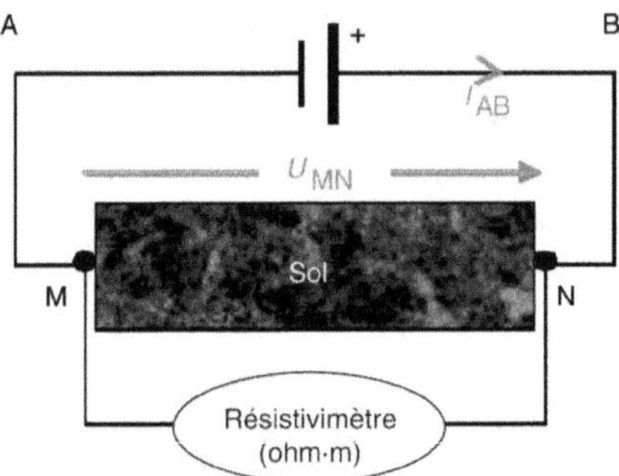

Figure 9.E1. Principe de la mesure de la résistivité électrique.

Profondeurs explorées à partir de la surface du sol

L'un des attraits de la méthode DC est de pouvoir contrôler, *a priori*, les profondeurs explorées et donc mesurées par la méthode au travers du choix du dispositif mis en œuvre, et plus exactement de l'espacement interélectrodes : plus les électrodes de mesure (dipôle MN) sont éloignées de celle du courant (dipôle AB), plus ces profondeurs sont importantes, pouvant même excéder largement l'épaisseur du sol (applications de géologie). Il reste difficile malgré tout d'attribuer une valeur systématique de profondeur pour un dispositif donné. En effet, ces profondeurs ne dépendent pas que du dispositif mais également des caractéristiques du matériau traversé par le courant électrique et du maillage de modélisation inverse choisi par l'opérateur.

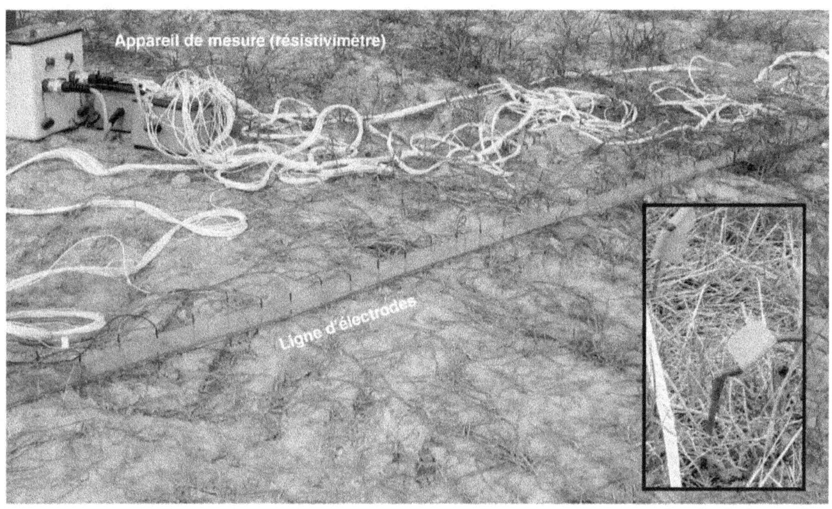

Particulièrement adapté pour obtenir, avec une forte densité de mesures,
la résistivité sur toute la profondeur du sol.

Particulièrement adapté pour obtenir, avec une forte densité de mesures, la résistivité sur de grandes surfaces
(ex. : une parcelle agricole).

Figure 9.1. La méthode de résistivité électrique : principe de la mesure.
A. Dispositif de tomographie de résistivité électrique 2D (ERT : *Electrical Resistivity Tomography*).
B. Dispositif breveté de traîné électrique : ARP (*Automatic Resistivity Profiling*, société Geocarta, France).

Cependant si ces méthodes renseignent aisément la conductivité ou la résistivité électrique, elles ne mesurent pas directement des grandeurs d'intérêt telles que la teneur en eau, la teneur en argile ou encore la masse volumique. L'obtention de ces variables à un point donné dans le sol nécessite une double interprétation :

– la modélisation dans l'espace : il s'agit d'un travail de modélisation inverse permettant d'attribuer à partir de la mesure, une valeur de conductivité ou de résistivité à des coordonnées spatiales bien précises (Aster *et al.*, 2005) ;

– l'interprétation : il s'agit d'exprimer la variable d'intérêt (par exemple, la masse volumique) à partir de relations mettant en œuvre la conductivité électrique ou la résistivité.

Avant de donner des exemples d'applications d'une de ces méthodes, la section suivante décrit brièvement le principe régissant la conductivité/résistivité électrique dans le sol et sa relation avec la structure.

▶▶ Quel est le lien entre la structure et la conductivité électrique ?

Dans le sol, le courant électrique correspond aux déplacements macroscopiques (ou électromigrations) de charges électriques portées par des ions. Il s'agit d'une conductivité électrique dite électrolytique. Les ions migrent en parallèle :

– dans la solution du sol, à l'origine d'une conductivité dite « volumique » ;

– aux interfaces entre les particules électriquement chargées (phase solide) et la solution du sol, à l'origine d'une conductivité dite « surfacique ».

La figure 9.2 schématise les différents chemins d'électromigration présents dans le sol et les conductivités correspondantes. Il est à noter que les ions situés aux interfaces solide/liquide peuvent également alterner leur parcours par un passage en phase volumique.

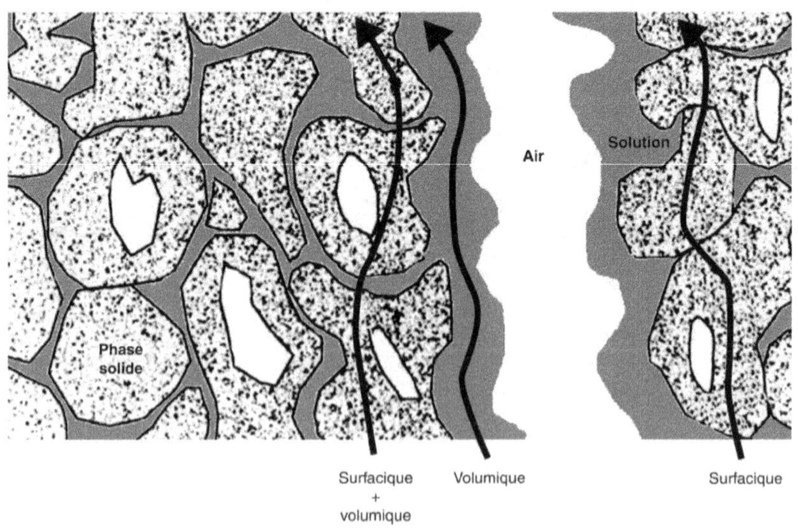

Figure 9.2. Les chemins de migrations électriques dans un sol ou tout autre milieu poreux structuré (d'après Rhoades *et al.*, 1989).

La structure conditionne l'électromigration en solution

Mis en solution, les ions portés par l'eau suivent le réseau poral, les particules solides se présentent alors comme des obstacles limitant leur déplacement. La complexité du réseau poral, sa tortuosité, la porosité, et donc la structure du sol, conditionnent l'électromigration en phase volumique. Ceci est représenté par la seconde loi d'Archie qui s'écrit, pour un sol non saturé en eau (Archie, 1942) :

$$\rho_{sol} = \varphi^{-m} \times \rho_{eau} \times S_{eau}^{-n}$$

avec ρ_{sol}, la résistivité électrique du sol ; φ, la porosité[21] ; m, un facteur de tortuosité (dit aussi « facteur de cimentation » par les spécialistes)[22] ; ρ_{eau}, la résistivité de la solution ; S_{eau}, le degré de saturation en eau et n, une constante généralement égale à 2.

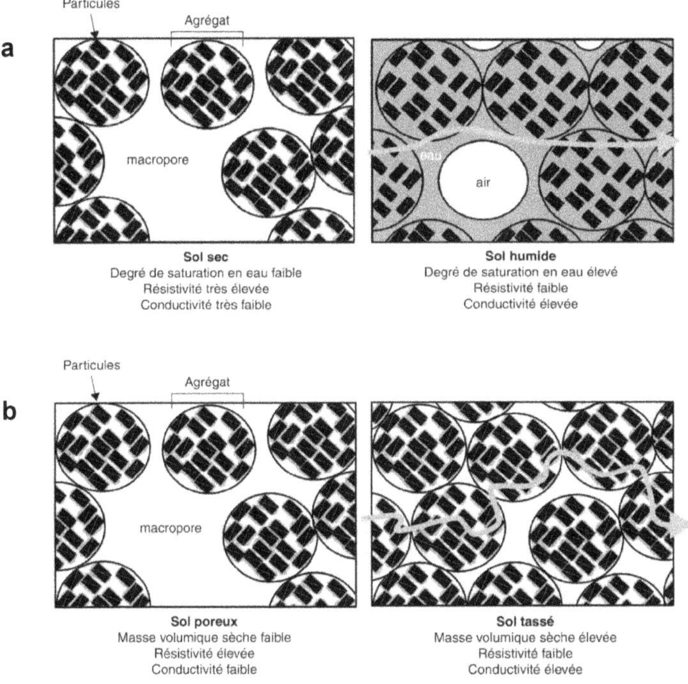

Figure 9.3. Continuité/discontinuité des chemins d'électromigration (d'après Beck *et al.*, 2011). **a.** L'eau et les chemins d'électromigration associés. Un seuil de saturation en eau est généralement admis (autour de 10 % en eau volumique) au-dessous duquel la résistivité augmente brutalement et très fortement : les chemins d'électromigration sont alors en discontinuité. **b.** La structure et les chemins d'électromigration associés. Plus le matériau est tassé, plus les agrégats et les particules sont proches, plus l'électromigration est facilitée : la conductivité électrique est élevée.

---

21. La porosité est définie comme le rapport entre le volume des vides et le volume considéré (sans unité).
22. Le facteur de tortuosité est relatif à la forme des pores, à leur connectivité (sans unité).

La seconde loi d'Archie montre également l'influence de la teneur en eau sur la conductivité. En effet, les ions se déplacent en présence d'eau. Ils ne peuvent traverser les pores que si ces derniers sont accessibles à l'eau et si les molécules d'eau sont en continuité tout au long du chemin d'électromigration électrique (figure 9.3a).

Hormis certains sols pour lesquels la conductivité volumique seule peut être prise en compte, et donc pour lesquels la loi d'Archie est directement applicable (cas des sols salins/sodiques et des sols à texture essentiellement sableuse), une seconde migration intervient de façon significative pour les horizons à texture plus argileuse. Cette seconde migration est à l'origine de la conductivité surfacique.

La structure conditionne l'électromigration aux interfaces solide/liquide

Certaines particules, telles que les argiles, comportent des surfaces chargées négativement qui attirent les ions de charges opposées, donc des cations, pour former une double couche électrique. Les ions situés dans la couche la plus éloignée de la particule argileuse (couche diffuse) migrent sous l'effet d'un champ électrique artificiel imposé au sol. Cette électromigration dite « surfacique » dépend de la texture et notamment de la teneur en argile, mais aussi de la structure de l'horizon.

En effet, lorsqu'un volume du sol est tassé, les dimensions des pores et des plus grands vides diminuent ; certains peuvent même disparaître (chapitre 2). Les agrégats et les particules d'argile qui les composent sont en cohésion et les chemins surfaciques en continuité (figure 9.3b). Pour un volume de sol et une teneur en argile donnés, la densité de charges électriques surfaciques s'accentue avec le degré de tassement. L'électromigration se déroule ainsi plus aisément dans des zones tassées que dans des zones plus poreuses présentant des vides à l'origine d'une discontinuité des chemins d'électromigration. La conductivité électrique d'une zone tassée est élevée et sa résistivité faible.

Les méthodes électriques, en mesurant la conductivité ou résistivité, peuvent ainsi être utilisées pour identifier les zones tassées du sol (Besson *et al.*, 2004 ; Séger *et al.*, 2009). Deux exemples illustrés, s'appuyant sur la mise en œuvre de la méthode DC de résistivité (voir figure 9.1), sont présentés ci-après.

▸▸ Applications de la méthode électrique DC pour analyser la structure

Comme cela a été mentionné au chapitre 6, les passages répétés d'engins agricoles au champ perturbent fortement le sol en le compactant. Une caractérisation dans l'espace des zones tassées (profondeur, volume, localisation) et le suivi de leur persistance dans le temps nécessitent la mise en œuvre de méthodes de mesures exhaustives et non destructives telles que la méthode DC de résistivité électrique. Deux exemples d'application de cette méthode sur le terrain sont illustrés par la figure 9.4. Dans les deux cas, le sol a été localement tassé par le passage répété d'un engin agricole. Les mesures de résistivité ont été obtenues par ERT (*Electrical Resistivity Tomography*, voir figure 9.1a) qui ciblaient l'horizon de surface labouré d'un luvisol (Afes, 2009). Pour faciliter l'interprétation des résultats de résistivité en termes de structure, des profils culturaux (chapitre 7) ont été également décrits *in situ*. Le premier exemple (figure 9.4A) montre l'évolution dans l'espace de la structure de l'horizon labouré suite au compactage. Le second exemple (figure 9.4B) en montre l'évolution dans le temps, soit 1 mois et 4 mois après compactage.

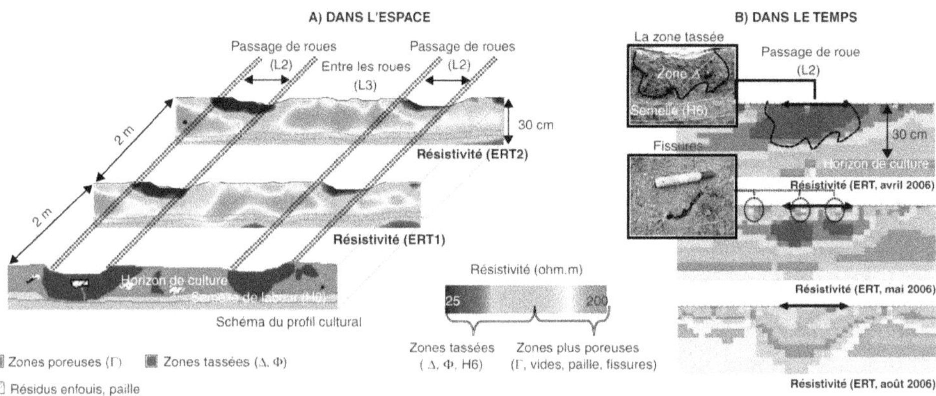

Figure 9.4. La structure d'un horizon labouré localement tassé décrite par la méthode DC de résistivité électrique et par la méthode du profil cultural.

A. Dans l'espace (données issues des travaux de Besson *et al.*, 2013). La résistivité est mesurée par deux tomographies (technique ERT, voir figure 9.1a) juste après compactage du sol soit à une même date (juin 2009). Le site étudié est situé dans une parcelle agricole, localisée en Beauce. La teneur en argile de l'horizon est de 20 %. **B.** Dans le temps (d'après Richard *et al.*, 2006). La résistivité est mesurée par trois tomographies (technique ERT, figure 9.1a) juste après compactage (avril 2006), 1 mois après (mai 2006) et 4 mois après (août 2006). Le site étudié est situé dans une parcelle agricole, localisée en Petite Beauce. La teneur en argile de l'horizon est de 20 %.

* les caractéristiques des zones délimitées par la méthode du profil cultural et dénotées par Δ, Φ, Γ, H6, L2 et L3 sont détaillées dans le chapitre 7.

La structure dans l'espace (figure 9.4A). La méthode de résistivité électrique permet d'identifier avec précision dans l'espace les zones les plus tassées de l'horizon labouré. Ces zones apparaissent avec de faibles valeurs de résistivités (figure 9.4A, ERT1 et ERT2 : bleu/vert, < 100 ohm·m). Ces résultats correspondent relativement bien avec les observations du profil cultural. Les zones tassées se situent juste sous les passages de roues et affectent la totalité de l'épaisseur de l'horizon. À 30 cm de profondeur, une zone de faible résistivité (vert, environ 100 ohm·m) correspond à la semelle de labour. Entre les roues, les valeurs de résistivité sont beaucoup plus élevées (rouge, environ 200 ohm·m), l'horizon labouré y est plus poreux, mêlant vides et résidus de culture enfouis, autant d'éléments limitant les électromigrations et donc la circulation du courant électrique.

La structure dans le temps (figure 9.4B). Cette autre série de mesures de résistivité cible plus exactement le passage d'une seule roue et donne des résultats relativement similaires aux précédents. Juste après compactage (avril 2006), la zone tassée et la semelle de labour sont visibles avec de faibles valeurs de résistivité (bleu, environ 30 ohm·m). Un mois (mai 2006) et même quatre mois (août 2006) après compactage, la zone tassée est toujours présente. Ceci montre la persistance de ces zones dans le temps et l'impact drastique du compactage lors d'opérations culturales nécessitant l'intervention de lourds engins agricoles. La résistivité apporte une autre information relative à l'évolution de la structure du sol. À la date de mesure de mai 2006, de très fortes valeurs de résistivité apparaissent très localement (rouge, environ 200 ohm·m), les 10 premiers centimètres de l'horizon labouré se fissurent comme montré sur la photo (figure 9.4B). Ces fissures représentent des vides, donc de l'air, qui est infiniment résistant : elles limitent la circulation du courant électrique.

Cette fissuration participerait-elle à la désagrégation des zones tassées ? Un suivi dans le temps plus précis par méthodes électriques permettrait de visualiser un éventuel effet.

▸▸ De la conductivité électrique à la structure : une interprétation limitée

Les résultats de résistivité ci-dessus montrent qu'il est possible, sans perturber le sol et rapidement, de caractériser la structure et notamment de distinguer dans l'espace les zones tassées des zones plus poreuses. Cependant, l'information obtenue reste qualitative (profondeur des zones tassées, localisation, persistance). À ce stade, aucune valeur d'un quelconque indicateur de la structure, comme la porosité, l'indice des vides, l'indice d'eau, la masse volumique (voir chapitres 11 et 16), n'est donnée. Ces résultats soulèvent ainsi l'une des principales limites des méthodes électriques quelle que soit la méthode employée : comment estimer, c'est-à-dire quantifier, une variable comme la structure, à partir de la conductivité ou résistivité électrique.

Des relations existent déjà pour estimer, par exemple, le degré de saturation en eau (S_{eau}) lorsque le sol ne comporte pas d'argile : c'est la seconde loi d'Archie. Pour la structure d'un sol à une teneur en argile donnée, comportant donc une conductivité volumique et surfacique, ce développement reste difficile pour plusieurs raisons :

– si la conductivité volumique est relativement bien représentée par la loi d'Archie, la conductivité surfacique et les mécanismes électrochimiques qui la régissent restent complexes et difficilement accessibles ;

– le développement de relations nécessite bien souvent de travailler en conditions contrôlées, c'est-à-dire au laboratoire sur des échantillons de sol non perturbés (chapitre 16). Ces échantillons, même s'ils sont admis comme étant représentatifs, ne peuvent intégrer toute la variabilité *in situ*, variabilité qui influence pourtant les électromigrations (par exemple, l'existence de larges vides) ;

– la conductivité ou résistivité ne dépend pas uniquement de la structure. La conductivité ou résistivité dépend également de la teneur en argile, de la teneur en eau, de la salinité et de la température du sol.

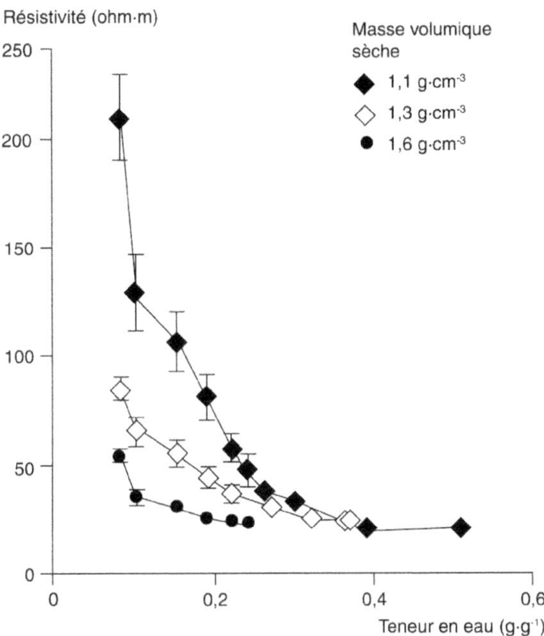

Figure 9.5. Influence conjuguée « masse volumique-teneur en eau » sur la résistivité électrique (d'après Seladji *et al.*, 2010). Échantillons de sols à 20 % de teneur en argile. Mesures de résistivité par méthode DC réalisées en laboratoire.

Sur ce dernier point, des travaux de recherche menés en laboratoire sur des échantillons de sol mettent en évidence la difficulté d'exprimer la masse volumique sèche à partir de la résistivité sans tenir compte de l'influence de la teneur en eau (figure 9.5). En effet, si la résistivité dépend clairement de la structure, *i.e.* plus faible (< 50 ohm·m) pour les échantillons de sol les plus tassés (1,6 g·cm⁻³) et au contraire plus élevée (jusqu'à 210 ohm·m) pour les échantillons les plus poreux (1,1 g·cm⁻³), les différences observées de résistivité s'atténuent avec l'augmentation de la teneur en eau du sol. Il est certain que la poursuite de tels travaux de recherche permettra de mieux comprendre la relation entre la conductivité/résistivité électriques et les différentes variables du sol pour permettre *in fine* une interprétation des plus précises.

Pour en savoir plus

Besson A., 2007 ; Michot D., 2003.

Chapitre 10

Croûtes de battance, ruissellement, érosion hydrique

Frédéric DARBOUX, Baptiste ALGAYER

L'érosion hydrique engendre un transfert de matières de l'amont vers l'aval : elle est une cause majeure de dégradation des sols[23]. En Europe, l'érosion hydrique est largement majoritaire : selon la FAO (1998), 26 millions d'hectares dans l'Union européenne souffrent de l'érosion par l'eau contre 1 million d'hectares affectés par l'érosion éolienne.

La gravité de l'érosion se mesure en tonnes érodées par hectare et par année (t ha^{-1} an^{-1}). D'après le site du ministère de l'Écologie, l'érosion due aux précipitations serait en moyenne de 0,17 t ha^{-1} an^{-1} par an dans le bassin de la Seine. Mais la « perte en terre » peut être beaucoup plus importante localement ou en certaines circonstances météorologiques. Une perte de 10 t ha^{-1} an^{-1} par an correspond à une perte d'une épaisseur moyenne de 1 mm/an environ.

▶▶ L'érosion hydrique : cas des sols limoneux de grande culture du nord de la France

La figure 10.1 présente le schéma général de l'érosion hydrique en sols limoneux de grande culture dans le nord de la France (sous climat tempéré humide).

---

23. Stratégie thématique pour la protection des sols en Europe (communication sur les sols COM (2006) 231 final, proposition de Directive Européenne COM (2006) 232) : http://ec.europa.eu/environment/soil/index_en.htm

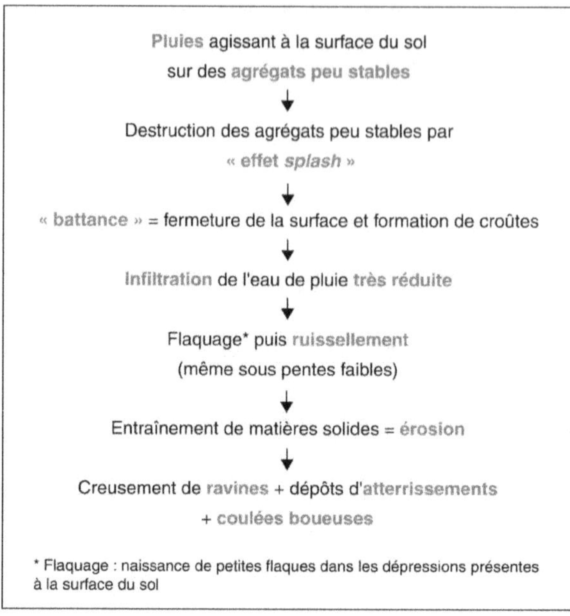

Figure 10.1. Schéma général de l'érosion hydrique en sols limoneux de grande culture.

Qu'est-ce qui provoque l'érosion hydrique des sols ?

Les facteurs qui conditionnent l'apparition de l'érosion hydrique (sur des sols de plateau aux pentes faibles) sont de deux types : les **facteurs naturels** et ceux liés aux **activités humaines**, essentiellement les **pratiques agricoles**.

Les **facteurs naturels** favorisant l'apparition de l'érosion sont :
– l'érosivité générale du climat, forte pour des précipitations de grande intensité ou pour de forts cumuls de pluie ;
– la présence d'une pente, même faible ;
– la nature granulométrique défavorable des horizons de surface.

En effet, des sols dont l'horizon de surface est à la fois très limoneux (plus de 60 % de limons totaux) et pauvre en argile (moins de 15 %) sont très sensibles à la battance, donc au ruissellement puis à l'érosion hydrique, même sous pente faible (1 à 2 %). Inversement, des sols dont les horizons de surface sont argileux, bien structurés, avec des agrégats stables ou bien des sols caillouteux dès la surface favorisent l'infiltration, atténuant ainsi les risques d'érosion.

Bien que ce soit à la base un phénomène naturel, l'érosion est souvent déclenchée, renforcée ou accélérée par les modifications du paysage par l'Homme. Ainsi, parmi les **facteurs anthropiques** accentuant l'érosion des sols, on peut citer :
– la déforestation ;
– la conversion d'occupations couvrantes du sol (par exemple, prairies permanentes) vers des occupations peu couvrantes (culture de plantes annuelles) ;

142

– le choix de cultures laissant les sols nus en périodes pluvieuses (par exemple, le maïs, photo 10.1) ;

– la diminution de la restitution de matières organiques au sol (rôle joué autrefois par le fumier issu des fermes pratiquant la polyculture élevage) avec comme conséquence un abaissement considérable des teneurs en matières organiques, principal ciment des agrégats limoneux ;

– la préparation d'un lit de semence trop affiné (ce qui favorise la battance) ;

– l'agrandissement des parcelles, la disparition des haies.

Les sols limoneux des zones de grandes cultures d'hiver du nord et de l'ouest de la France sont donc particulièrement sensibles à **l'érosion automnale et hivernale par concentration du ruissellement** mais également lors des orages de printemps et d'été lorsqu'ils ne sont pas ou peu couverts par la végétation. Les semis de septembre à novembre ne produisent une couverture végétale protectrice qu'à partir de mars-avril : des croûtes de battance à l'origine du ruissellement peuvent donc se mettre en place dès la fin novembre.

Deux paramètres sont à prendre en compte pour l'étude de l'érosion des sols : l'érosivité et l'érodabilité :

– **l'érosivité** de la pluie ou du ruissellement correspond à la capacité des précipitations et du ruissellement à détacher des particules et à les transporter vers l'aval ;

– **l'érodabilité** correspond à la sensibilité du sol face aux agents érosifs. Il s'agit d'une propriété intrinsèque que l'on ne peut pas mesurer directement, mais que l'on peut estimer soit à partir d'autres propriétés (teneur en matières organiques, texture, teneur en oxyhydroxydes, etc., voir encadré 10.1) soit par des mesures empiriques comme des tests de stabilité structurale (voir chapitre 15).

Photo 10.1. Ravine dans un champ de maïs au mois de mai. Le maïs, très peu développé, laisse la surface du sol nue, favorisant l'érosion. Photo : F. Darboux.

L'érosion n'est effective que lorsque ces deux paramètres sont réunis. En d'autres termes, un sol présentant une forte érodabilité sera peu érodé s'il est soumis à une pluie faiblement érosive. Réciproquement, un sol très peu érodable sera peu érodé, même s'il est soumis à une pluie fortement érosive.

Encadré 10.1. Principales caractéristiques intrinsèques influençant la stabilité structurale des couches superficielles

Les caractéristiques influençant la stabilité structurale du sol les plus souvent évoquées sont (avec de nombreuses interactions possibles entre elles) :
– le taux de sodium échangeable ;
– l'abondance des oxydes de fer et d'aluminium.

Mais ces deux paramètres ne concernent que relativement peu les sols de grande culture des régions tempérées.

Pour les sols d'Europe de l'Ouest, la texture et les matières organiques sont les principaux déterminants de la stabilité structurale des couches de surface, particulièrement des lits de semence.

La texture joue un rôle important, en particulier la teneur en argiles ainsi que leur nature minéralogique, mais elle ne peut pas être modifiée, contrairement à la teneur et la composition des matières organiques.

Certaines matières organiques sont des agents de liaison entre les particules minérales (Chenu, 1989). Elles peuvent rendre hydrophobes les surfaces des particules minérales ce qui a pour effet de ralentir la vitesse d'humectation des agrégats et donc de réduire leur éclatement. L'effet des matières organiques dépend de l'état et de l'historique du sol, ce qui rend nécessaire un contrôle attentif de ces conditions pour la mesure de la stabilité (voir chapitre 15). Il existe différents types de matières organiques aux propriétés contrastées. Les macro-débris végétaux jouent un rôle physique (mulch, protection contre le *splash*) et peuvent augmenter l'activité microbiologique. Les racines et les champignons peuvent stabiliser les macro-agrégats tandis que les micro-organismes et leurs sécrétions augmentent la stabilité des micro-agrégats par des actions physico-chimiques (voir chapitres 2 et 3).

D'après Le Bissonnais et Le Souder, 1995

Formes de l'érosion hydrique

Lorsque le sol n'a plus la capacité suffisante pour absorber l'eau des précipitations, l'excédent d'eau ruisselle. Le ruissellement peut avoir deux origines :

— le dépassement de la capacité d'infiltration du sol par des pluies de fortes intensités (par exemple, pluies d'orage tombant sur un sol sec) ;

— la saturation en eau de l'horizon de surface (par exemple, une pluie fine tombant sur un sol déjà gorgé d'eau).

Dans les deux cas, le ruissellement peut entraîner le détachement de particules de la surface du sol et donc donner naissance au phénomène d'érosion. Classiquement, on distingue deux grands types de ruissellement associés à deux types d'érosion.

Ruissellement et érosion diffus

Le ruissellement diffus correspond à une lame d'eau de faible épaisseur s'écoulant à la surface du sol. De par sa faible vitesse, le ruissellement diffus est peu capable d'arracher des fragments. Seules les particules détachées par l'impact des gouttes de pluie (effet *splash*) sont entraînées. Ruissellement et érosion diffus peuvent concerner la majorité de la surface d'un bassin-versant.

Ruissellement et érosion concentrés

Lorsque le ruissellement acquiert une vitesse suffisante, il crée des incisions à la surface du sol. L'érosion concentrée résulte de l'arrachage des particules par l'écoulement rapide de l'eau et se présente sous la forme de rigoles, appelées ravines lorsqu'elles sont de grande taille. On parle d'érosion en rigoles parallèles quand elle se manifeste sur un versant et d'érosion concentrée de talweg quand elle génère des incisions dans le fond des vallons.

Ces deux formes de ruissellement et d'érosion sont intimement liées : le ruissellement diffus à l'amont alimente le ruissellement concentré à l'aval. Partant des zones à l'amont, le ruissellement diffus se concentre dans des modelés linéaires (sillons, chemins, talwegs) et entraîne le détachement de fragments (photo 10.2) et leur transport sur de longues distances (potentiellement plusieurs centaines de mètres). L'érosion concentrée dépend de :

    – l'énergie cinétique du ruissellement (et donc de la vitesse de l'écoulement) ;

    – la longueur des pentes (s'il ne rencontre pas d'obstacle, l'écoulement peut s'accélérer) ;

    – la topographie, capable de faire converger le ruissellement dans les talwegs ;

    – la résistance du sol à la contrainte cisaillante exercée par l'eau en écoulement (érodabilité).

Photo 10.2. Ravine en Pays de Caux. Photo M. Eimberck.

Conséquences de l'érosion des sols et risques environnementaux associés

Les dégâts occasionnés par l'érosion des sols sont fonction de leur localisation dans le paysage. Dans les régions tempérées des pays développés, il s'agit principalement de dégâts matériels accompagnés de risques environnementaux pour la qualité des sols et des eaux à plus ou moins long terme.

En amont, des ravines plus ou moins profondes apparaissent et entraînent la perte progressive de la couche superficielle qui est la plus fertile. Une érosion chronique diminue durablement l'épaisseur du sol et sa fertilité (pertes en matières organiques et en fertilisants qui sont entraînés, en réserve en eau), et agit indirectement en accélérant le déclin de sa biodiversité. Des dégâts peuvent aussi être occasionnés sur les plantules et semis avec arrachement à l'amont et recouvrement (atterrissements) en bas de parcelles (photos 10.3).

Photo 10.3. Les atterrissements (dépôts de particules limoneuses accumulées en bas de parcelles)
a. Enfouissement des plantules à l'aval. Photo M. Eimberck. **b.** Ils peuvent être très épais (ici 8 cm). Photo Y. Le Bissonnais.

Des matières présentes dans les horizons de surface, comme les pesticides, les fertilisants (azote, phosphore, potassium) ou parfois des éléments métalliques (cadmium, mercure, plomb, etc.) sont entraînées vers l'aval sous forme dissoute ou sous forme adsorbée sur les particules de sol érodées. Ces matières peuvent générer des problèmes de phytotoxicité dans les parties basses des versants et altérer la qualité des eaux superficielles ou profondes. Ainsi, des problèmes d'eutrophisation[24] peuvent survenir lorsque les eaux superficielles subissent un apport excessif de nutriments (azote, phosphore).

---

24. L'eutrophisation d'un milieu aquatique (cours d'eau, mare, lac) est un phénomène résultant du déséquilibre induit par un apport excessif de nutriments : azote (nitrates), matières organiques et phosphore. Elle est à l'origine d'une prolifération d'espèces végétales (efflorescences algales) et de la dégradation du milieu : diminution du taux d'oxygène des eaux et de la biodiversité aquatique.

Enfin, dans certains cas, les dommages peuvent atteindre des infrastructures ou des zones résidentielles. Il s'agit de coulées boueuses qui viennent envahir les réseaux routiers, combler les réseaux de collecte des eaux (fossés), inonder les zones urbanisées (photo 10.4).

Photo 10.4. Route inondée par une coulée boueuse. Photo : Y. Le Bissonnais.

Variabilité de l'érosion hydrique dans le temps et l'espace

L'érosion hydrique est un phénomène discontinu dans le temps, du fait des variations de :

— l'érosivité de la pluie. La quantité, l'intensité et la durée des pluies varient d'une averse à une autre, selon la saison, mais aussi d'une année sur l'autre ;

— l'infiltrabilité du sol. La présence d'une croûte de battance dépend de la saison et des travaux effectués sur la parcelle et de l'état de développement du couvert végétal ;

— l'érodabilité. La sensibilité du sol à l'érosion peut varier fortement en fonction de son état hydrique (variation temporelle de l'humidité), de l'activité agricole (apport de matières organiques, chaulage) et de l'activité biologique. Ces variations sont saisonnières, mais peuvent aussi intervenir à un pas de temps plus court (quelques jours).

On observe aussi une grande variabilité de l'érosion hydrique dans l'espace. Elle est liée à :

— la forme du relief. Les directions d'écoulement et donc les zones de concentration du ruissellement vont dépendre des pentes, des motifs agraires (sillons) et des réseaux de chemins et de fossés ;

— l'érodabilité. Selon le type de sol (texture en particulier) et sa teneur en matières organiques, la stabilité structurale sera plus ou moins élevée. Une forte stabilité structurale correspond à une faible érodabilité ;

— l'infiltrabilité du sol. À un instant donné, elle dépend de la répartition spatiale des croûtes de battance, donc des travaux ayant été effectués sur les parcelles et des différences de développement des couverts végétaux.

⏺ Zoom sur l'effet splash et la battance

Stabilité structurale

La stabilité structurale correspond à la capacité des agrégats situés à la surface du sol à résister à la fragmentation lorsqu'ils sont soumis à des pluies. Si leur stabilité structurale est forte, les agrégats ne se fragmentent pas ou peu ; si elle est faible, ils se désagrègent facilement en petits fragments ou même libèrent des particules élémentaires. La production de fragments de petites tailles facilite leur mobilisation par les agents de transports (comme le *splash* et le ruissellement) et est à l'origine de la formation de croûtes de battance. Ainsi, plus la stabilité structurale des premiers centimètres du sol est forte, moins ce sol est sensible à la battance et à l'érosion.

La quantification de la stabilité structurale est traitée au chapitre 15.

Effet splash, battance, capacité d'infiltration

Sous l'action de l'énergie cinétique des gouttes de pluie, les liens qui agrègent les particules entre elles se cassent, aboutissant à la fragmentation des agrégats. Les fragments sont projetés à quelques centimètres de distance et vont s'accumuler dans les espaces interagrégats où ils comblent la porosité présente en surface (figure 10.2). C'est l'effet *splash* (dit aussi rejaillissement). Cela aboutit à la formation progressive d'une **croûte de battance** (voir encadré 10.2) (photo 10.5).

La croûte de battance diminue la porosité de l'interface atmosphère / sol, donc la capacité d'infiltration. Cette imperméabilisation plus ou moins poussée de la surface conduit au flaquage, puis à l'apparition de ruissellement, qui pourra entraîner des fragments d'agrégats ou des particules isolées, provoquant l'érosion.

Encadré 10.2. Croûtes structurales et croûtes sédimentaires

Les croûtes de battance sont des croûtes superficielles compactes formées par l'action des gouttes de pluie et le fractionnement des agrégats à la surface du sol. Elles réduisent la capacité d'infiltration du sol et favorisent ainsi le ruissellement. On peut distinguer deux types morphologiques de croûtes (voir figure 10.2).

Les **croûtes structurales** résultent d'une réorganisation *in situ* des fragments d'agrégats et des particules produits par éclatement et désagrégation mécanique sans déplacement important ni tri granulométrique.

Les **croûtes sédimentaires** (ou de dépôt) résultent d'un déplacement et d'une ségrégation des particules en présence d'un excès d'eau (flaquage et ruissellement).

Les mécanismes en cause sont essentiellement l'humectation et la désagrégation mécanique. Bresson et Boiffin (1990) ont montré que ces deux morphologies correspondaient à deux stades successifs dans un schéma général de l'évolution structurale sous l'action des pluies. Le rôle important joué par les fragments et particules de dimensions inférieures à 100 μm dans la réduction de la capacité d'infiltration a également été montré (Le Bissonnais *et al.*, 1989).

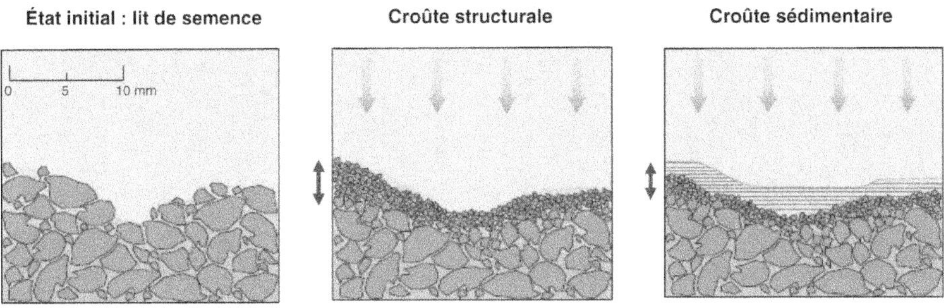

Figure 10.2. Du lit de semence aux croûtes de battance. Source : B. Algayer.

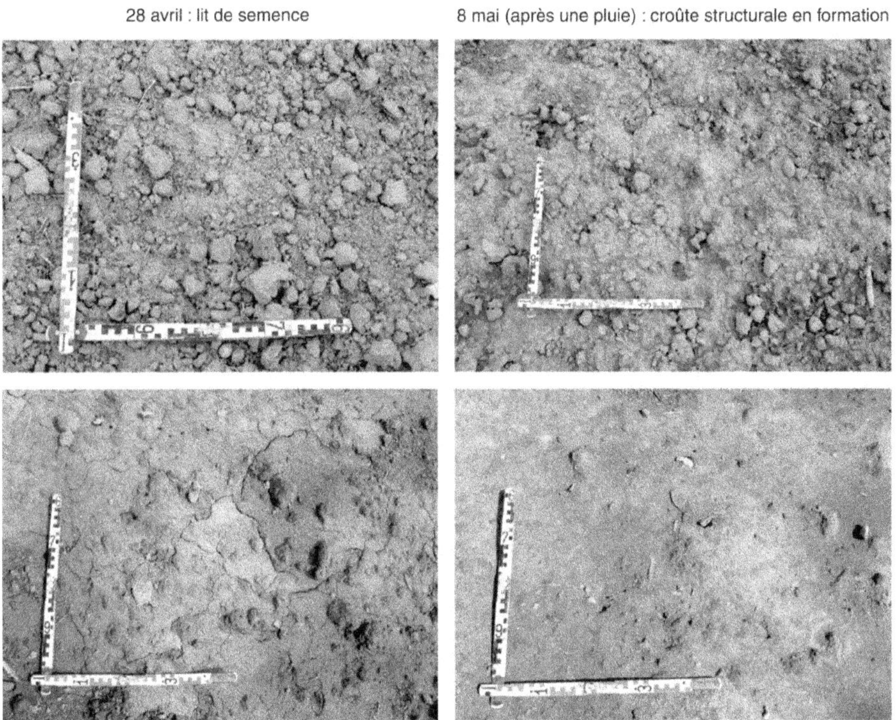

Photo 10.5. Formation d'une croûte de battance. Source : B. Algayer.

Interception et battance

Dès que le sol porte une végétation, celle-ci intercepte tout ou une partie de la pluie, limitant l'effet *splash* : l'eau qui atteint le sol a moins d'énergie cinétique et perd donc une partie de sa capacité de désagrégation. La battance est ralentie ou annulée, ce qui permet à l'eau de s'infiltrer dans le sol, notamment le long des racines. Il en résulte un ruissellement plus faible et donc une baisse de l'érosion (figure 10.3).

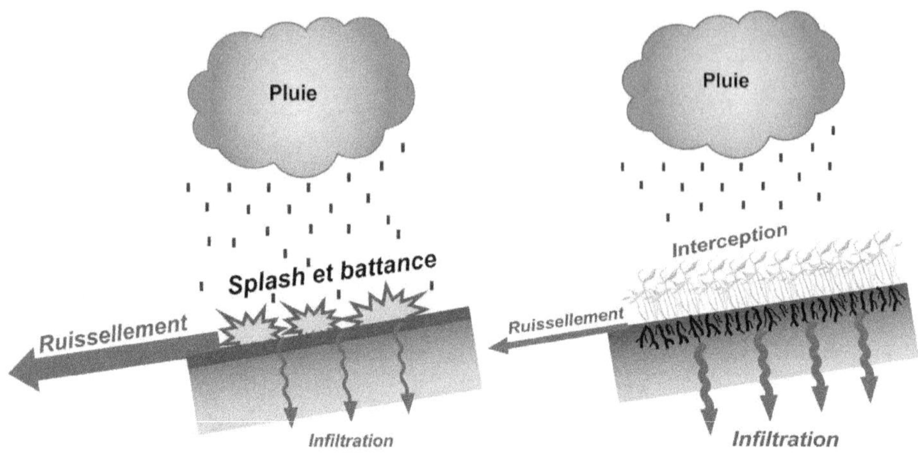

Figure 10.3. Partition entre ruissellement et infiltration.

▸▸ Étudier l'érosion, moyens de lutte

Comment étudier l'érosion

L'érosion hydrique est un phénomène complexe, car il est discontinu dans le temps et dans l'espace et fait interagir de nombreux mécanismes et facteurs que l'on peut observer à différentes échelles. C'est pourquoi son étude nécessite d'avoir recours à des approches différentes et complémentaires (figure 10.4).

Au laboratoire, il est utile d'étudier la stabilité structurale d'agrégats dans des conditions opératoires donnant une information utilisable sur le terrain (voir chapitre 15). La dimension des fragments résultant de la désagrégation détermine également leur aptitude à être transportés par le ruissellement. Il est donc très important que la mesure de la stabilité structurale donne une indication précise sur la distribution de taille des fragments d'agrégats et des particules élémentaires produits (Le Bissonnais et Le Souder, 1995 ; Afnor, 2005 ; ISO, 2012).

Il est également possible d'étudier le comportement des sols et les propriétés des matières érodées sous pluies artificielles. Des prélèvements de sols sont alors disposés dans des bacs de 0,5 à 10 m² spécialement conçus pour la collecte du ruissellement et de l'érosion (photo 10.6). Sous simulation de pluies en laboratoire, les caractéristiques de chaque pluie sont parfaitement contrôlées (en particulier sa durée, son intensité et l'énergie cinétique des gouttes). L'avantage de cette technique est de pouvoir générer à volonté des événements pluvieux identiques. Les études en laboratoire permettent de mieux contrôler les facteurs (intensité de la pluie, inclinaison de la pente, etc.) mais ne permettent pas d'intégrer l'ensemble des processus actifs sur le terrain.

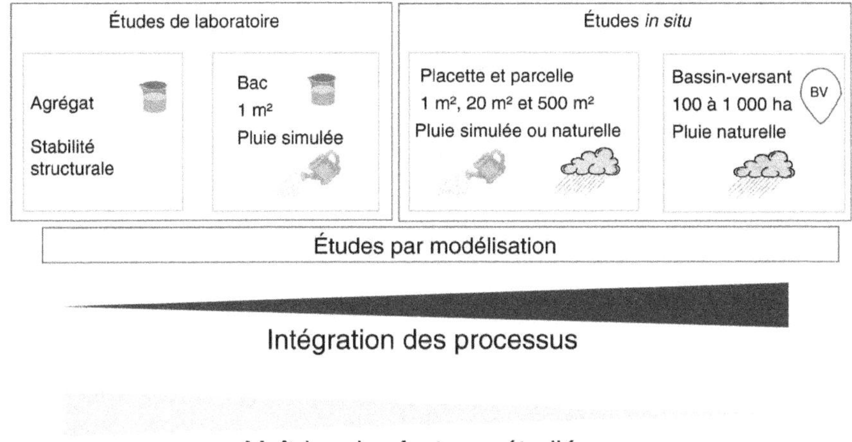

Figure 10.4. Comment étudier l'érosion (d'après Le Bissonnais).

Sur le terrain, des placettes de 1 à 20 m² peuvent être suivies sous pluies créées artificiellement (simulateurs de pluie) ou naturelles. On peut aussi étudier des placettes beaucoup plus grandes, voire des parcelles agricoles entières, pour lesquelles on quantifiera, par exemple, les « pertes en terre ».

Les études à l'échelle d'un bassin-versant sont particulièrement intéressantes car cela correspond à l'échelle privilégiée à laquelle on va réfléchir les aménagements et la répartition des dispositifs anti-érosifs. On peut effectuer des mesures en plusieurs points d'un bassin-versant et, en particulier, à son exutoire. Dans de telles conditions, les mesures se font toujours sous pluie naturelle. Plus la surface étudiée est grande, plus on se rapproche de la réalité, mais moins on maîtrise l'ensemble des facteurs.

Photo 10.6. Grand bac rempli de terre, placé sous simulateur de pluie (photo Inra Orléans).

Enfin, la modélisation numérique permet de transférer les connaissances acquises par les différentes approches et de les synthétiser. C'est aussi grâce à la modélisation numérique que l'on va construire des scénarios de réaménagements des bassins-versants afin de répartir au mieux les pratiques agricoles, les occupations du sol et les dispositifs anti-érosifs. La modélisation numérique est alors un support pour l'aide à la décision.

Toutes ces études permettent de comprendre les processus, de prévoir les flux et de mettre en place des stratégies de lutte contre l'érosion.

Comment lutter contre l'érosion hydrique des sols

Lutter contre l'érosion hydrique implique de combiner plusieurs moyens. Dans le contexte des sols limoneux de grande culture du nord de la France, cela consiste d'une part à limiter l'apparition du ruissellement et à favoriser sa réabsorption par le sol et, d'autre part, à limiter la mise en suspension de fragments d'agrégats et à favoriser leur sédimentation.

À la surface des parcelles, on cherchera à :
    – limiter la genèse du ruissellement en adaptant les pratiques culturales (travail du sol, couverture végétale, etc.) afin de ralentir la formation de croûtes de battance ;
    – limiter le détachement des fragments en augmentant la stabilité structurale par des apports suffisants de matières organiques et en conservant un couvert végétal le plus longtemps possible.

Entre les parcelles et à l'échelle du bassin-versant, on s'intéressera à :
    – l'installation de bandes enherbées en travers de la pente. Une bande enherbée constitue un obstacle (de quelques mètres de large) qui ralentit le ruissellement (figure 10.5). L'eau peut s'infiltrer le long des racines. En conséquence, le ruissellement à l'aval de la bande enherbée est fortement diminué, voire annulé ;

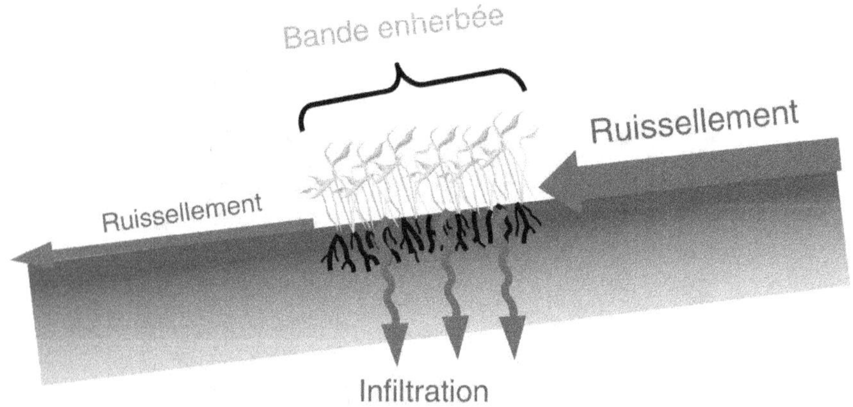

Figure 10.5. Fonctionnement d'une bande enherbée. Source : B. Algayer.

– diminuer la taille des parcelles agricoles et diversifier l'occupation des sols afin que lors de la propagation du ruissellement vers l'aval, il y ait une plus forte probabilité d'infiltration et de sédimentation ;

– mettre en place des aménagements spécifiques tels que « mares tampons » ou bassins de rétention pour stocker les flux d'eau et de particules qui n'ont pas pu être réabsorbés.

Pour en savoir plus

Antoni, 2009 ; Baudry et Jouin, 2003 ; Boiffin, 1984 ; Merot, Reyne, 1996 ; GIS Sol, 2011 ; Ifé-Inra, 2012 ; Ires Orléans-Inra, 2012 ; Ifen, 2005 ; Insee, 2009 ; Léonard *et al.*, 2009.

Synthèse du groupe érosion de Haute-Normandie (Programme de Recherche « Risque Décision Territoire » du Ministère en charge de l'Écologie)
http://www.rdtrisques.org/projets/digetcob/bib/techniques_ruis/

Cartographie de l'aléa d'érosion des sols en France
http://erosion.orleans.inra.fr/index2.php

Partie 3

Au laboratoire

Chapitre 11

Organisations pédologiques à l'échelle des minéraux argileux

Daniel TESSIER, Folkert VAN OORT

Dans les sols, les propriétés chimiques et physiques dépendent en grande partie de la nature, de la composition et de l'organisation d'une fraction très fine, non observable à l'œil nu, composée notamment de minéraux argileux appelés communément argiles. Les argiles peuvent être héritées du matériau parental ou être néoformées sur place par recombinaison d'éléments chimiques solubilisés après altération de **minéraux primaires**. Au sens minéralogique, les argiles se définissent par leur organisation en feuillets : ce sont des phyllosilicates. L'étude des minéraux argileux nécessite d'isoler la fraction granulométrique inférieure à 2 µm qui renferme l'essentiel des phyllosilicates, mais aussi des constituants accessoires : des composés de gels amorphes ou des minéraux cristallisés à courte distance[25] (**allophanes**, **imogolites**), des fragments de quartz, de feldspath, de calcite ou des oxydes et hydroxydes de fer et d'aluminium. Dans ce chapitre, nous présenterons successivement la constitution chimique et structurale des grands types de phyllosilicates, leurs modes spécifiques d'empilement à différentes échelles, leur réactivité vis-à-vis de l'eau (hydratation, gonflement/retrait) et le rôle des cations chimiques couramment présents dans la solution du sol. Soulignons que dans les sols des régions tempérées, comme en France, la composition des argiles est généralement un mélange de différentes espèces (illites, kaolinites, vermiculites, smectites). Dans d'autres régions du monde, des conditions d'altération plus agressives peuvent être à l'origine d'une formation massive d'espèces argileuses de nature monominérale, mais dont la nature varie selon les conditions pédoclimatiques, parfois sur des distances de quelques kilomètres seulement. Ainsi, en milieu volcanique tropical insulaire, la nature des argiles contrôle en très grande partie le comportement macroscopique des sols. Ces relations seront illustrées ici par des exemples de sols de la Guadeloupe.

---

25.   Dits aussi minéraux paracristallins (*short range ordered minerals* en anglais). Minéraux constitués de très petits cristaux, identifiables seulement avec certaines techniques.

▶▶ Les différents niveaux d'organisation des argiles

Pour comprendre le comportement macroscopique des sols, les propriétés physiques et chimiques des argiles des sols doivent être appréhendées en considérant les différents niveaux d'organisation, du feuillet avec une épaisseur de l'ordre du nanomètre (10^{-9} m) jusqu'à l'échelle macroscopique, visible à l'œil nu.

Les feuillets

Les phyllosilicates sont constitués d'un empilement régulier de couches de tétraèdres et d'octaèdres (figure 11.1). Ceux-ci sont formés de cations et d'anions, en général des ions oxygènes (O^{2-}) ou hydroxyles (OH^-) qui l'entourent. Ces anions de grande taille sont organisés en couches compactes qui délimitent des cavités où se logent les cations : selon la taille des cavités et le rayon des cations, on trouve Si^{4+}, Al^{3+} (parfois Fe^{3+}) dans les tétraèdres, et Al^{3+}, Mg^{2+}, Fe^{3+} et Fe^{2+} dans les octaèdres. L'assemblage des couches superposées de tétraèdres et d'octaèdres forme les feuillets.

On distingue classiquement deux grands types de feuillets : les argiles dites « 1:1 » comportent une couche de tétraèdres et une couche d'octaèdres (dites aussi « Te-Oc »), comme par exemple la kaolinite (figure 11.1a), et les argiles dites « 2:1 » comportent deux couches de tétraèdres qui encadrent une couche d'octaèdres (dites aussi « Te-Oc-Te »), comme les illites (figure 11.1b), les smectites et les vermiculites (figure 11.1c). D'une argile à l'autre, mais aussi pour un même type d'argile dans des conditions pédoclimatiques différentes, les feuillets peuvent avoir des extensions latérales très variables, de quelques micromètres à quelques millimètres. Dans la littérature, la représentation schématique courante consiste à joindre les centres des oxygènes et/ou hydroxyles sans faire apparaître la taille relative des ions (figure 11.2). Cette représentation est donc quelque peu trompeuse quant à la réalité de l'organisation de la phase solide. Enfin, il existe des minéraux argileux de type « 2:1:1 » («Te-Oc-Te-Oc »), les chlorites.

Pour que la structure soit stable, le bilan des charges des cations et anions qui constituent le feuillet doit s'annuler. Pour la kaolinite, de formule chimique proche de $Si_2O_5Al_2(OH)_4$, cette charge est quasi nulle. Cependant, des cations avec un rayon voisin mais une charge différente se substituent fréquemment les uns aux autres (***substitution isomorphique***) au sein des couches tétraédriques (Si^{4+}/Al^{3+}) ou octaédriques (Al^{3+}/Mg^{2+}), notamment dans le cas des argiles 2:1. Il en résulte un déficit de charge : le feuillet porte des charges négatives permanentes, qui confèrent en grande partie la réactivité chimique des argiles, à l'origine de la capacité d'échange cationique (CEC). Ce déséquilibre électrique des feuillets est compensé par des cations dits compensateurs qui se trouvent à l'extérieur des feuillets, tels que Ca^{2+}, Mg^{2+}, K^+, Na^+. Ces cations, entourés de molécules d'eau, sont présents à la surface ou entre les feuillets en position interfoliaire (figure 11.1b, c). De ce fait, ils sont très mobiles et s'échangent avec les cations présents dans la solution environnante. Ce phénomène d'échange, très important pour les sols, est à l'origine de la réserve minérale en éléments indispensables et disponibles pour la plante.

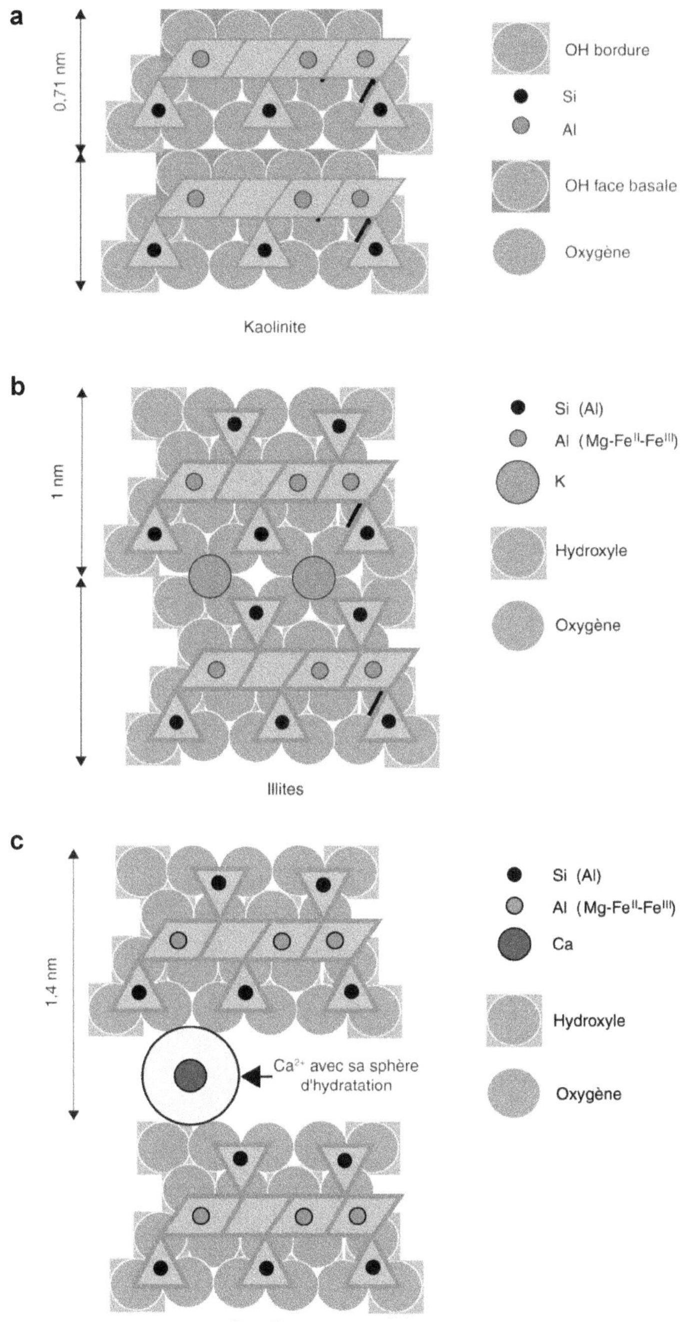

Figure 11.1. Structure et composition des feuillets des minéraux phyllosilicatés de type Te-Oc comme la kaolinite (**a**) et de type Te-Oc-Te comme dans les micas, illites (**b**) et smectites (**c**). Dans cette représentation, la taille relative des anions et cations est respectée. Un cation de calcium hydraté occuperait l'espace d'un parallélogramme de quatre oxygènes.

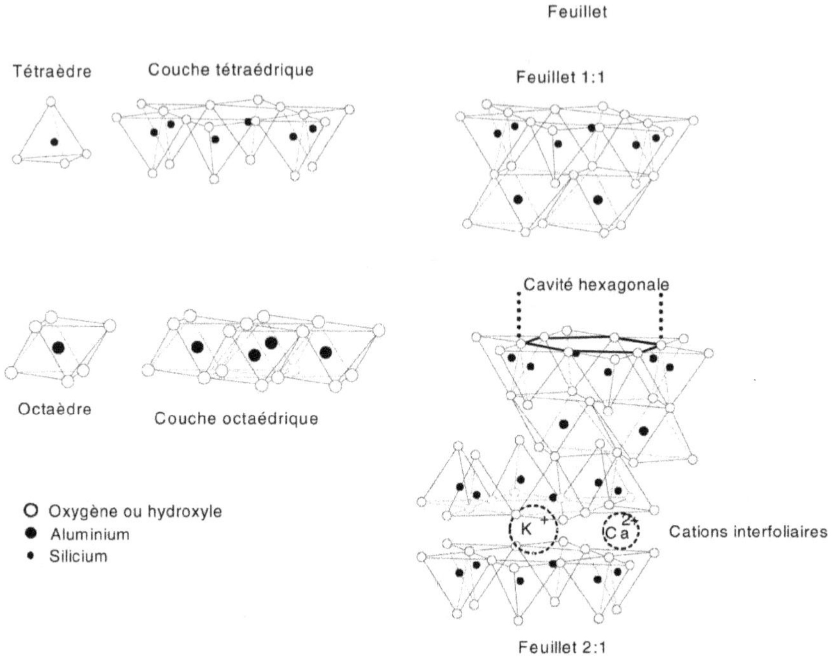

Figure 11.2. Représentation « classique » de la structure des minéraux phyllosilicatés (d'après Caillère *et al.*, 1982) ; la taille relative des anions ne reflète pas la réalité de la structure des argiles.

Les cristallites

Pour observer les argiles des sols à l'échelle des feuillets, il faut atteindre des grandissements supérieurs à 50 000 que seul le microscope électronique à transmission (MET) permet d'obtenir (Chenu et Tessier, 1995 ; Elsass *et al.*, 2008). De telles études montrent que les feuillets d'argile se présentent rarement de façon isolée dans les sols. La superposition face-à-face de plusieurs feuillets, sur une distance généralement uniforme ou au contact sur une grande partie de leur longueur, forme des cristaux ou cristallites d'argile (photo 11.1). Pour les minéraux Te-Oc, la distance de feuillet à feuillet est le plus souvent fixe (0,7 nm pour la kaolinite) et il n'y a pas d'espace disponible entre eux. En revanche, pour les minéraux Te-Oc-Te, cette distance peut être fixe (1,0 nm pour l'illite) ou variable, en fonction de la teneur en eau de l'argile (de 1,0 à plus de 2,0 nm pour les smectites). Pour ces dernières, on parle de « *tactoïde* » quand l'empilement des feuillets est désordonné et la distance entre feuillets éminemment variable. La distance entre les feuillets varie aussi selon la nature des cations compensateurs (Ca, Mg, Na en particulier), ainsi qu'avec la teneur en eau et la concentration de la solution du sol (Tessier, 1984, 1991). Signalons enfin qu'à côté du faciès planaire des cristallites et commun à la plupart des argiles en feuillets, certaines argiles, comme les halloysites, peuvent présenter des faciès sphérulaires ou tubulaires.

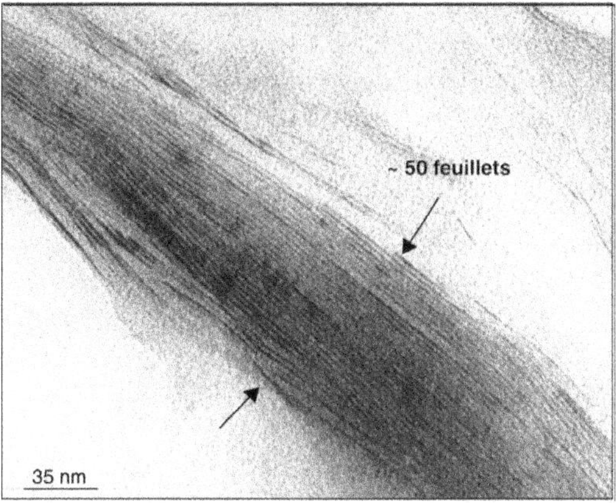

Photo 11.1. Photo au MET montrant l'empilement d'environ 50 feuillets formant un cristallite de smectite calcique (Tessier, 1984).

Les agrégats de cristallites, notion de particule argileuse

Dans la plupart des matériaux argileux, même en utilisant un dispersant très efficace, le microscope électronique à balayage (MEB) ne permet généralement d'observer que des particules d'argile beaucoup plus grandes que les cristallites eux-mêmes (photo 11.2a).

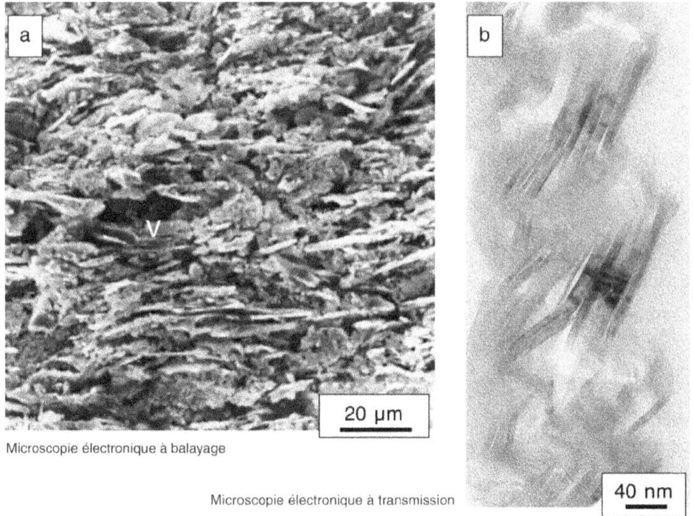

Photo 11.2. Particules de phyllosilicates de type mica dans un sol de haute montagne, libérées par altération de calcschistes sédimentaires (horizon C, van Oort *et al.*, 1987).
a. Le MEB montre l'alignement des particules micacées et des vides (v) de décarbonatation. **b.** Le MET montre que l'organisation interne des particules est composée de cristallites parallèles comprenant plusieurs dizaines de feuillets de mica.

Dans les sols et les sédiments, ces particules sont très souvent le produit de l'altération de minéraux primaires, comme par exemple un mica dans le cas du granite ou d'un schiste. L'organisation interne des particules argileuses conserve alors en partie la microstructure initiale de la roche (photo 11.2b). Des liants et ciments d'origine minérale, (par exemple, oxydes de fer) ou organiques (par exemple, polysaccharides) participent à l'édification et à la stabilité des structures agrégées des sols (voir chapitres 2, 3 et 12).

Morphologie des particules et propriétés physico-chimiques associées

La variabilité de la composition chimique et de l'organisation des feuillets d'argile est à l'origine d'une grande diversité des propriétés physico-chimiques et physiques des matériaux argileux, notamment quant à leur réactivité chimique et leurs surfaces réactives (tableau 11.1). Ainsi, la kaolinite se présente généralement sous la forme de plaquettes hexagonales, rigides et de grande épaisseur (jusqu'à plusieurs centaines de nanomètres) avec un empilement de 100 à 300 feuillets : ce sont là les particules élémentaires. La kaolinite présente peu de **substitutions isomorphiques**, le déficit de charge permanent est très faible et plus des trois quarts de la capacité d'échange cationique est le résultat des charges de bordure, variables, dont le nombre dépend du pH. La surface spécifique développée par la kaolinite, exclusivement due à la surface extérieure des particules, est faible, le plus souvent de l'ordre de quelques mètres carrés par gramme ($m^2\ g^{-1}$) seulement. Les particules d'illite se présentent sous forme d'agrégats de cristallites, souvent de faible extension latérale, comportant une dizaine de feuillets, et sont de ce fait également rigides. Ces particules ont aussi été appelées « microdomaines » (Tessier, 1984).

Tableau 11.1. Morphologie et propriétés de surface des particules de grands types d'argile (valeurs compilées à partir de Baver *et al.*, 1972 ; Chamayou et Legros, 1989 ; Wada, 1989 ; Calvet, 2003).

	Type de feuillet	Morphologie	Épaisseur	Extension	Nombre de feuillets	CEC	Surface spécifique
			μm			cmol kg⁻¹	m² g⁻¹
Allophane	Cristallisé à courte distance	Grappes de sphérules	0,002–0,005	0,002–0,005	–	10–40*	> 1000
Kaolinite	1:1	Plaquettes hexagonales	0,05–0,2	0,2–4	70–300	3–15*	5–10
Illite	2:1	Agrégat de cristallites	0,02–0,04	0,1–0,6	20	10–40	80–150
Montmorillonite	2:1	Tactoïde	0,005–0,1	0,1–2	10–150	80–150	150–800

* Variable en fonction du pH.

Par contre, dans le cas des smectites, la définition de particule est plus complexe : la particule « primaire » est constituée de quelques feuillets seulement mais par accolement face-à-face de ces particules se forment des édifices de plus grande taille (quasi-cristaux), dont le nombre de feuillets constitutifs dépend des conditions physico-chimiques et hydriques. Les particules de smectite et notamment les montmorillonites se distinguent par une grande extension latérale des feuillets et des cristallites pour une faible épaisseur ; la présence de cations échangeables interfoliaires hydratés confère une grande flexibilité aux particules. L'association face-à-face de ces entités à grande extension latérale explique leur organisation en réseau tridimensionnel. Les smectites ont un taux de substitution important conduisant à des valeurs élevées de la CEC (80 à 150 centimoles par kilogramme, cmol kg^{-1}). Par ailleurs, selon l'accessibilité de leurs espaces interfoliaires – qui dépend de la nature des cations compensateurs et de l'hydratation – leur surface spécifique peut atteindre 800 m^2 g^{-1} : ainsi, avec 1 kg de montmorillonite, il serait possible de couvrir 80 hectares !

▸▸ Évolution de l'organisation des argiles

L'une des caractéristiques fondamentales des argiles, du fait de leur charge électrique superficielle, réside dans leur aptitude à s'hydrater et à changer de volume, spécialement dans le domaine énergétique de l'eau disponible pour le développement des plantes. Dans les sols, la présence de pores de taille millimétrique est souvent liée à l'action des êtres vivants (racines, vers de terre, termites ou encore champignons), à des fissures résultant de la dessiccation ou encore à des effets purement mécaniques liés au gonflement, comme les plans de cisaillement avec des surfaces de glissement (photo 11.3), appelés slickensides. Ces plans de rupture macroscopiques

Photo 11.3. Faces de glissement ou « slickensides », traits caractéristiques des vertisols. Photo P. Mc Daniel, Univ. Idaho.

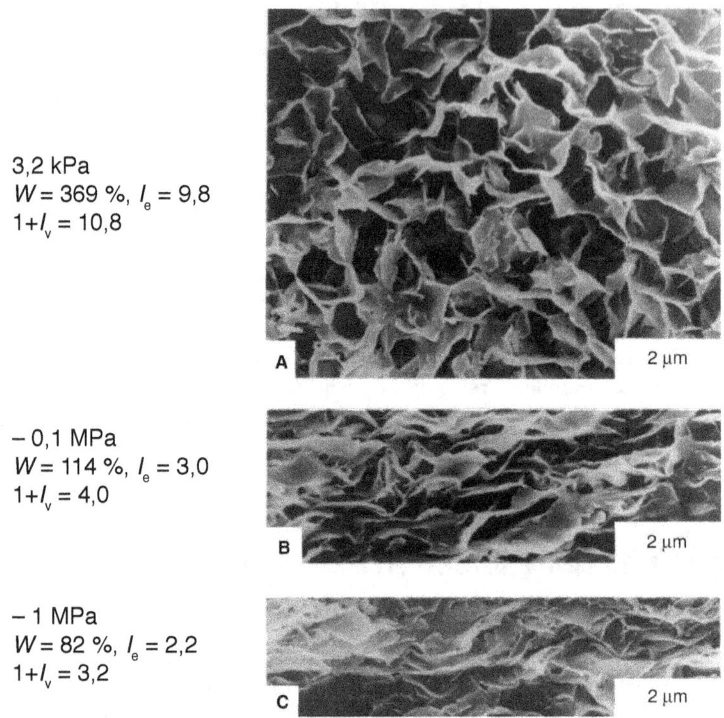

Photo 11.4. Évolution de l'organisation et du volume apparent de la montmorillonite à trois potentiels de l'eau (pressions de succion de –3,2, –100 et –1000 kPa ; observation au MET à l'état hydraté (Tessier, 1984). L'organisation de l'argile prend la forme d'un réseau poreux déformable. W = teneur en eau pondérale ; I_e, I_v = indices d'eau et des vides, respectivement, (en cm³ par cm³ de solide).

sont en particulier liés au fait que les argiles des sols peuvent, à l'échelle de l'arrangement des particules, changer de géométrie en fonction de leur teneur en eau (photo 11.4). Généralement, plus les matériaux argileux sont desséchés, plus la rétention en eau est assurée par des pores de petite taille (voir chapitre 16) résultant des microstructures engendrées par les minéraux finement divisés. Selon la teneur en eau, les matériaux argileux changent radicalement d'état physique et peuvent passer d'un état solide et cohérent, à l'état sec, à un matériau aisément déformable en présence d'eau, voire à une boue ou une suspension après agitation dans l'eau.

Relations entre la variation de volume et la teneur en eau

La figure 11.3 donne un aperçu des variations de volume des argiles en fonction de leur teneur en eau. Les résultats sont présentés en fonction du potentiel de l'eau et couvrent la gamme des rétentions de l'eau depuis une pression de succion de l'eau de 0,1 bar (potentiel de l'eau de –1,0 kilopascal, kPa) jusqu'à un séchage à

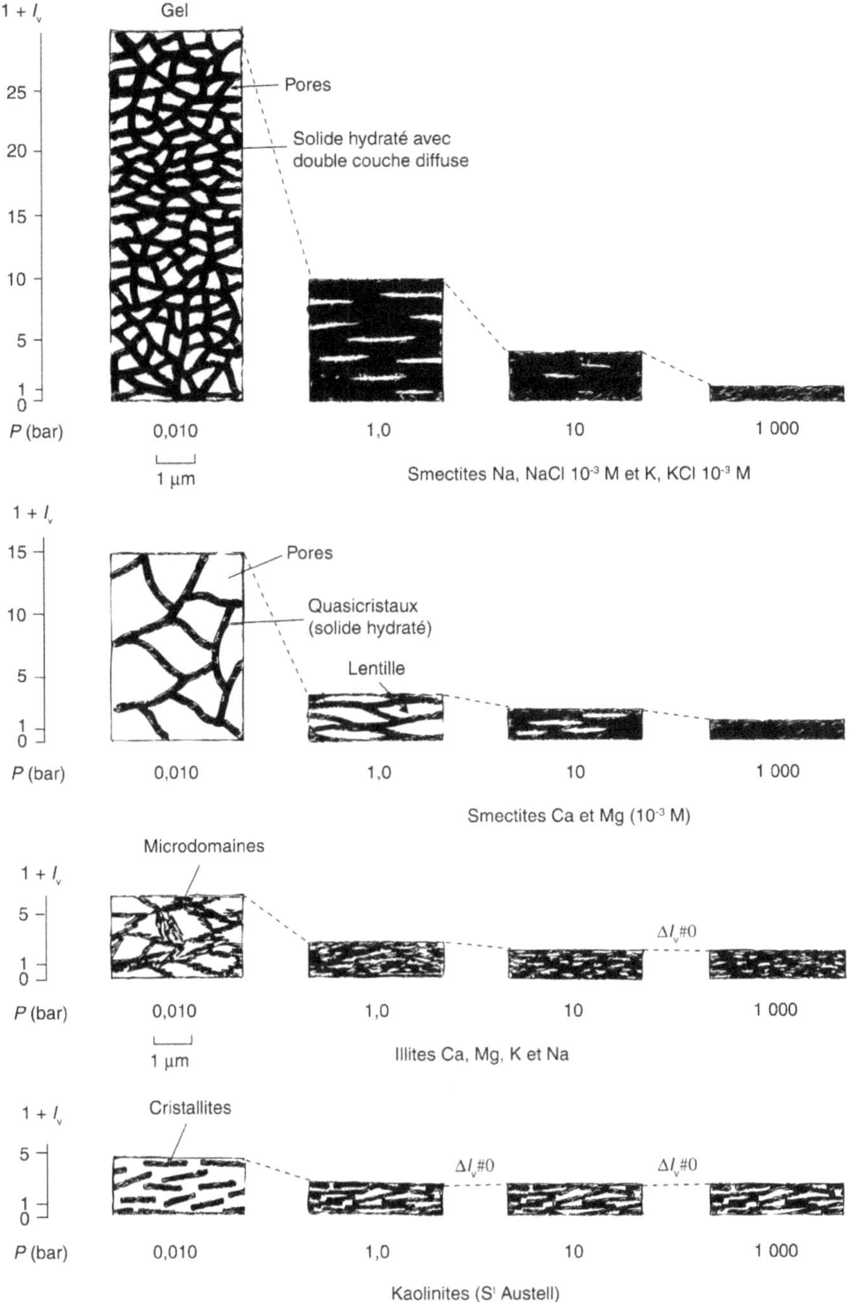

Figure 11.3. Évolution schématisée du volume apparent (solide + vide) et de l'organisation générale des grands types de matériaux argileux lors de la dessiccation pour des pressions de succion de –1, –100, –1000 kPa et –100 MPa (dessiccation à l'air). Pour faciliter la comparaison entre les différents types d'argile, le volume de solide est de 1 cm³ et le volume de vides exprimé en cm³ de vide pour 1 cm³ de solide (d'après Tessier, 1984).

l'air équivalent à 1000 bars (–100 mégapascals, MPa). La kaolinite comme l'illite sont toujours plus faiblement hydratées que les smectites et ce, quel que soit le cation échangeable, à savoir Ca^{2+}, Mg^{2+}, Na^+ ou K^+. En outre, il existe une grande différence entre les cations monovalents (Na^+, K^+) et les cations divalents (Ca^{2+}, Mg^{2+}), ces derniers conférant aux argiles des propriétés d'hydratation bien moindres que les argiles K ou Na. Ceci illustre l'importance de la présence de solutés dans les sols, notamment lorsque du chlorure de sodium est présent. Dans un horizon contenant du NaCl, le sodium, même en ne remplaçant que partiellement le calcium, en change les propriétés : gonflement exacerbé, dispersion accrue dans l'eau, prise en masse et disparition de la porosité d'aération et d'infiltration. L'effet est encore amplifié lorsque la concentration en NaCl de la solution du sol devient très diluée : on passe alors du phénomène de salinité à celui de *sodicité* (sols salins, voire sols sodiques). C'est la raison des amendements avec du gypse ($CaSO_4$) fréquemment effectués dans le cas des sols sodiques, permettant de remplacer Na^+ par Ca^{2+} et de lutter ainsi contre la sodicité, sans en modifier le pH.

Par ailleurs, un potentiel de l'eau de –0,1 MPa (1 bar) est suffisant pour mettre en contact les particules argileuses des kaolinites et des illites. Pour des pressions plus fortes, les mesures indiquent que ces argiles ne changent plus de volume : la limite de retrait est atteinte (figure 11.3). En fait, les argiles les moins hydratables sont aussi celles qui se rétractent le moins. Ceci vient du fait que leurs cristallites sont empilés au contact et sont très rigides : ils empêchent les matériaux argileux de se rétracter davantage. *A contrario*, avec des argiles dont les feuillets sont séparés par des cations hydratés, comme la montmorillonite, les feuillets peuvent glisser les uns sur les autres et se courber pour atteindre des masses volumiques supérieures à 2,0 g par cm^3, ce qui induit des changements considérables de volume (figure 11.3). Par conséquent, dans les sols contenant ces minéraux, comme les vertisols, l'argile est à l'origine d'une dynamique importante de la structure et de l'espace poral. Les smectites des sols (dont la montmorillonite) sont appelées des argiles « gonflantes ».

Importance de l'histoire énergétique

Il est bien connu que les sols des régions arides sont globalement plus denses que les sols des régions tempérées. De même, en fonction des conditions de mise en place ou sous l'effet de fortes dessiccations liées à la mise en culture par exemple, la densité des sols et donc leur porosité peut varier de manière très importante sans que la nature et la quantité d'argile elles-mêmes changent. Ceci vient du fait que le comportement des matériaux naturels est fortement lié à leur histoire, notamment énergétique. Ainsi, pour un horizon enrichi en argile, si le sol s'est développé sur place sans transport par érosion ou solifluxion, ses propriétés d'hydratation et de gonflement seront moindres que celles d'un matériau argileux transporté par érosion. Ceci a été illustré dans de nombreux articles, mais a aussi été très bien montré en laboratoire (Bruand et Tessier, 2000). Une forte dessiccation provoque souvent une certaine irréversibilité de l'hydratation et une agrégation des particules.

▸▸ Relations entre la nature des argiles et les propriétés des sols : exemples de sols en Guadeloupe

Les îles tropicales volcaniques connaissent de forts gradients de topographie, de température, de précipitations et de végétation sur de courtes distances, à l'origine des minéraux secondaires résultant de l'altération des roches volcaniques. En réponse à ces variations se développent différents types de sols (andosols, Nitosols, ferrallitisols, Lithovertisols) organisés en *chrono-toposéquences*, avec leur cortège de constituants secondaires propre : allophanes, halloysites, kaolinites, smectites, respectivement. Ces compositions minéralogiques confèrent à ces sols des propriétés chimiques et physiques caractéristiques et contrastées (tableau 11.2). Ces environnements constituent donc un milieu modèle pour étudier les relations entre l'organisation à l'échelle des minéraux argileux et les propriétés macroscopiques des sols (Robert et Herbillon, 1990).

Les comportements physiques divergents sont particulièrement bien illustrés par la courbe de retrait, qui met en relation le changement du volume d'eau et du volume total des vides d'un échantillon de sol au cours de la dessiccation. La figure 11.4 montre des courbes de retrait pour différents horizons argileux de quatre sols de la Guadeloupe (tableau 11.2). Les conditions expérimentales d'obtention de ces courbes et le mode d'expression des résultats sont détaillées au chapitre 16. La photo 11.5 présente les microstructures caractéristiques de ces matériaux, observées en microscopie optique polarisante sur des lames minces, ainsi que la morphologie et l'organisation des édifices argileux observés en microscopie électronique à transmission.

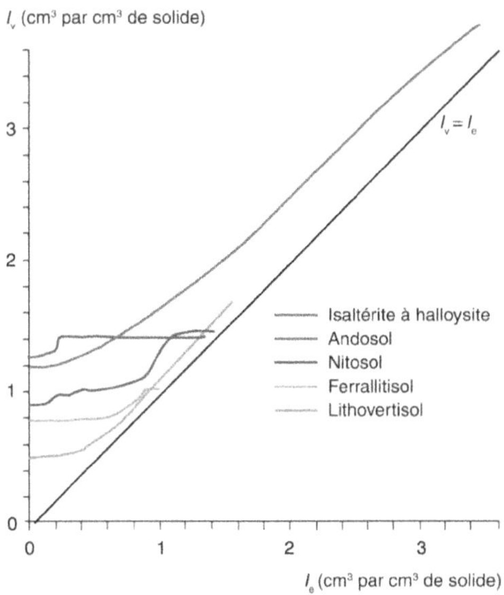

Figure 11.4. Courbes de retrait mettant en relation l'évolution des volumes d'eau et de vides relatifs à 1 cm³ de solide. I_v = indice des vides, I_e = indice d'eau. Ces courbes ont été réalisées sur des échantillons centimétriques provenant des horizons caractéristiques de différents sols argileux de la Guadeloupe (modifié d'après van Oort, 2001).

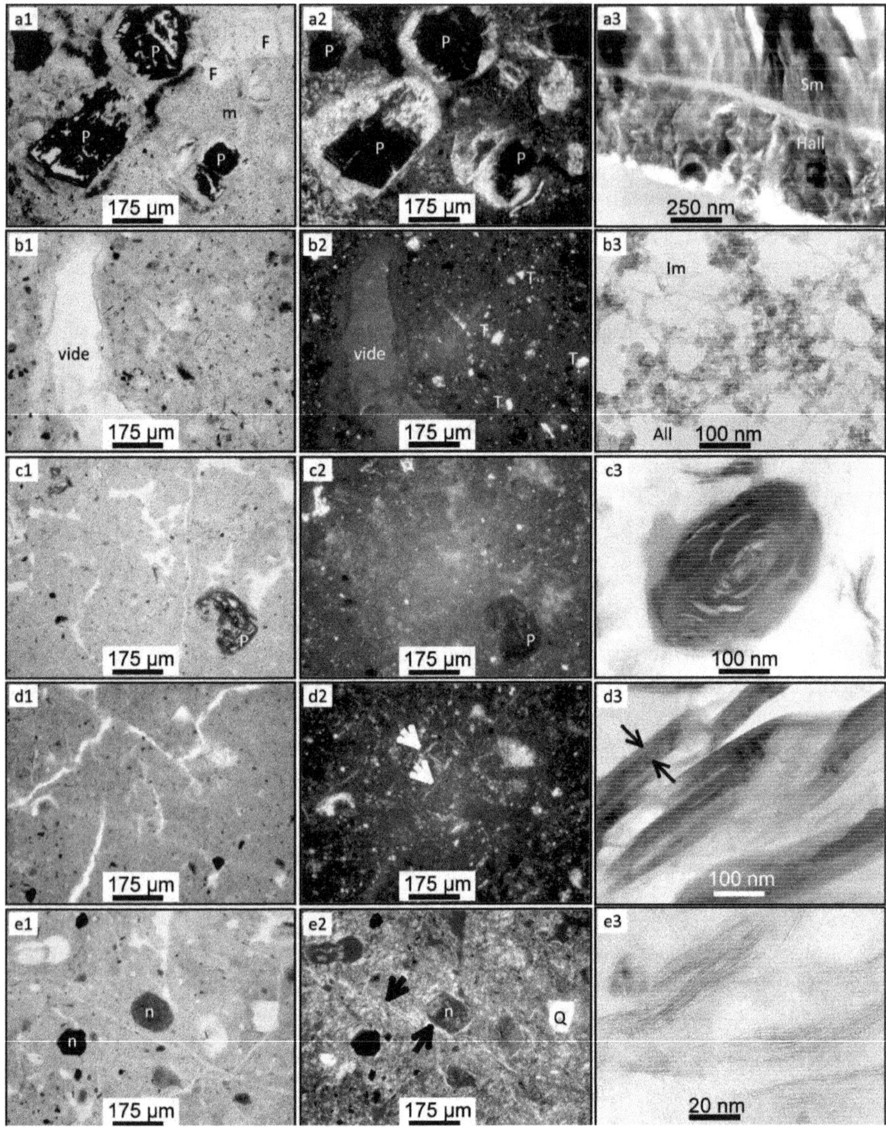

Photo 11.5. Observations en microscopie optique de la microstructure et en microscopie électronique à transmission (MET) de l'organisation des minéraux argileux dans les principaux types de sols de la Guadeloupe.

a. Altération météorique d'une roche volcanique sous climat tropical humide en isaltérite avec conservation de l'architecture des minéraux primaires ; les phénocristaux de Feldspath (F) et les micro-feldspaths sont transformés en halloysite (en blanc) constituant la matrice fine (m) du matériau, ponctuée de fines particules noires d'oxyde de fer (magnétite, **a1**) ; les phénocristaux de pyroxène (P) s'altèrent en oxydes de fer de couleur rouge (**a2**) qui soulignent d'anciens plans cristallins. Au sein de ces pseudomorphes, l'étude au MET (**a3**) révèle la préservation de smectite (Sm) dans des zones nettement délimitées, résultant d'une phase d'altération hydrothermale antérieure avec des conditions de lixiviation restreintes. Elles sont ceinturées par des zones d'halloysite (Hall) organisées en bandes, qui signalent les anciennes fissures intraminérales avec des conditions de lixiviation plus ouvertes (Jongmans *et al.*, 1999).

b. Andosol : assemblage plasmique isotrope (**b1**, **b2**) de l'horizon Sal indiquant la présence prédominante de minéraux cristallisés à courte distance, les éléments grossiers sont des oxydes de fer (magnétite) et des silicates de haute température (tridymite, T) ; le MET montre un réseau d'agrégats d'allophanes et de fibres d'imogolite (**b3**) qui forment un gel fortement hydraté.

c. Dans les Nitosols, la matrice a une couleur claire (**c1**, témoignant de peu de fer libre) et inclut un pseudomorphe ferrugineux (P), on observe localement des orientations anisotropes (biréfringence) de la matrice argileuse (**c2**) indiquant la présence de minéraux argileux cristallisés et des phénomènes de gonflement/retrait. L'étude au MET (**c3**) montre la présence de particules d'halloysite tubulaire avec des feuillets enroulés : à fort grossissement, on peut mesurer l'épaisseur du feuillet élémentaire : 0,745 nm.

d. Dans les ferrallitisols, la microstructure est organisée en micro-agrégats, de taille sableuse et de couleur brun orange due à la présence notable d'oxydes de fer (**d1**), et montre des phénomènes de biréfringence (flèches) en lumière polarisée (**d2**). Le MET (**d3**) montre des particules de kaolinite, composées de plusieurs dizaines de feuillets (flèches) dont l'épaisseur élémentaire est de 0,716 nm.

e. Dans les Lithovertisols, on observe de nombreux nodules de fer (n) et quelques grains de quartz (Q) dans la matrice fine de couleur pâle (**e1**) ; mais en lumière polarisée (**e2**), une forte anisotropie de l'organisation plasmique est visible, notamment autour des grains de sable et le long des pores et fissures (flèches). Ceci illustre les phénomènes de gonflement/retrait avec réorientation du solide, favorisée par la morphologie des particules flexibles de smectite (**e3**) constituée de quelques feuillets seulement : l'épaisseur du feuillet élémentaire est de 1,47 nm.

Série 1 : Microscopie optique (MO), lumière naturelle ; série 2 : MO, lumière polarisée ; série 3 : MET.

Andosols à allophane

Situés en haut des ***chrono-toposéquences*** de la Guadeloupe, les andosols proviennent de la transformation de matériaux volcaniques (andésites) récents sous un climat constamment humide. Ces conditions conduisent à une formation massive de gels d'aluminosilicates hydratés, d'aspect isotrope (photo 11.5b1, b2) : les allophanes et imogolites (photo 11.5b3). Ces constituants confèrent un aspect « spongieux » aux andosols qui se distinguent par leur teneur en eau élevée (teneur en eau massique $W \approx 150\ \%$) pour une faible masse volumique (densité apparente $D_a < 0,6\ \text{g/cm}^3$). Lors de la dessiccation, la perte d'eau s'accompagne d'une diminution équivalente du volume poral et le retrait s'effectue parallèlement à la droite de saturation (figure 11.4). La limite de retrait est atteinte quand les matériaux prennent la forme de grappes de sphérules au contact. Suivant les cas, la densification reste relativement faible, car le matériau contient encore de nombreux fragments de roche en voie d'altération. Ainsi, dans la figure 11.4, la porosité sèche atteint 1,1 cm^3 par cm^3 de solide ($D_a = 1,15\ \text{g/cm}^3$).

Cependant, la densification des andosols peut également être très forte quand les matériaux allophaniques sont purs. Par exemple, dans l'archipel des Açores, sur l'île de Pico, des valeurs exceptionnelles de teneurs en eau (W d'environ 500 %) et de densité apparente (D_a de 0,16 g/cm^3) ont été mesurées dans des horizons riches en allophanes (Fernandez, 2002) : après une forte dessiccation, la valeur de D_a atteint 1,57 g/cm^3. Enfin, il est à noter que dans tous ces cas de figure la forte capacité de rétention en eau est largement et irréversiblement perdue après des dessiccations plus ou moins fortes. Dans le cas de l'andosol des Açores, la reprise d'eau est de 240 % après une dessiccation à –1,6 MPa (16 bars, équivalant à l'humidité au point de flétrissement) et de 30 % seulement après une dessiccation à l'air (–100 MPa), ce qui représente une perte respectivement d'environ 50 % et jusqu'à plus de 90 % par rapport à la teneur en eau initiale de 500 % dans ces sols sous les conditions climatiques naturelles de terrain.

Tableau 11.2. Caractéristiques minéralogiques et physiques de quelques sols argileux de la Guadeloupe. Les données de la densité apparente (Da) et de la teneur en eau (W) sont des valeurs moyennes d'une dizaine d'échantillons de 1 à 10 cm3 (voir chapitre 16). A : allophane ; H : halloysite ; K : kaolinite ; S : smectite ; Gi : gibbsite ; Fe-ox : oxydes de fer (ferrihydrite, goethite, magnétite) ; tr. : trace ou présent en quantité accessoire ; Surf. spéc. : surface spécifique totale déterminée au glycérol.

Type de sol (horizon)	Argile dominante	Altitude	Pluviométrie	Teneur[4] < 2 μm	D_a hum	D_a sec	$W2$ −320 kPa	$W4.2$ −1,6 MPa	Surf. spéc.	Particularités
		m	mm/an	g/kg	cm³/g		g/100 g		m²/g	
Andosol (Sal)[1]	A, Fe-ox	890	> 4500	14*	0,53	1,11	140	61	108	Sols maraîchers sur les flancs de la Soufrière ; irréversibilité de certaines propriétés physiques après dessiccation
Nitosol (Sn)[2]	H	32	2500	825	1,15	1,40	45,5	38,8	160	Sols jeunes, fertiles sous bananeraie ; irréversibilité partielle après dessiccation
Isaltérite ferrallitique (C)[1]	H, K, tr. S, Gi, Fe-ox[3]	38	1900	130*	1,14	1,21	45,5	19,0	99	Matériau rigide, altération de la roche volcanique
Ferrallitisol (F)[1]	K, Fe-ox, tr. Gi	100	1700	598*	1,35	1,55	35	30	94	Sols vieux, sous canne à sucre, acides, peu fertiles, compactés
Lithovertisol (V)[1]	S	10	1400	720	1,10	1,81	52	9,8	340	Sols sur calcaire corallien, fertiles, fort gonflement/retrait

[1] van Oort, données non publiées ; [2] d'après van Oort et Dorel, 1990 ; [3] d'après van Oort *et al.*, 1994 ; [4] teneurs en fraction < 2 μm déterminée par analyse granulométrique avec dispersion selon la norme Afnor NF X 31-107. Dans le cas des analyses marquées avec *, cette dispersion est seulement partielle, comme en témoignent des études en micromorphologie (voir chapitre 13).

Nitosols à halloysite

Les sols à halloysite se développent plus bas sur les pentes, sur des matériaux volcaniques plus anciens. En milieu tropical, l'altération météorique des roches volcaniques conduit généralement à une transformation quasi totale des minéraux primaires altérables en minéraux secondaires (argiles, oxydes) par ***pseudomorphose***, c'est-à-dire en conservant l'architecture initiale (van Oort *et al.*, 1994 ; Jongmans *et al.*, 1999). Ainsi, dans l'horizon C, on peut encore reconnaître l'architecture initiale des feldspaths et pyroxènes dans la matrice du sol, entièrement altérés et constitués de minéraux néoformés (photo 11.5a) : c'est ***l'isaltérite***. L'extraction de l'eau dans une isaltérite n'entraîne quasiment pas de diminution de volume jusqu'à la dessiccation complète (D_a passe seulement d'environ 1,1 à 1,2 g par cm^3). De ce fait, l'isaltérite se comporte comme un matériau rigide (photo 11.5a) avec le plus souvent une dispersion de l'argile dans l'eau limitée (voir tableau 11.2). Ce type de microstructure confère à l'isaltérite une grande stabilité physique, malgré les fortes teneurs en particules fines (voir chapitre 16). Cette propriété est idéale pour obtenir des fondations stables sous les constructions. Dans l'horizon caractéristique des Nitosols (horizon Sn), la microstructure est microagrégée, mais des orientations dans la ***matrice*** (avec biréfringence) indiquent des réarrangements de particules d'argile (photo 11.5c1, c2) sous l'effet du gonflement/retrait. Au début de la dessiccation, la courbe de retrait reste horizontale (figure 11.4), correspondant au domaine énergétique de l'eau subi par le sol en conditions naturelles (–1 à –320 kPa). Au-delà, la dessiccation provoque l'effondrement de la structure avec une perte de volume d'environ 30 %. Enfin, pour de très fortes déshydratations (> –100 MPa), un retrait résiduel s'observe qui correspond à la déshydratation de l'argile (passage de l'halloysite 1,0 nm à 0,7 nm). La densification maximale du matériau est limitée (l'indice des vides $I_v \approx 0,95$ cm^3 par cm^3 de solide, $D_a = 1,36$ g par cm^3, comparable à celle de l'isaltérite et s'explique par la rigidité des particules d'halloysite tubulaires (photo 11.5c3) qui limite leur rapprochement, malgré le fort pourcentage d'argile du sol.

Ferrallitisols à kaolinite

Les ferrallitisols à kaolinite et à forte teneur en oxydes de fer se développent sur des matériaux volcaniques anciens, fortement altérés. La structure de l'horizon caractéristique (horizon F) est microagrégée et montre des orientations de la matrice fine (photo 11.5d1, d2). La courbe de retrait (figure 11.4) présente une allure semblable à celle des Nitosols, avec deux différences essentielles : la première partie horizontale est plus étendue, car les sols sur matériaux anciens ont subi l'effet de variations climatiques plus importantes et depuis plus longtemps ; l'effondrement de structure est réduit, car le sol s'est fortement consolidé au cours du temps. La densification maximale est comparable à celle des andosols et Nitosols (I_v d'environ 0,8 cm^3 par cm^3 de solide), car la rigidité des particules de kaolinite (photo 11.5d3) limite leur rapprochement.

Lithovertisols à smectite

Sous climat à saison sèche marquée, en bas de la toposéquence et dans des zones de plaine, enrichies en Si, Al, Mg et Ca, se développent les Lithovertisols. Leurs structures, à toutes les échelles, tiennent aux propriétés caractéristiques des argiles dites « gonflantes » : les smectites. Ainsi, dans les sols en conditions naturelles, l'horizon caractéristique (horizon V) présente une structure continue avec de très nombreuses réorientations de l'argile, autour des grains de sable et des pores, qui témoignent d'importants phénomènes de gonflement/retrait (photo 11.5e1, e2). La morphologie et la flexibilité des particules de smectites (photo 11.5e3) permettent des réajustements permanents de la structure au cours de la dessiccation. La courbe de retrait est parallèle et proche de la droite de saturation (figure 11.4), jusqu'à des potentiels de l'eau très élevés (–32 MPa). Au-delà, un retrait résiduel s'observe, correspondant à la déshydratation partielle des espaces interfoliaires. Au cours de la dessiccation, l'indice des vides I_v diminue (passant de 1,6 à 0,5 cm^3 par cm^3 de solide, soit –70%) tandis que la valeur de D_a augmente d'environ 1,0 à 1,8 g par cm^3, ce qui représente la plus forte valeur de densité observée dans les sols argileux de la Guadeloupe (figure 11.4 et voir chapitre 16). Jusqu'à l'atteinte de la limite de retrait, il y a peu d'air au sein des éléments structuraux prismatiques (qui peuvent mesurer jusqu'à environ 1 m de diamètre), le matériau est toujours quasi saturé en eau, expliquant les nombreux phénomènes d'oxydation/réduction et notamment la présence de nodules de fer et de manganèse dans ces sols (photo 11.5e1, e2). Enfin, dans les Lithovertisols, contrairement aux propriétés physiques des sols à allophane et à halloysite des zones montagneuses soumis à des fortes pluviométries, les forts changements de volume sont parfaitement réversibles et les fissures décimétriques qui s'ouvrent au cours de la période sèche se ferment dès les premières pluies (photo 11.6). Le mouvement vertical du sol peut atteindre près de 10 cm (Ozier-Lafontaine et Cabidoche, 1995), comme l'illustre la figure 2.E1).

Photo 11.6. Fissuration superficielle dans un vertisol (Utah, États-Unis). Photo P. Mc Daniel, Univ. Idaho.

▸▸ Conclusions et enseignements

La nature et l'organisation des minéraux argileux déterminent pour une part importante les propriétés physico-chimiques et physiques macroscopiques des sols. Pour bien comprendre leur comportement et afin de prévoir leurs évolutions sous des pressions anthropiques ou des contraintes climatiques, il est donc indispensable de considérer la nature des argiles et plus précisément de prendre en compte l'échelle d'étude des minéraux argileux. En outre, compte tenu des évolutions considérables dans l'organisation des argiles en fonction de l'ambiance chimique, mais surtout de l'histoire énergétique des matériaux argileux, il est essentiel de considérer l'humidité à laquelle des études sont réalisées.

On considère encore trop souvent les constituants minéraux des sols comme des édifices stables, qui évoluent avec des pas de temps longs. Cependant, des études récentes montrent que des évolutions importantes dans leur fonctionnement peuvent se manifester à des pas de temps courts. Quant aux microstructures, des changements s'observent sous contrainte de la dessiccation, provoqués par l'extraction d'eau par les plantes en agriculture intensive. Dans certains cas, les évolutions peuvent impacter la phase solide même des sols, notamment en modifiant la nature et l'organisation des minéraux argileux. Ainsi, dans le dispositif expérimental de longue durée des 42 parcelles de l'Inra de Versailles, l'acidification entraîne la dissolution des minéraux argileux et la fertilisation chimique importante et répétée, notamment en potasse, entraîne une illitisation des smectites (fermeture de l'espace interfoliaire), très marquée après 80 ans, diminuant la réactivité chimique de la fraction argileuse des sols (Pernes-Debuyser *et al.*, 2003). Des résultats analogues ont été obtenus, en moins de trente ans, dans l'horizon superficiel de sols cultivés en semis direct (Limousin et Tessier, 2006). Enfin, dans des sols soumis à l'épandage massif d'eaux usées urbaines, utilisées pour l'irrigation des cultures maraîchères, la percolation des grands volumes d'eau a provoqué, en un siècle, la dissolution des argiles smectitiques dans les horizons de surface et l'apparition de smectites alumineuses, voire d'intergrades à comportement de chlorite (van Oort *et al.*, 2008, 2013), accompagnée d'une diminution considérable de la CEC dans les horizons les plus affectés.

Pour mieux comprendre la durabilité des systèmes cultivés ou naturels, il faut donc améliorer nos connaissances de l'impact des pratiques sur l'évolution à court et moyen terme des constituants fins des sols. Sans négliger des variations relevant du statut organique ou de l'activité biologique des sols, les études minéralogiques peuvent êtres des marqueurs pertinents de leurs évolutions et, *in fine,* de leur fertilité. Pour cela, on ne peut pas se contenter d'une étude qualitative des constituants (en diffraction des rayons X, par exemple), mais il faut quantifier les phases argileuses en présence et mener en parallèle des études sur leur réactivité.

Pour en savoir plus

Beragaya *et al.*, 2006 ; Caillère *et al.*, 1982 ; Calvet *et al.*, 2003 ; Decarreau, 1990 ; Dixon, Weed, 1989.

Chapitre 12

Associations
matières organiques/matières minérales

Remy ALBRECHT, Éric P. VERRECCHIA

Les associations matières organiques/matières minérales peuvent être considérées à diverses échelles : celle de la molécule, au sein de l'association d'unités élémentaires organiques (macromolécules) ou minérales (cristaux), à celle de l'agrégat ou encore du solum dans son ensemble. À l'échelle macroscopique, la vie influence directement l'organisation de la porosité par l'action des racines et des animaux du sol, et donc le développement structural. De plus, le vivant reste un acteur déterminant de la formation de minéraux secondaires, notamment par des processus de biominéralisation ou par la redistribution des éléments solubles au sein de la matrice. À l'échelle microscopique et submicroscopique se forment des complexes organominéraux. Ces derniers représentent généralement plus de 50 % du carbone organique dans les sols (Stevenson, 1994).

Il est également connu que l'emplacement des matières organiques des sols (MOS) à l'intérieur des unités structurales influence leur dynamique par des mécanismes physiques ou chimiques. Ainsi, la question de la nature des complexes organo-minéraux et de la microstructure des sols constitue un axe majeur de recherche dans de nombreuses disciplines telles que l'agronomie, la pédologie ou encore l'étude de l'impact des changements climatiques.

Bien que le fort engagement international durant la dernière décennie sur des sujets comme le stockage et la séquestration du carbone ait engendré une augmentation des efforts de recherche sur la détermination de la nature des liens entre matière organique et matière minérale, il demeure surprenant que, 150 ans après les premières études, il n'existe toujours pas de consensus général sur cette question. Le présent chapitre va discuter dans un premier temps de la nature des complexes organo-minéraux et de leur influence sur la microstructure. Dans une seconde partie, le rôle du monde vivant et de son association avec le monde minéral seront illustrés au travers d'exemples de biominéralisation, c'est-à-dire de processus menant à l'influence directe ou induite de la vie sur la formation et la redistribution des phases minérales.

▸▸ Les complexes organo-minéraux

Structure du complexe argilo-humique

Les associations de matières organiques avec les phases minérales impliquent de nombreux processus chimiques et sont regroupées sous le nom de complexe organo-minéral. Une large part des caractéristiques physiques et chimiques des sols dépend de la nature de ces complexes.

Ainsi, déterminer la nature et la formation de ces complexes est primordial en agronomie. Il est en effet fréquemment observé que les argiles ont tendance à « stabiliser » les MOS et que, à toute autre condition du milieu égale, une corrélation étroite lie les teneurs en carbone et en argiles. Il est également admis que la majeure partie de la **matière organique humifiée** (voir encadré 12.1) est intimement liée à la fraction minérale. Il reste toutefois difficile de connaître avec précision la surface exacte des particules argileuses couverte par des composés humiques. Quant à la nature des liaisons, plusieurs mécanismes sont impliqués (figure 12.1).

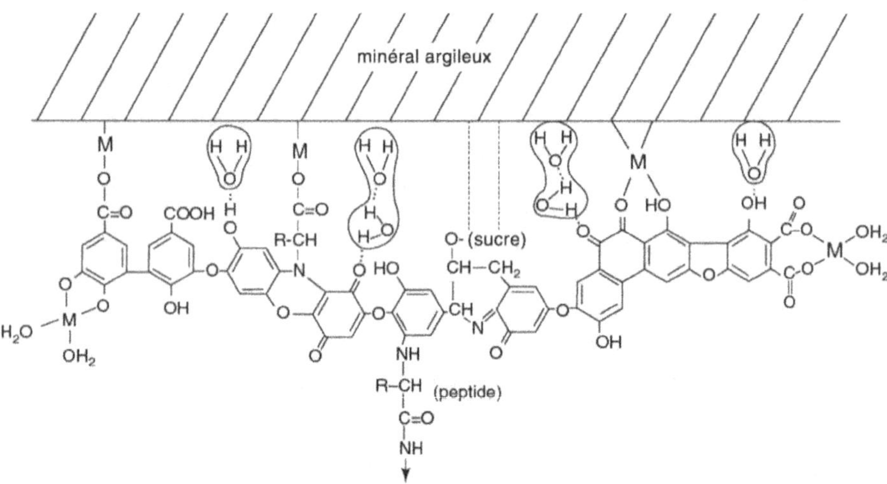

Figure 12.1. Mécanismes d'interactions entre les MOS et la surface minérale d'une argile. La figure représente des ponts cationiques (M) et hydrogène (eau), ainsi que des interactions de type Van der Waals (par l'intermédiaire d'un sucre). D'après Stevenson et Ardakani (1972).

Pontages cationiques

Les mécanismes de pontage se produisent lors de l'adsorption de groupements fonctionnels organiques anioniques à carboxylates ainsi que des groupements polaires non chargés tels que les groupes amino-, carboxyle et hydroxyle sur des surfaces minérales comportant des cations échangeables (figure 12.1). Ces groupements

> **Encadré 12.1. Les substances humiques**
>
> **Les substances humiques** ou matières organiques humifiées sont des mélanges complexes de matériaux organiques suivant une distribution en taille, forme et masse très hétérogène. Les substances humiques sont produites par des réactions chimiques et biochimiques lors de la décomposition des résidus microbiens et végétaux (processus d'humification). Les biopolymères végétaux (lignine, cellulose et hémicelluloses), leurs sous-produits, ainsi que des polysaccharides, la mélanine, la cutine, des protéines, des lipides, des acides nucléiques, etc., sont les substances prépondérantes intervenant dans ce processus. Les substances humiques sont des composantes majeures des matières organiques dans les sols et les eaux ainsi que dans les dépôts géologiques organiques tels que les sédiments lacustres, tourbes, lignites et autres schistes. Elles sont en partie responsables de la couleur brune caractéristique de débris végétaux en décomposition et contribuent à la couleur brune ou noire dans les sols. Enfin, les substances humiques affectent les propriétés physiques et chimiques des sols et améliorent leur fertilité.

organiques de la MOS remplacent une molécule d'eau de la couche primaire de solvatation et sont ainsi **directement** coordonnés aux cations échangeables des matières minérales. Plus un cation a une énergie de solvatation élevée, moins il est probable que les molécules d'eau de la couche primaire de solvatation soient déplacées. Les principaux ponts cationiques (figure 12.2) sont :
- les ponts calciques observés dans les sols calcaires (complexes très solides) ;
- les ponts constitués d'hydroxydes de fer et d'aluminium dans les sols brunifiés.

Figure 12.2. Révélation macroscopique par la couleur de la nature des ponts cationiques du complexe argilo-humique dans les sols : du pontage calcium à celui du fer. Photos : É. Verrecchia.

Liaisons par pont hydrogène

Les composés organiques polaires ou anioniques de la MOS peuvent également former des ponts hydrogène avec les molécules d'eau de la couche primaire de solvatation des cations échangeables et sont **indirectement** coordonnés aux cations échangeables des surfaces minérales.

Adsorption physique de type forces de van der Waals

Les forces de van der Waals sont des interactions de très faible énergie entre deux molécules mais dont la contribution peut s'avérer considérable dans le cas de d'adsorption de molécules polaires neutres et apolaires, en particulier pour celles ayant un poids moléculaire élevé.

Effet hydrophobe

L'effet hydrophobe résulte du rapprochement de deux composés apolaires ou peu polaires dans un milieu aqueux afin de maximiser le nombre de liaisons hydrogène. La conséquence est le remplacement de molécules d'eau de la surface des argiles par des composés organiques. Ces liaisons sont d'autant plus prononcées que les masses moléculaires des composés organiques adsorbés sont élevées.

Complexes de coordination

Outre les liaisons ioniques, les composés organiques anioniques de la matière organique du sol peuvent également interagir avec les surfaces minérales par des mécanismes de liaisons spécifiques ou complexes de coordination cationiques (que l'on nomme ligands). Ces interactions sont plus fortes que les liaisons ioniques et se produisent lorsque les groupes anioniques pénètrent la couche de coordination des ions aluminium ou fer et sont incorporés à la surface minérale. Leur présence et leur activité dépendent de la nature chimique des constituants minéraux. En dehors du fer, les métaux les plus abondants dans les sols sont l'aluminium et le manganèse. Leurs combinaisons avec la matière organique sont moins intéressantes que celles à base de fer car, d'un côté, la liaison avec l'aluminium est très forte et provoque un blocage de la matière organique et, de l'autre, celle avec le manganèse est trop instable et sensible à la lixiviation. Les métaux sont d'autant plus mobiles que le milieu est acide et leur surabondance entraîne des problèmes de toxicité pour l'activité microbienne et pour la croissance des plantes.

Dans les sols, le complexe argilo-humique forme une matrice souvent de couleur foncée. Son étude à l'échelle moléculaire révèle d'étroites liaisons chimiques entre des feuillets d'argiles et de grosses molécules organiques entraînant la formation d'unités structurales que sont les agrégats et les micro-agrégats.

▸▸ Niveau d'organisation : agrégats et micro-agrégats

La structure est un des facteurs pédologiques principaux agissant sur la croissance des plantes[26], du fait de son influence sur la pénétration des racines, la température du sol, les échanges gazeux et hydriques, ainsi que sur l'émergence des semis (voir chapitre 2). L'état de cette structure a ainsi un effet important sur l'établissement des

---

26. Les plantes, en se développant, agissent en retour sur la structure (voir chapitres 2 et 3).

cultures, leur croissance et leur rendement. Les structures pédiques sont définies par la combinaison ou l'arrangement d'éléments solides, les agrégats, indépendants ou séparés par des surfaces de moindre résistance (voir chapitre 4). La stabilité de ces agrégats est directement liée à la granulométrie de l'horizon, à la nature des minéraux argileux, à la teneur et à la nature des matières organiques, aux agents de cimentation et, en sols agricoles, à l'héritage lié au passé cultural (voir chapitre 10).

Le terme de structure pour un milieu granulaire correspond à l'arrangement spatial entre les particules solides et les espaces vides. Pour des sables grossiers ou des graviers, les particules sont faiblement liées et ont tendance à adopter des configurations de moindre énergie (figure 12.3A). En revanche, dans le cas des structures « construites », l'agencement des particules les plus fines a tendance à adopter une structure hiérarchique. Ainsi, les particules minérales primaires, généralement associées avec des matières organiques, forment de petits amas ou micro-agrégats. En s'associant, ceux-ci forment à leur tour de plus larges amas ou macro-agrégats, comme schématisé à la figure 12.3B et illustré en photo 12.1.

La stabilisation des MOS revêt une grande importance pour la compréhension des cycles biogéochimiques tant au niveau d'un écosystème qu'à l'échelle mondiale. Cependant, les mécanismes de sa stabilisation sont encore aujourd'hui très mal compris.

Selon leur taille et la nature de leurs ciments, Gobat *et al.* (2010) subdivisent les structures agrégées construites en quatre catégories :
— les micro-agrégats de 2 à 20 µm, très stables, formés de MOS fortement aromatiques liées aux argiles et aux limons fins, et de polysaccharides bactériens ;
— les micro-agrégats de 20 à 250 µm, contenant des limons grossiers et des sables, agrégés par des polysaccharides bactériens ;
— les macro-agrégats de 250 à 2000 µm, formés des précédents et de sables grossiers reliés par des polysaccharides, des cellules bactériennes et du mycélium ;
— les macro-agrégats de plus de 2000 µm, composés des précédents associés à des particules de MO libre, des racines et du mycélium.

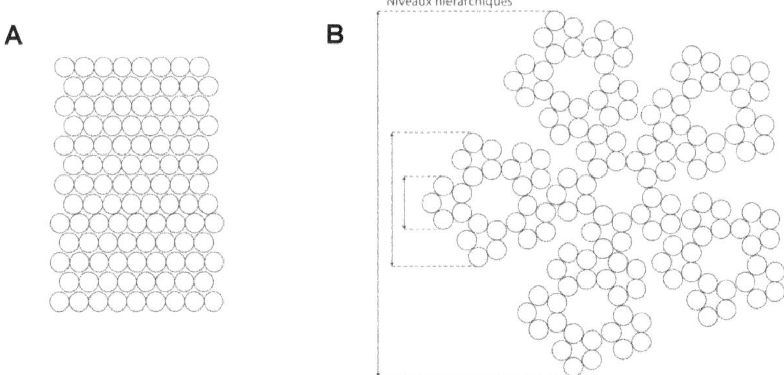

Figure 12.3. Schéma théorique de l'arrangement de particules isométriques lors de l'agrégation.
A. Système non hiérarchisé de particules. **B.** Système hiérarchisé de particules.

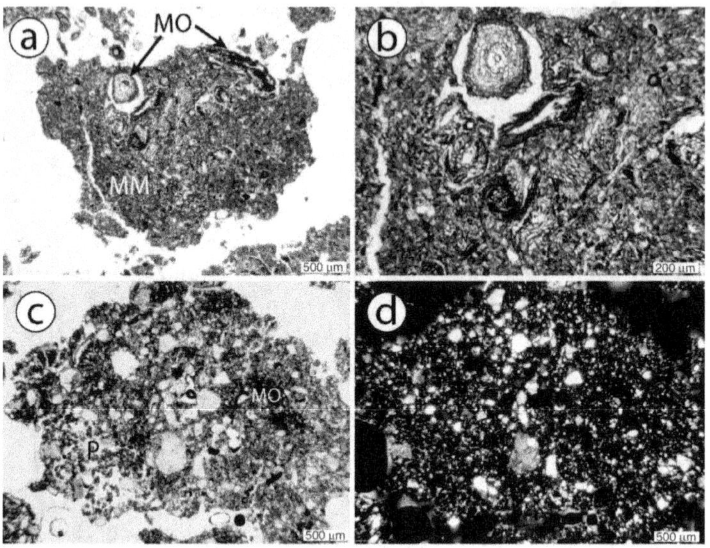

Photo 12.1. Exemples d'agrégats où se mêlent matière organique (MO) et matière minérale (MM). Photos : É. Verrecchia.
a. Agrégat dans un Calcisol (horizon Sci). On y voit de la matière organique figurée (nombreux chenaux et sections de racines dans la photographie en **b**) et de la matière déjà partiellement humifiée (traces noires). **c.** Vue d'un agrégat au sein d'un horizon A de Néoluvisol en lumière naturelle. Le mélange de MM et de MO est intime. Une partie de l'agrégat est même composée de boulettes fécales (P) **d.** Vue du même agrégat en lumière polarisée.

Une représentation schématique des interactions entre composés organiques et minéraux au niveau microscopique est présentée dans la figure 12.4.

Les micro-agrégats sont considérés comme des ensembles à carbone très stable (Six *et al.*, 2000). Cependant, la genèse et la dynamique de ces micro-agrégats demeurent controversées. Deux principaux mécanismes sont proposés afin d'expliquer leur formation et la stabilisation à long terme de la MOS :

— historiquement, dès 1902, Schloesing propose l'idée que les micro-agrégats « organo-minéraux » (20-250 µm) se forment par interactions métalliques ou grâce à des ligands organiques réagissant avec les surfaces minérales. La nature et la force de ces liaisons organo-minérales dépendent du type et de la surface des particules minérales ;

— plus récemment, d'autres scientifiques ont plaidé pour un mécanisme dans lequel les microagrégats se forment lorsque des débris organiques se retrouvent entourés par de fines particules minérales (par exemple, Six *et al.*, 1998).

Ces deux processus de formation des micro-agrégats (par interactions organo-minérales ou par occlusion des débris par des particules minérales) ne s'excluent absolument pas. Cette question n'est toujours pas tranchée mais l'émergence d'une nouvelle génération d'outils pourrait apporter certaines réponses.

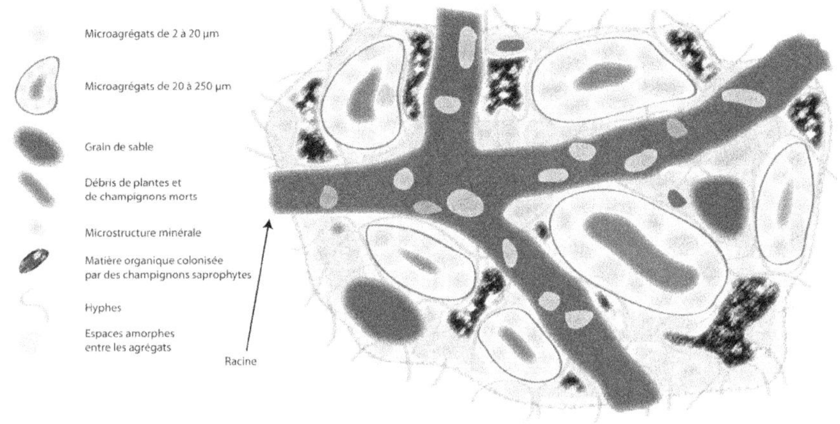

Figure 12.4. Composants organiques et minéraux à l'intérieur d'un macro-agrégat (d'après Jastrow et Miller, 1998).

En effet, les techniques dites « synchrotrons » telles que la NEXAFS (*Near Edge X-ray Absorption Fine Structure* pour analyse spectroscopique par absorption de rayons X) et le FTIR (*Fourier-Transform InfraRed*, outil de spectroscopie infrarouge à transformée de Fourier) permettent de visualiser la distribution du carbone à l'échelle micro- et nanométrique, ainsi que ses différentes formes chimiques. Ainsi, Lehmann *et al.* (2007) ont montré grâce à ces techniques, pour certains types de sols (sols peu évolués et ferrallitisols), une prédominance de l'adsorption de composés organiques sur les surfaces minérales et non l'occlusion de débris organiques comme processus initial et dominant de la stabilisation du carbone.

▸▸ Biominéraux, redistributions biologiques et structure

Biominéralisation et êtres vivants

Les matières organiques vivantes contribuent bien évidemment à l'émergence ou la modification de la structure, par le rôle de la faune du sol, l'implication mécanique des racines et les bioturbations multiples qui leur sont associées. Un autre mode d'intervention, souvent plus négligé, mérite que l'on s'y arrête : celui de la biominéralisation au sens large. On entend par biominéralisation l'ensemble des processus biologiquement induits ou contrôlés menant à la précipitation de minéraux (Dove *et al.*, 2003). Ces processus peuvent être génétiquement programmés ou non. Les racines, par exemple, sont capables de remobiliser des éléments et donc de les réarranger ou de les déplacer d'un endroit à un autre. Elles peuvent aussi contribuer à la formation directe de minéraux dans leurs structures cellulaires.

Bio-ségrégations

En puisant dans la solution du sol, les plantes acquièrent leurs nutriments. Les eaux circulant dans les sols altèrent les minéraux, dissolvent les gaz et s'enrichissent de composés et ions variés qui, par leur composition et leur concentration définies par des lois d'équilibre (et de cinétique), président à la source nutritive des plantes (Sposito, 2008). La rhizosphère constitue la zone privilégiée de ces échanges entre la plante et la solution du sol. Par la succion racinaire et l'absorption active ou passive des phases en solution, la plante opère une sorte de sélection (Callot *et al.*, 1982), conduisant à des accumulations relatives de composés à proximité des zones de succion : la solution du sol peut donc atteindre localement des concentrations importantes en certains éléments et conduire à des reprécipitations. Par exemple, il n'est pas rare de retrouver, autour de fines radicelles soumises à des eaux chargées en carbonate de calcium dissous, de petites accumulations de micrite (calcaire finement cristallisé ; photo 12.2a, b) résultant de l'influence directe de la racine sur la solution du sol. Le phénomène peut même prendre de l'ampleur en conduisant à la formation de manchons racinaires entièrement carbonatés et souvent très bien préservés dans les sols anciens et les paléosols sous forme de rhizolithes. De même, à l'échelle microscopique, l'influence de la radicelle vis-à-vis de la mobilité du fer et de sa fixation est tout aussi observable : autour de la radicelle se forment des auréoles rougeâtres et jaunâtres, riches en oxyhydroxydes de fer (photo 12.2c, d), témoins de l'influence de la racine.

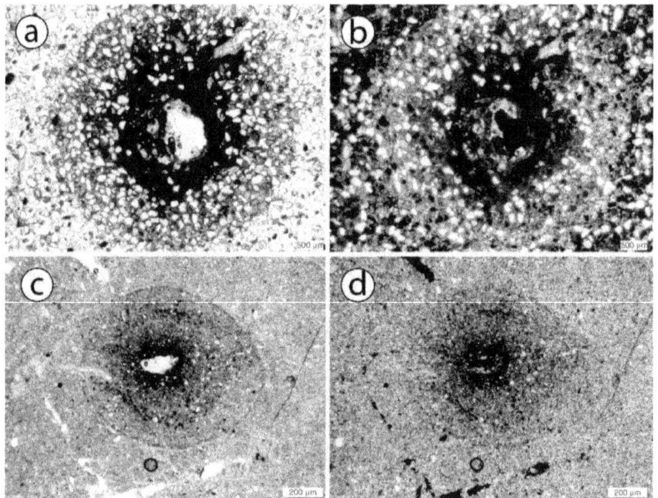

Photo 12.2. Exemples d'agrégation de matière par des radicelles. Photos : É. Verrecchia.
a. Concentration de carbonate de calcium dans un Calcosol sableux. Les auréoles montrent bien un gradient de concentration dans la solution. Au centre, il y a de fins cristaux de calcite (micrite) ; tout autour, on observe des ciments microsparitiques ; en périphérie, on peut voir une zone d'appauvrissement. La zone indurée crée une hétérogénéité dans la structure. Lumière naturelle. **b.** Idem, en lumière polarisée. **c.** Auréoles d'oxyhydroxydes de fer autour d'un trou de racine. Les fentes montrent une formation agrégée privilégiée autour de cette accumulation. Lumière naturelle. **d.** Idem, en lumière polarisée.

Les conséquences sur la structure de telles activités biologiques sont évidentes : les ségrégations orchestrées par le vivant sur les phases minérales conduisent à la formation de zones : 1) plus cimentées et donc plus résistantes à la désagrégation ; pouvant conduire 2) à des indurations telles que certains volumes deviennent inaccessibles aux organismes vivants et, par conséquent, 3) à des hétérogénéités dans la structure. D'un autre côté, cette activité de redistribution des phases minérales contribue à la formation d'agrégats dont la stabilité ne repose plus uniquement sur les liens avec les MOS, mais aussi sur le renforcement de l'agrégation des particules par des ciments de faible induration.

Biominéraux

Les biominéraux sont le résultat des processus de biominéralisation. Ils ne peuvent exister sans l'intervention des êtres vivants. En général, ce sont les coquilles ou les squelettes qui viennent spontanément à l'esprit (les fragments de coquilles sont d'ailleurs des éléments communs dans les sols, en particulier celles de gastéropodes). Mais les plantes, les champignons et même les vers de terre (par la formation de leurs granules carbonatés à partir de glandes calcifères ; photo 12.3a) sont tout aussi capables de conduire à la formation de cristaux dans des cellules spécialisées ou dans certaines parties de leur organisme. Il s'agit donc ici d'une association étroite entre le monde vivant et le monde minéral, qui a parfois des conséquences inattendues sur la structure.

Certaines plantes, par exemple, sont capables de précipiter du carbonate de calcium dans les vacuoles de leurs racines. Ce processus a été abondamment documenté par Jaillard (1987). Ces structures, dites rhizomorphes, forment des petits grains de carbonate de calcium provenant de cellules racinaires calcifiées (photos 12.3b, c, d). Pouvant être très abondantes, elles s'accumulent sous la forme de sables dits cytomorphes, modifiant ainsi les propriétés texturales et par conséquent structurales des horizons où elles se développent (Jaillard, 1987 ; Verrecchia, 2011). Assez résistantes à l'altération dans les contextes où leur précipitation a lieu, les cellules racinaires calcifiées peuvent perdurer sur des siècles et peuvent donc servir de marqueurs dans les paléosols (Becze-Deak *et al.*, 1997).

Un autre exemple spectaculaire implique l'activité fongique. Certains champignons filamenteux sont capables de précipiter de très grandes quantités de carbonate de calcium sous forme de « calcite en aiguilles » (photo 12.4, Cailleau *et al.*, 2009). Les processus impliqués restent encore incertains, mais ces reprécipitations, que l'on trouve partout, aussi bien en milieu boréal que sous les tropiques, mais aussi dans les sols sous climats tempérés, contribuent à des redistributions très substantielles du carbonate de calcium dans les milieux carbonatés et même très faiblement carbonatés.

Dans des Calcosols issus de grèzes, dans le Jura ou en Bourgogne, la présence de ces aiguilles est telle que l'horizon affecté s'en retrouve cimenté (photo 12.4a), du fait de ces minéraux formés dans le sol (photo 12.4d). Le milieu cesse partiellement et localement d'être percolant, la structure s'en trouve profondément modifiée (Millière *et al.*, 2011).

183

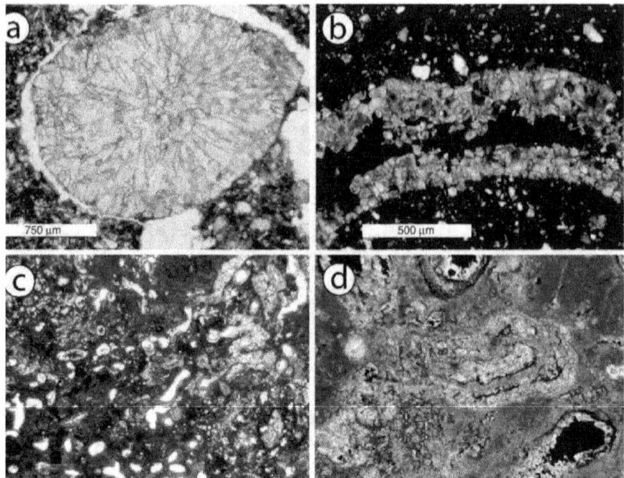

Photo 12.3. Biominéraux.
a. Granule de ver de terre dans un Brunisol Eutrique alluvial. Leur abondance est l'indice de brassage par les vers de terre et donc de bio-structuration. **b.** Exemple de cellules calcifiées de racines dans un Brunisol Eutrique issu de lœss. Ces carbonatations secondaires influencent localement la structure. **c.** Structuration d'abondantes radicelles d'un Calcosol issu de craie. Toute la porosité qui apparaît en blanc est due à des chenaux de racines. Les formes rondes à elliptiques de couleur crème sont des cellules de racines calcifiées. **d.** Détail donné en lumière polarisée. Photos : É. Verrecchia.

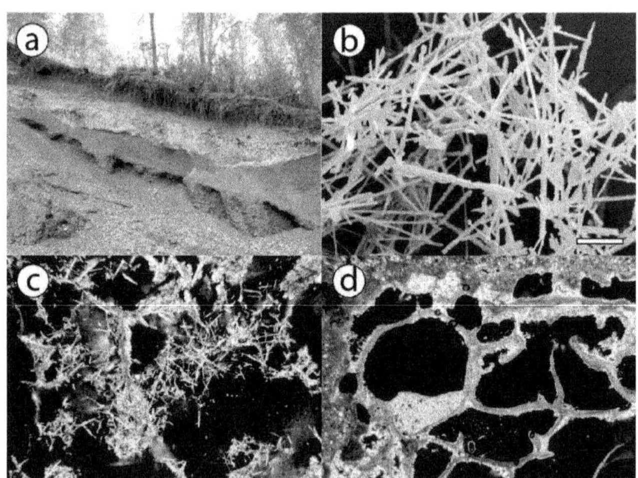

Photo 12.4. Reprécipitations de calcite en aiguilles.
a. Calcosol développé dans une grèze du Jura. La partie blanche est totalement envahie de calcite en aiguilles. Les horizons affectés sont partiellement ou totalement indurés (horizons Scak ou Km) et la structure initiale de l'horizon est totalement modifiée. **b.** Vue au microscope électronique à balayage de la calcite en aiguilles. Il s'agit de baguettes pouvant être cimentées entre elles. **c.** Vue en lumière polarisée de calcite en aiguilles dans un horizon Scak. Les aiguilles s'agglomèrent pour former des ponts. **d.** Ponts indurés de calcite en aiguilles entre deux agrégats dans un Calcosol. Cette architecture particulière parvient à cimenter les agrégats et à modifier la structure. En **a**, le sol mesure 2 m d'épaisseur. Dimensions des barres : **b**, 20 μm ; **c**, 200 μm ; **d**, 500 μm. Photos : É. Verrecchia.

⏵⏵ Conclusions

L'interaction entre les matières organiques des sols (MOS) et la phase minérale constitue un enjeu majeur pour définir la stabilité et le mode de formation des agrégats. Les matières organiques se manifestent sous de multiples formes dans les sols et ces formes sont conditionnées et conditionnent le mode des relations avec la matière minérale. Que ces structures micro-agrégées se forment par interactions métalliques, grâce à des ligands organiques avec les surfaces minérales, ou sous forme de fins débris organiques entourés par de fines particules minérales, elles assurent à l'échelle microstructurale, voire nano-structurale, la cohésion des agrégats. La matière organique non vivante n'est pas la seule à être impliquée : racines, méso- et micro-organismes vivant dans le sol, tous participent à des degrés divers à marier MOS et phases minérales. Dans certains cas, c'est même l'activité vivante qui contribue directement à la répartition de la matière minérale par des redistributions du plasma ou la néoformation de minéraux. Ces redistributions agissent sur la structure en modifiant les zones de faiblesse et d'induration dans certains horizons, voire en perturbent les propriétés en modifiant la distribution granulométrique du squelette. Propriété émergente de la rencontre de la lithosphère et de la biosphère, le sol et ses structures restent donc totalement dépendants des relations étroites et fonctionnelles entre les acteurs de ces deux mondes.

Pour en savoir plus

Becze-Deak, 1997 ; Callot *et al.*, 1982 ; Gobat, 2010 ; Soltner, 2011.

Chapitre 13

Les structures des sols analysées en microscopie optique et par des techniques submicroscopiques

Folkert VAN OORT, Toine JONGMANS, Eddy FOY

▸▸ Microstructures et microscopie optique

L'étude de la microstructure du sol occupe une place fondamentale dans la science du sol moderne (Pédro, 1987). Menée sur des échantillons dont l'architecture naturelle a été conservée, elle permet d'accéder à la constitution et à l'organisation du solide et des vides, à une échelle généralement peu ou pas accessible aux analyses plus « classiques » qui privilégient l'échelle de l'horizon ou celle de l'interface solide-liquide. Or, c'est à l'échelle des constituants élémentaires et des vides qui les séparent que l'on peut le mieux étudier les interactions entre la phase solide, les fluides et les êtres vivants, et donc les phénomènes qui régissent le fonctionnement physique, chimique et biologique des sols, ainsi que la pédogenèse.

Des facteurs externes au sol, comme la topographie, l'écoulement de l'eau, la végétation ou l'activité anthropique influencent l'organisation du solide et des vides à l'échelle microscopique, et des différences de microstructures notables peuvent s'observer entre des sols distants de quelques mètres seulement. Des différences mineures à l'échelle microscopique peuvent avoir des répercussions majeures sur le comportement des sols. Le couplage de la microscopie optique avec une très large palette de techniques analytiques submicroscopiques constitue alors une voie d'étude originale des sols (Stoops, 2003) intermédiaire entre le terrain et les études moléculaires au laboratoire.

Dans ce chapitre, nous illustrerons la pertinence de l'approche microscopique dans la compréhension du fonctionnement des sols, en couplant microscopie optique et techniques analytiques submicroscopiques et en l'appliquant à l'étude de l'incorporation et de la localisation des *éléments traces métalliques* (ETM) dans des sols.

Le sol, un milieu hétérogène organisé

Sur le plan de la constitution et de l'arrangement spatial, le sol est un milieu hétérogène et complexe, mais des organisations s'observent néanmoins à différentes échelles d'étude (voir chapitre 1), en particulier sous le microscope optique. L'organisation mutuelle du solide et de la porosité, en termes de taille, forme et arrangement des constituants solides par rapport aux vides, est appelée la microstructure (Stoops, 2003). Ce terme est utilisé pour les structures visibles au microscope à partir d'une magnitude de ×5 (Verpraskas et Wilson, 2008).

La microscopie optique

La microstructure des sols est étudiée par microscopie optique polarisante (MPOL) sur des lames minces d'échantillons de sols non remaniés. Le MPOL est muni de deux filtres polarisants, un polariseur et un analyseur, qui permettent d'étudier l'effet du dédoublement de la lumière en deux rayons de polarisation différents se propageant avec des vitesses différentes à travers des minéraux anisotropes : c'est la biréfringence. Les observations se font en lumière polarisée non analysée (dite lumière naturelle, LN) et en lumière polarisée analysée (LP). Pour les particules anisotropes non différenciables en microscopie optique (les argiles), l'expression des propriétés de biréfringence sont meilleures quand leur degré d'orientation augmente. Ainsi, le MPOL permet de reconnaître la plupart des constituants différenciables et fournit des informations sur la taille et le degré d'orientation des particules fines de la masse indifférenciée du sol.

Ces études sont le domaine de la micromorphologie des sols, qui est restée longtemps une science descriptive, visant à détailler, parfois à l'extrême, l'extrême variété des objets que l'on peut observer en lames minces. Quelques ouvrages présentent des concepts, des classifications et la terminologie indispensables à la description microscopique de la complexité des sols (Kubiena, 1938 ; Brewer, 1964 ; Bullock *et al.*, 1985 ; Stoops, 2003) ou se focalisent sur l'interprétation pédologique (FitzPatrick, 1993 ; Stoops *et al.*, 2010).

Résolution

L'échelle d'étude de la microscopie optique varie approximativement du centimètre à la dizaine de micromètres (figure 13.1). Les particules les plus fines, comme les argiles, ne sont donc pas visibles. Les assemblages élémentaires d'argiles sont étudiés en microscopie électronique à balayage (MEB) ou à transmission (MET, voir chapitre 11) dont le mode en haute résolution (METHR) atteint le nanomètre (Elsass *et al.*, 2008). Mais si la grande résolution de la microscopie électronique permet d'étudier la morphologie et l'épaisseur individuelle des feuillets des phyllosilicates, elle fournit des images en noir et blanc, et ne permet donc pas d'utiliser la couleur des phases minérales et organiques pour interpréter l'origine, la nature et l'organisation des constituants, un avantage réservé au MPOL.

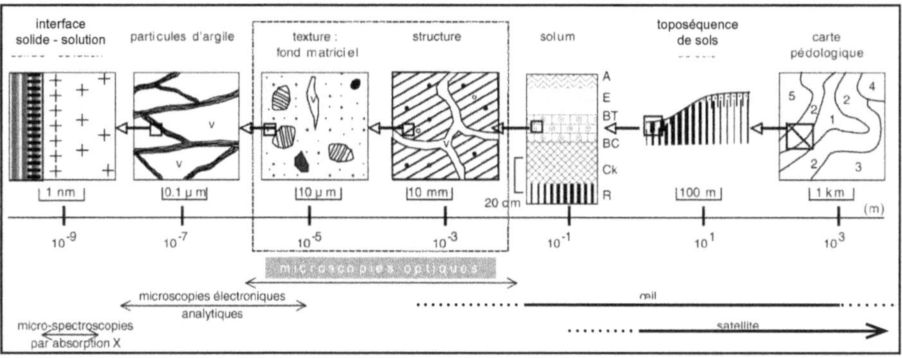

Figure 13.1. La place centrale de la microscopie, entre l'échelle du terrain et celle de l'interface solide-solution (d'après Bresson, 1987, van Oort *et al.*, 1987). v : vides.

Techniques d'analyse submicroscopiques

Depuis les années 1970, le développement de différents systèmes de micro-analyse spectroscopique couplés à la microscopie électronique (MEBA, META) contribue très largement à augmenter la portée de la micromorphologie. Dès lors, l'analyse de la composition chimique et minéralogique de constituants et d'assemblages, jusque-là souvent réservée aux échantillons remaniés, devient possible sur des petits volumes à structure conservée. D'autres techniques, comme l'analyse d'image ou la stéréoscopie permettent de quantifier les formes, tailles et nombre des constituants et des vides, ou encore d'examiner les plans structuraux (voir chapitre 14). Plus récemment, le rayonnement électromagnétique synchrotron a permis de détecter et de localiser des éléments traces à l'échelle du micromètre dans les sols, de cartographier leur répartition par microfluorescence X (μ-SXRF) et d'examiner la nature de leurs liaisons chimiques avec les atomes voisins par microspectrométrie par absorption des rayons X (μ-XAS). Un recueil récent de ces techniques submicroscopiques dans les domaines de la physique, de la chimie et de la minéralogie des sols est publié par Ulery et Drees (2008).

Continuité d'étude en microscopie

Parmi les différentes techniques submicroscopiques, certaines sont directement applicables sur des lames minces (MEB, analyse d'image, μ-SXRF). D'autres (META) nécessitent l'emploi de coupes ultraminces, à partir d'inclusions de petits échantillons de sol (agrégats, poudres, dépôts), dont l'organisation et l'orientation naturelle par rapport au solum sont le plus souvent perdues. Un procédé original, le prélèvement de très petites quantités d'argile *in situ* sur lames minces à l'aide d'un microforet, pour des études minéralogiques (Beaufort *et al.*, 1983), a été adapté pour prélever des microplages à organisation conservée. Ainsi, on peut étudier dans la continuité directe entre la MPOL, la diffraction des rayons X (DRX) et la META, à la fois la morphologie, la disposition, la composition chimique et la nature minéralogique

Encadré 13.1. La continuité d'études entre microscopie optique et MET

Dans les sols volcaniques des régions tropicales humides, l'altération météorique intense des roches entraîne généralement une néogenèse massive de minéraux argileux, en équilibre avec les conditions pédoclimatiques. En fonction de l'intensité et la répartition des pluies, des minéraux cristallisés à courte distance, allophane et imogolites (andosols) ou des argiles de type 1:1, halloysite (Nitosols) ou kaolinites (ferrallitisols) se forment. Cependant, la présence en quantités mineures de phyllosilicates de type 2:1 (smectites ou vermiculites) est parfois mentionnée, mais leur origine reste sujette à discussion (néoformation pédologique, altération hydrothermale, apport éolien ?). Leur présence est souvent démontrée dans la fraction argileuse des horizons de surface, mais pas dans les horizons plus profonds.

L'étude de ces minéraux argileux accessoires se révèle difficile, car la présence de faibles quantités est souvent ignorée dans des analyses courantes sur la fraction < 2 µm globale extraite du sol. La microscopie optique suggère que leur néoformation est localisée dans des microsites. La mise en évidence et la caractérisation de ces minéraux a nécessité le développement d'une méthodologie analytique combinant la microscopie optique, la diffraction des rayons X et la microscopie électronique à transmission couplées à la micro-analyse sur des microéchantillons, remaniés ou non, extraits dans des lames minces par microprélèvement (figure 13.E1A, d'après van Oort *et al.*, 1994).

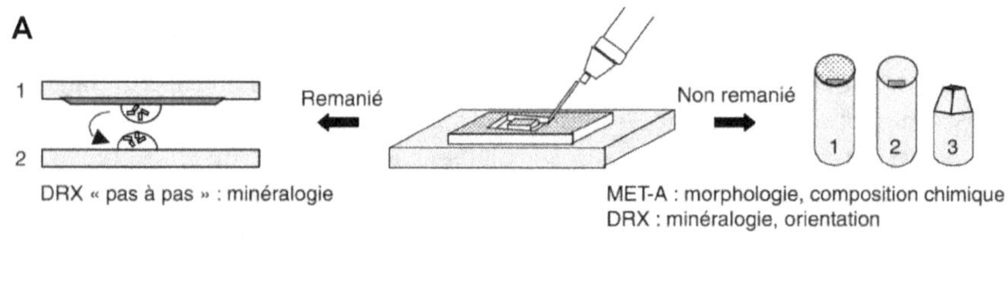

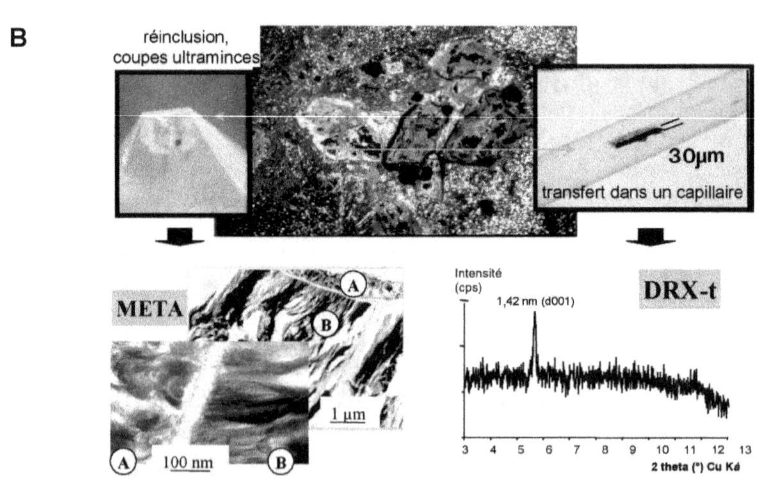

Figure 13.E1. Étude de micro-sites après micro-prélèvements.

> ...
>
> L'application de cette procédure originale lors d'études de lames minces de différents horizons de ferrallitisols (Guadeloupe) et d'andosols (Costa Rica) a permis de proposer une nouvelle piste d'explication pour la présence de ces minéraux 2:1 accessoires (van Oort, 1988 ; Jongmans *et al.*, 1994). Elles ont révélé la transformation isovolumétrique de pyroxènes en assemblages plasmiques (***pseudomorphes***) liée à l'altération hydrothermale (voir figure 13.3h), au sein même de roches volcaniques d'aspect extérieur sain. Dans les horizons pédologiques situés au-dessus, ces pseudomorphes sont présents, d'abord prioritairement dans la fraction sableuse (figure 13.E1B), puis, à la suite de la microdivision et de la ***pédoplasmation***, des fragments apparaissent progressivement dans des fractions limoneuses et, *in fine*, dans la fraction argileuse de l'horizon de surface (van Oort *et al.*, 1995).

des phases argileuses dans un microsite (van Oort *et al.*, 1994 ; Jongmans *et al.*, 1994) et même leur orientation (Denaix *et al.*, 1999) par rapport aux horizons du solum (voir encadré 13.1).

▸▸ Nature et préparation d'échantillons

La réalisation de lames minces à partir d'échantillons de sol non remaniés nécessite le prélèvement de blocs dans des boîtes métalliques, en plastique ou en carton. La taille des lames minces doit être choisie en fonction de l'objet ou du phénomène que l'on veut étudier, mais aussi du format des lames de verre, disponibles et utilisables par rapport aux différentes techniques appliquées. Une fois séchés à l'air, ces échantillons sont ensuite imprégnés sous vide avec une résine polyester. Après séchage et durcissement complet, le bloc imprégné est coupé en deux, une partie collée sur une lame de verre (l'autre moitié sert de réserve) et progressivement aminci, d'abord à la scie, ensuite avec des poudres abrasives ou des disques diamantés, avec des grains de taille différente, pour atteindre une épaisseur de 30 µm. La précision de cette épaisseur garantit les bonnes couleurs d'interférence des minéraux, essentielles à leur identification.

Dans des matériaux argileux ou riches en matières organiques, l'emploi au préalable de techniques d'échange de l'eau du sol par de l'acétone permet de limiter les variations importantes de volume lors du dessèchement et de conserver une organisation de la structure proche de celle du terrain. Afin de prendre en compte la complexité des sols, il est souvent utile de travailler sur des lames minces de taille assez grande (50 à 100 cm²). Pour l'étude micromorphologique, ces lames peuvent être recouvertes d'une fine lamelle de verre, améliorant la qualité des images. Les analyses submicroscopiques nécessitent souvent une lame de taille plus petite (par exemple 3 × 4,5 cm). Celle-ci ne doit pas être recouverte et subit un polissage approprié de sa surface permettant la réflexion optimale du rayonnement spectroscopique. Pour l'analyse des éléments en traces, l'emploi de lames en silice ultrapure est indispensable afin d'éviter la détection d'impuretés présentes dans le verre ordinaire (notamment du plomb).

⇉ Description : nomenclature et typologie

L'étude des lames minces en microscopie optique renseigne sur les constituants, leurs arrangements, les microstructures et les *traits pédologiques*. L'objectif ici n'est pas de donner une présentation exhaustive, mais d'illustrer, par des exemples, les concepts, typologies et nomenclatures de la micromorphologie. Le lecteur trouvera des traités complets dans les ouvrages généraux de micromorphologie.

Les constituants de base

Un concept central de la micromorphologie concerne la distinction, au sein du matériau pédologique constitutif des agrégats (*fond matriciel*), entre matériaux grossiers (G) – les grains de *squelette*, plutôt stables et non réactifs physiquement et chimiquement – et matériaux fins (F), lesquels ont une forte réactivité liée à la petite taille des particules conférant une grande surface spécifique. Cette dernière fraction (appelée aussi *plasma*) est susceptible d'être déplacée, réorganisée ou concentrée au cours de la pédogenèse. Le ratio G/F et leurs distributions relatives sont des descripteurs importants. En pratique, la limite entre G et F est à environ 10–20 µm.

Les grains de squelette sont des éléments optiquement distinguables et incluent :

– les constituants minéraux : quartz, feldspath, mica, carbonate, pyroxène, glauconite, ainsi que des résidus inorganique d'origine biologique (opale, calcite, diatomées, coquilles, etc.) ou des composés d'origine anthropique (charbons, fragments de poterie, scories, composés fertilisants). Ils forment la charpente de l'architecture des sols. On décrit leur nature, taille, forme et abondance et motifs de distribution ;

– les constituants organiques, essentiellement des résidus de plantes ou d'animaux, plus ou moins bien identifiables. Une typologie de dégradation des tissus et des organes a été proposée par Babel (1997), en prenant en compte par exemple la préservation, la structure interne, la couleur, l'opacité ou la biréfringence.

Les matériaux fins ne sont pas distinguables optiquement. Ils incluent les argiles phyllosilicatées, les oxyhydroxydes de fer et de manganèse, mais aussi des cristaux secondaires de carbonates, de sulfates ainsi que la matière organique finement divisée. On décrit les propriétés optiques de la phase fine du sol : couleur, limpidité, granularité et biréfringence, indicateurs de son organisation, de son origine et de son évolution.

Les microstructures

Dans la continuité de la description de la macrostructure (chapitre 4), la micromorphologie emploie aussi une terminologie fondée sur l'arrangement spatial des particules de solide entre elles et par rapport aux vides. Elle distingue cinq niveaux d'organisation différents (Bresson, 1987) : pédique, matriciel, textural, plasmique et particulaire (figure 13.2). Les quatre premiers sont étudiés en microscopie optique, le dernier en microscopie électronique (chapitre 11).

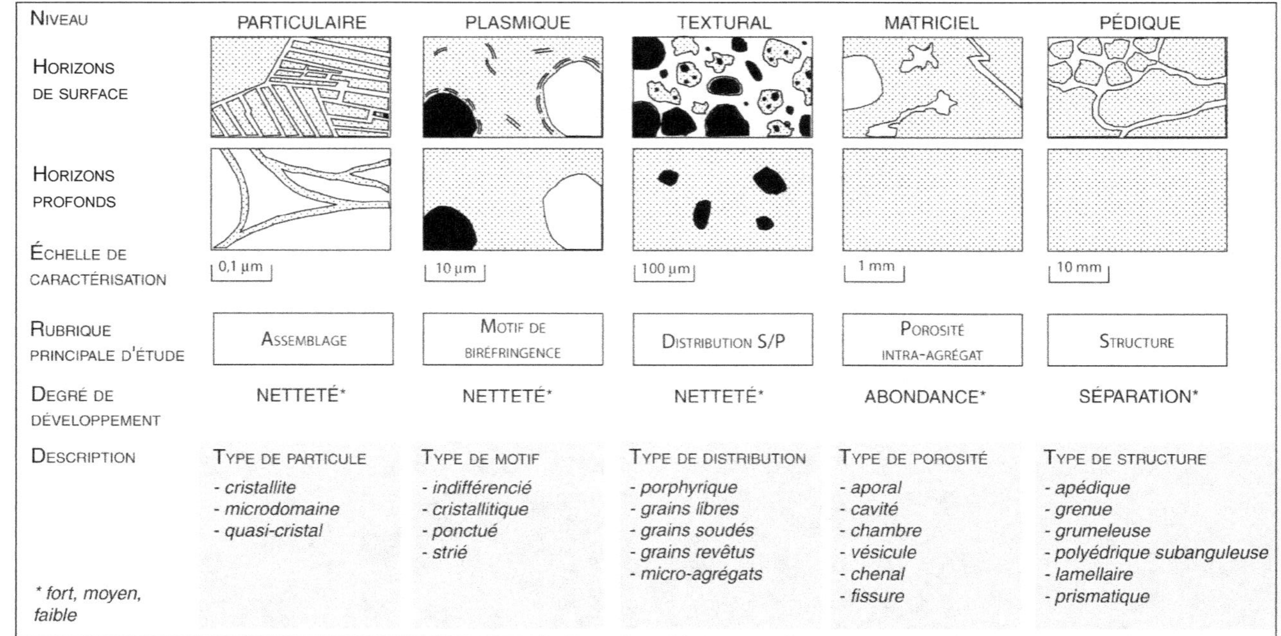

Figure 13.2. Typologie et représentation schématique de la microstructure des sols, en cinq niveaux (d'après Bresson, 1987). Pour la distinction des sous-types et la description complète, voir les ouvrages guides de Bullock *et al.* (1985) et de Stoops (2003). S/P = Squelette/Plasma.

microstructure apédique
agrégats ajustés
agrégats non ajustés
Niveau pédique
2 cm
LN
2 cm
LN
2 cm
LN
distribution énaulique
distribution chitonique
distribution géfurique
Niveau textural
0,5 mm
LP
1 mm
LN
0,5 mm
LP
motif indifférencié
motif mosaïque-ponctué
motif réticulé et grano-strié
Niveau plasmique
150 µm
LP
150 µm
LP
150 µm
LP
pa
cutanes : argilanes et ferranes
remplissage biologique
cristallaria : sphérulites
Traits pédologiques
f va fm
100 µm
LP
250 µm
LP
250 µm
LP

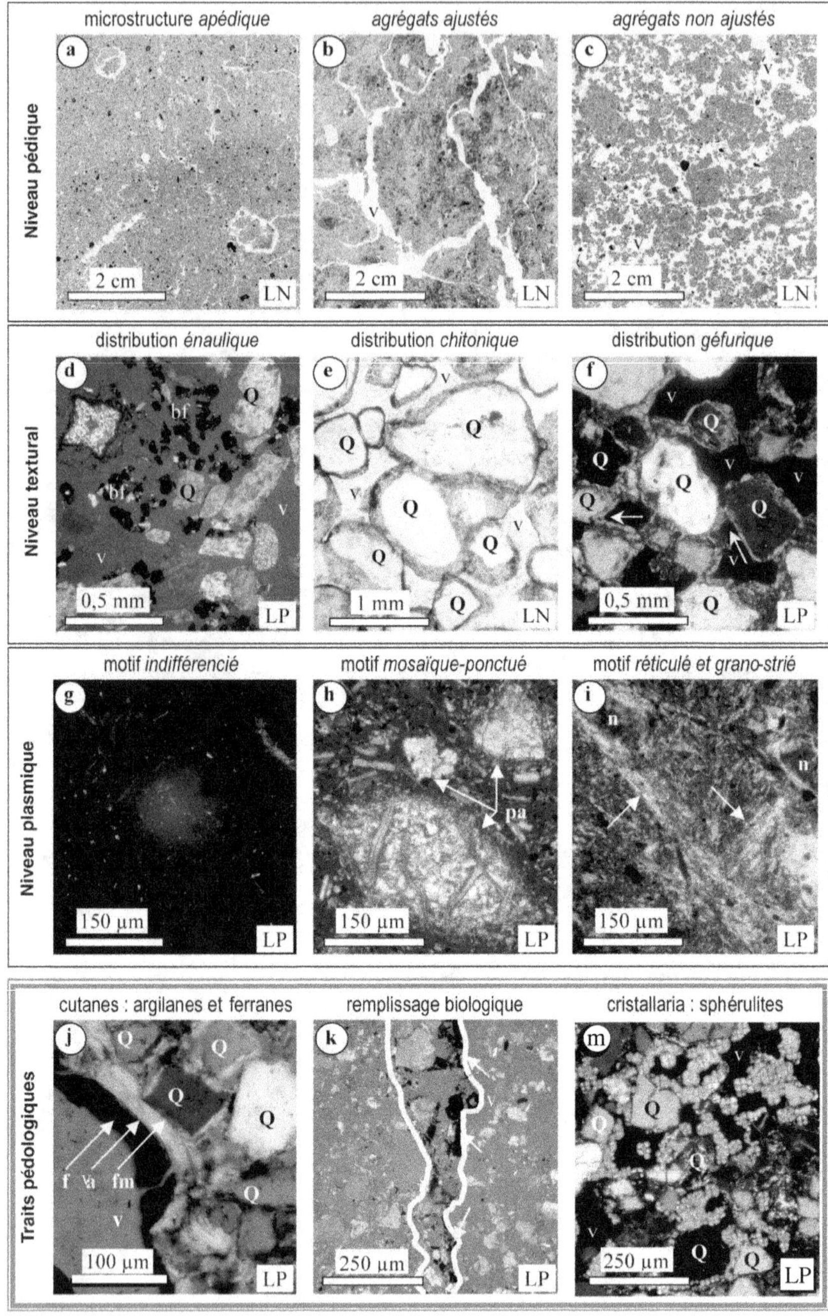

194

Le niveau pédique décrit la morphologie (prismatique, polyédrique, lamellaire…) des agrégats, la netteté de leur développement et leur ajustement (figure 13.3a-c et chapitre 4).

Le niveau matriciel, intrapédique, précise la forme des vides (fissures, chenaux, vides d'entassement), leur taille, abondance et interconnexions.

Le niveau textural détaille la distribution relative G/F en cinq modalités : **porphyrique**, les grains de squelette apparaissent isolés dans le plasma ; **monique**, les grains de taille assez uniforme sont libres, sans plasma ; **énaulique**, les grains et des microagrégats d'éléments fins sont juxtaposés, sans interaction apparente, comme dans un horizon de surface d'un sol acide en forêt (figure 13.3d) ; **chitonique**, les grains sont revêtus de particules fines comme dans un horizon BPh de podzosol (figure 13.3e) ; **géfurique**, les grains sont soudés entre eux par des « ponts » de plasma, comme dans un horizon illuvial de luvisol (figure 13.3f).

Le niveau plasmique décrit, au sein des matériaux fins, l'organisation de plages de biréfringence en termes de motifs, d'orientation et de distribution relative entre elles, par rapport aux grains de squelette ou aux vides. L'absence de différenciation de biréfringence du plasma est caractéristique de l'altération de matériaux volcaniques de régions insulaires tropicales humides (figure 13.3g). Au sein de roches volcaniques, d'apparence saine, certains minéraux primaires (par exemple, des pyroxènes) peuvent être totalement transformés en assemblages d'argile par altération hydrothermale (pseudomorphose), montrant des motifs mosaïque ponctués (figure 13.3h). Un motif granostrié (figure 13.3i) indique la présence de minéraux argileux gonflants, engendrant des pressions et des changements de volume lors d'alternances humectation/dessiccation des sols au cours des saisons.

◀ **Figure 13.3.** Images en microscopie optique polarisante de différents niveaux d'organisation des structures microscopiques des sols et de traits pédologiques. Photos : F. van Oort.
a-c. Niveau pédique. **a.** Microstructure continue (« massive »), **b.** Agrégats ajustés délimités par des vides (v) de type fissure dans un horizon argileux, avec ségrégation du fer. **c.** Agrégats non ajustés dans un horizon limoneux avec des vides d'entassement lâche.
d-f. Exemples de distributions relatives du squelette et plasma. **d.** Juxtaposition de boulettes fécales (bf) et de grains de sables (quartz, Q) dans un horizon A de sol forestier. **e.** Enrobage de grains de quartz (Q) par des complexes organo-métalliques dans un horizon BPh d'un podzosol. **f.** Enrobage d'argile avec des ponts (flèches) de grains de quartz dans un horizon illuvial de luvisol.
g-i. Exemples de motifs de biréfringence au sein du plasma. **g.** Absence complète de biréfringence dans un horizon profond d'un andosol (Açores). **h.** Motif mosaïque et ponctué dans un pseudomorphe d'argile remplaçant un pyroxène dans une roche andésitique de Guadeloupe (voir encadré 13.1). **i.** Motif réticulé (perpendiculaire) et granostrié (autour des nodules de fer (n)) dans un horizon profond de vertisol.
j-m. Exemples de traits pédologiques. **j.** Superposition de revêtements d'argile (argilane, a) et de fer (ferrane, f) à la surface d'un vide biologique (v), recouvrant le fond matriciel (fm) (voir encadré 13.2). **k.** Remplissage d'un pore biologique (entre lignes pointillées) par du fond matriciel d'un horizon pollué sus-jacent (flèches). **m.** Cristallisation de composés métallifères (Fe, Mn, Zn, Ca) (sphérulites rouge orange) dans l'horizon profond d'un sol contaminé (voir encadré 13.2).

Les traits pédologiques

Les traits pédologiques sont des unités d'assemblage discrètes au sein de la matrice, que l'on peut distinguer de la matrice environnante par une différence de concentration d'un ou plusieurs composants ou par une différence d'organisation (Stoops, 2003). Ils se forment dans les sols par déplacement ou remaniement mécanique (traits pédologiques matriciels) ou par redistribution, migration, dissolution ou précipitation de composants apportés, différents du fond matriciel local (traits pédologiques intrusifs). Un deuxième niveau de distinction concerne la morphologie des traits et leur localisation par rapport aux vides. Ils peuvent apparaître à différents niveaux d'organisation et sont de différents types : texturaux, d'appauvrissement, cristallin, amorphe ou cryptocristallin, d'organisation, d'excréments. Quelques exemples de traits impliqués dans la dynamique des *ETM* dans les sols sont présentés ici.

Les **traits texturaux** se caractérisent par une plus grande concentration en un ou plusieurs composés, liée à un transport mécanique. Ils incluent les revêtements, à la surface d'agrégats, de grains ou de pores (***cutanes***). Les revêtements les plus courants d'argile (argilanes) en mélange avec du fer (ferri-argilanes) ou de substances humiques (organanes) sont le résultat du départ (éluviation) et de migration (lessivage) de fines particules ou composés des horizons de surface, qui se déposent plus en profondeur (illuviation), par exemple sur les parois de vides biologiques ou de fissures (figure 13.3j). Ils peuvent être entièrement constitués de fer (ferranes) ou de manganèse (manganes). Leur limpidité et biréfringence renseignent sur leur pureté et sur leurs conditions de dépôt. La matrice fine des revêtements présente des charges électronégatives qui interceptent les cations dissous dans l'eau du sol (par exemple, des métaux, voir encadré 13.2).

Encadré 13.2. Répartitions microscopiques des ETM : indicateurs de leur dynamique

Pour l'évaluation des risques écotoxicologiques liés à la pollution des sols, la connaissance seule de la teneur totale en polluants est généralement insuffisante. L'incorporation de polluants dans les sols suppose des transformations plus ou moins rapides selon la nature de la pollution avec leur libération et redistribution dans différents compartiments du sol. Au cours du temps, dans les sols pollués, il convient donc de nuancer les risques d'écotoxicité des polluants selon leur localisation dans les horizons et microstructures et en prenant en compte leurs liaisons chimiques développées avec les autres constituants. Dans le cas de pollutions métalliques, les répartitions des ETM dépendent non seulement de la nature du sol et de ses constituants, mais aussi des structures et microstructures, en relation avec le comportement des sols et leur usage par l'homme. Une bonne connaissance des constituants, des organisations du plasma, des traits pédologiques et des motifs de répartition des ETM constitue donc un atout majeur dans l'évaluation des mécanismes de rétention, de migration et d'accumulation des polluants métalliques. Ci-dessous, quelques exemples d'étude par microfluorescence X sur lames minces de sols pollués par des métaux (retombées atmosphériques d'origine industrielle, épandage d'eaux usées) illustreront l'apport important des études microscopiques dans la compréhension des répartitions des ETM dans les sols.

...

Dans les horizons de surface des sols, la composition est toujours très hétérogène, avec différents constituants montrant une forte réactivité vis-à-vis des métaux (matières organiques plus ou moins décomposées (Labanowski *et al.*, 2007), oxydes, argiles, phosphates, carbonates, charbons), alors que d'autres sont très peu ou non réactifs (grains de squelette : quartz, feldspath). Un premier niveau de répartition des ETM concerne leur association avec des constituants très réactifs mais souvent présents en quantités moindres (figure 13.E2a) : les concentrations en ETM sont alors fortes, mais les répartitions hétérogènes et aléatoires. Le plasma, la fraction fine incluant le complexe argilo-humique joue également un rôle important de rétention des ETM. Un deuxième motif de répartition des ETM est calqué sur l'arrangement du plasma qui entoure les grains de squelette (figure 13.E2a). Même si ce type de répartition concerne généralement des concentrations en métaux moindres, il représente néanmoins très souvent la majeure partie des ETM dans un échantillon de sol contaminé (van Oort *et al.*, 2008). En surface, l'ensemble des métaux polluants est généralement concerné par des redistributions à partir des particules source de la pollution vers les constituants piégeurs, comme en témoignent les valeurs élevées de corrélation entre éléments métalliques (Zn, Pb, Cu) et certains éléments majeurs (Fe, Ca) caractéristiques de la matrice du sol (figure 13.E2a). Par ailleurs, ces constituants développent souvent une grande affinité pour plusieurs ETM comme pour le Cu et le Zn (Cu/Zn, $R = 0{,}83$).

Par contre, les horizons de profondeur sont généralement moins affectés par les activités anthropiques et moins perturbés par l'activité biologique : leur constitution et leur organisation sont donc plus uniformes. Les répartitions d'ETM y sont en grande partie régies par la circulation de l'eau ou, dans une moindre mesure, liées à l'activité biologique. Les motifs de répartitions apparaissent souvent étroitement liés au développement des microstructures et de la porosité inter et intra-agrégats, et à la répartition de certains traits pédologiques. Par conséquent, il est essentiel de mener les études sur les redistributions d'ETM en se fondant sur la micromorphologie des sols, car cela permet d'obtenir des renseignements précieux sur les processus de migration des ETM et sur les mécanismes de leur immobilisation.

La figure 13.E2b montre un trait pédologique cristallin, avec des amas sphérulaires de cristallisations secondaires dans des pores, mais aussi au sein de la matrice du sol d'un horizon S (situé entre 40 et 70 cm). Dans cet exemple d'un sol agricole fortement contaminé par l'entreposage temporaire de déchets de l'industrie métallurgique, les éléments métalliques sont libérés des fragments sources et mis en solution dans l'horizon de surface. En percolant lentement à travers la couche du fond de labour fortement compacté, la solution chargée en éléments entre dans l'horizon S poreux, où les conditions d'aération entraînent la précipitation localisée de Fe, Mn, Ca, P et Zn. Cet exemple illustre la **néogenèse** de sphérules métallifères.

La figure 13.E2c montre une répartition chitonique de revêtements argileux enrobant des grains de squelette dans un horizon BT. Dans cet exemple d'un luvisol sableux sous maraîchage, irrigué depuis plus d'un siècle avec des eaux usées de l'agglomération parisienne, une partie des ETM apportés par les eaux d'irrigation migre sous forme dissoute dans la solution de drainage (notamment Zn^{2+} et Cd^{2+}). Le motif de répartition du Zn coïncide remarquablement avec celui du Fe marquant les microstructures argileuses (corrélation Zn/Fe, $R = 0{,}93$).

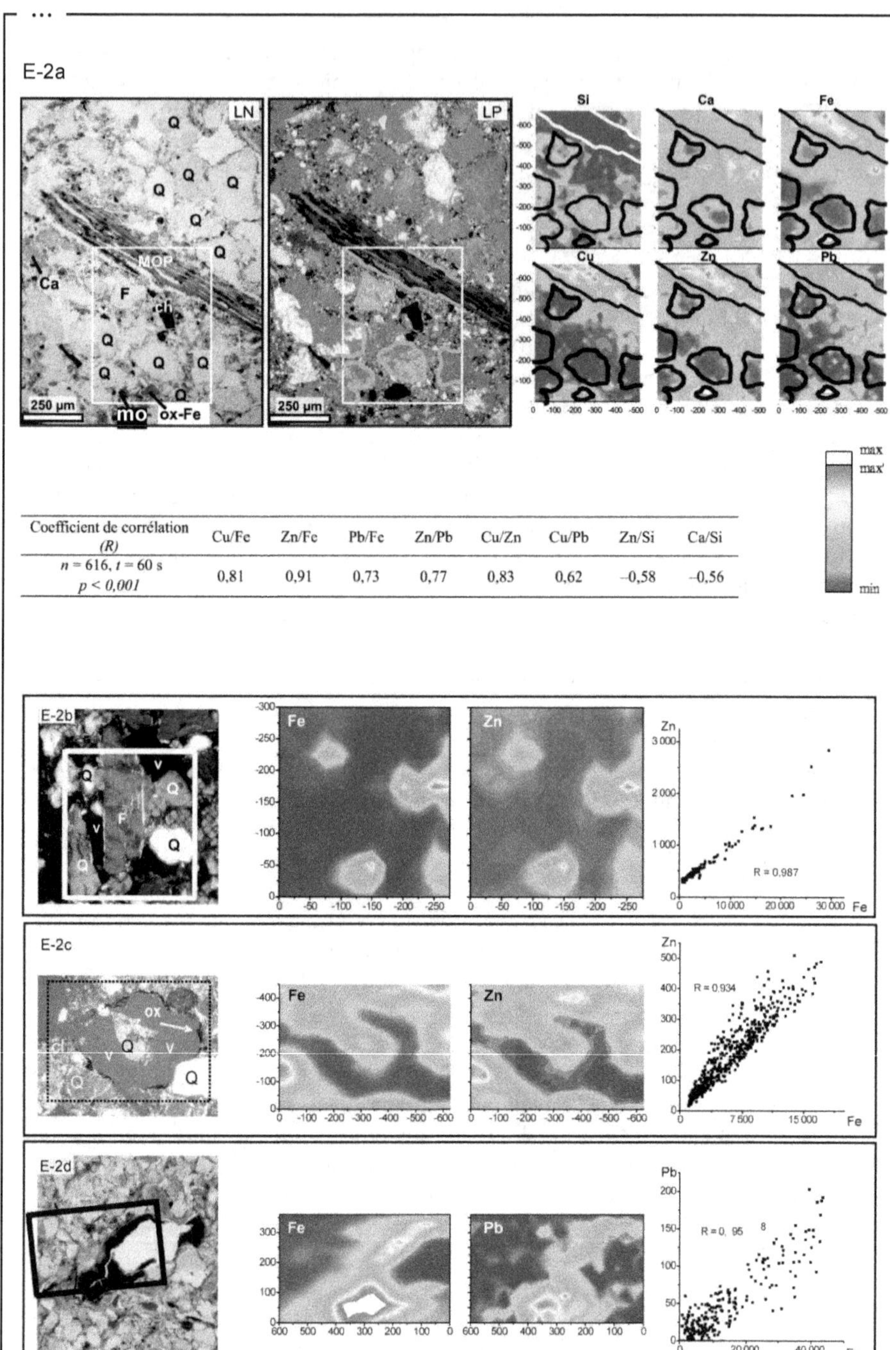

Figure 13.E2. Répartitions microscopiques des éléments majeurs et traces.

...

> Cet exemple illustre l'immobilisation des ETM par adsorption ionique sur le complexe d'échange des ferri-argilanes dans l'horizon BT, ce qui confère à ces horizons argileux de profondeur un rôle de filtre secondaire, après celui des matières organiques de l'horizon de surface (van Oort *et al.*, 2008).
>
> La figure 13.E2d montre la présence de plusieurs revêtements à la surface d'un pore, un ferri-argilane recouvert par un ferrane. La netteté de la limite entre ces deux types de revêtements témoigne d'une chronologie de formation, plus récente pour les ferranes. Cette superposition de cutanes s'observe entre 120 et 150 cm de profondeur (horizon C) du même sol agricole contaminé de la figure 13.E2b. La cartographie en μ-XRF révèle la présence de plomb dans le ferrane (corrélation Pb/Fe, $R = 0,9$), mais pas de zinc (corrélation Zn/Fe, $R = 0,2$, van Oort *et al.*, 2006). La morphologie et disposition des ferranes indiquent une migration récente de fer *via* la porosité de drainage et sa précipitation dans les grands pores. En accord avec des travaux de suivi lysimétrique dans ces sols contaminés (Citeau *et al.*, 2003, 2009), la formation de ces ferranes plombifères est attribuée au transport colloïdal de Pb associé à des colloïdes de Fe. Ces colloïdes précipitent quand les conditions redox fluctuent brusquement, comme cela se produit dans la zone de battement de la nappe, dans l'horizon Cg.
>
> Cette combinaison de méthodes de microscopie optique et de techniques submicroscopiques de cartographie élémentaire par μ-XRF montre clairement que le caractère hétérogène que l'on attribue généralement à la pollution d'origine anthropique des sols correspond, à l'échelle microscopique, à des répartitions assez bien organisées des ETM. Dans les horizons de surface, ces répartitions, multiples, sont prioritairement en relation avec les constituants réactifs du sol qui fixent au cours du temps les ETM libérés après altération des phases sources. Mais dans les horizons profonds S, B et C, elles apparaissent étroitement liées aux voies préférentielles d'écoulement des eaux de drainage, la porosité et les microstructures, notamment les traits pédologiques. La connaissance de la répartition des ETM en relation avec les microstructures est donc indispensable à une meilleure connaissance des mécanismes qui contrôlent la dynamique des ETM dans les sols et donc leur écotoxicité.

Les **traits cristallins** correspondent à des cristaux simples ou en amas, de formes différentes (radial, figure 13.3m) qui témoignent en général de conditions localisées de saturation en éléments dans la solution du sol.

Les **traits amorphes** incluent les imprégnations non cristallisées par exemple de fer, dans la matrice en bordure d'un vide ou éloignées mais parallèles (hypo, quasi-revêtements), ainsi que des concentrations indépendantes de la porosité, avec une forme quelconque (nodules, figure 13.3i) ou concentrique (concrétions). Ces traits indiquent souvent des conditions d'excès d'eau, temporaires, actuelles ou anciennes.

Les **traits d'organisation** se distinguent du sol environnant par l'arrangement de leur matrice. Les pédotubules, par exemple, sont formés par le passage de la macro-faune du sol (figure 13.3k). Ils ont une forme tubulaire et sont remplis de grains de squelette et de plasma. Leur nombre et leur disposition sont de bons indicateurs de la qualité biologique des sols.

Nature, composition et localisation de traits pédologiques sont classiquement de bons indicateurs de la pédogenèse, c'est-à-dire des processus à long terme. La disposition des traits par rapport aux vides informe souvent sur la chronologie de leur formation et donc sur l'évolution et le fonctionnement des sols à court terme. Ainsi, dans l'étude de la dynamique des ETM dans les sols, les traits renseignent à la fois sur le devenir des métaux et sur l'évolution de la pédogenèse sous la contrainte des activités anthropiques (van Oort *et al.*, 2007).

▸▸ Représentativité des objets étudiés

Un atout fort des études de l'organisation des sols en microscopie optique réside dans la nature non remaniée des échantillons. Les résultats de telles études sont très souvent destinés à être reliés à des interprétations, plus macroscopiques, du fonctionnement du sol, voire à sa place dans le paysage. Ceci implique de considérer attentivement la représentativité des échantillons étudiés. La figure 13.4 illustre ce propos par un exemple de prélèvement d'échantillons dans une fosse pédologique, pour des études de la répartition des ETM (van Oort *et al.*, 2008). Dans le solum, deux faces totalisant 1 m² ont été décrites. Pour des études en MPOL, quatre horizons ont été échantillonnés dans des boîtes de 7 × 7 cm (deux réplicats). La surface examinée en lames minces est de 400 cm², soit environ 4 % du solum décrit. Chaque lame est étudiée en microfluorescence X par la cartographie de deux surfaces carrées de 350 µm de côté, en utilisant un faisceau de 25 µm de diamètre (en posant 200 secondes par point). Cela représente une surface totale analysée d'environ 2 mm² soit 0,05 ‰ des lames minces et 0,0002 % des faces étudiées de la fosse, soit 2 parties par million !

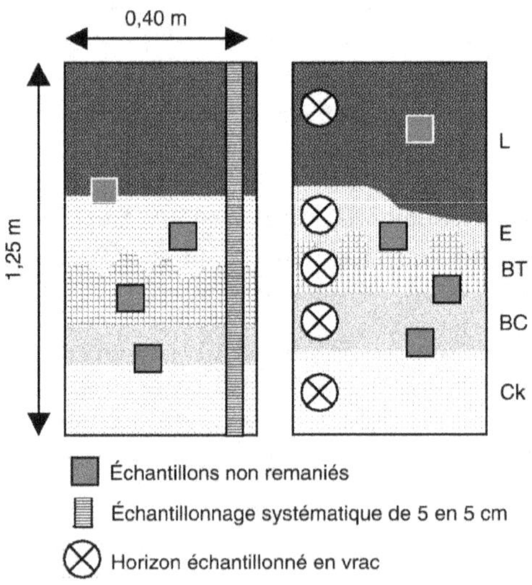

Figure 13.4. Schéma d'échantillonnage pour des études pédologiques, micromorphologiques et géochimiques sur deux parois, totalisant une surface de 1 m², dans une fosse creusée dans un sol agricole contaminé.

Cet exemple illustre non seulement l'importance du rôle de la microscopie optique, seule approche permettant d'explorer et de visualiser les structures du sol à l'échelle du millimètre ou du centimètre, mais souligne aussi la nécessité d'une bonne connaissance des sols et de leur environnement pour garantir la cohérence d'un saut d'échelle entre le terrain et des études fines au laboratoire.

Pour en savoir plus

Babel, 1997 ; Brewer, 1964 ; Bullock *et al.*, 1985 ; Callot *et al.*, 1982 ; Fédoroff et Courty, 1994 ; FitzPatrick, 1993; Kubiena, 1938 ; Stoops, 2003 et 2010 ; Ulery, Drees, 2008.

Partie 4

Approches de quantification

Chapitre 14

Quantification et reconstruction 3D de la structure au laboratoire

Isabelle COUSIN

Dès l'aube de la science du sol, les pédologues ont attaché une grande importance à la « structure », c'est-à-dire à **l'organisation géométrique des vides (phase porale[27]) et des pleins (phase solide)**, reconnue comme l'une des caractéristiques majeures des types d'horizons et donc des types de sols.

La structure des différentes couches du sol agit sur l'ensemble de leurs propriétés et a une forte influence sur les transferts gazeux, l'écoulement de l'eau et des solutés, les fonctions biologiques (pénétration des racines, activité de la micro- et de la macrofaune) et microbiologiques au sens large. La caractérisation de la structure et son évolution sous l'effet de facteurs extérieurs (influences climatiques, actions biologiques, contraintes agricoles) peut donc être considérée comme un objectif en soi, au service de travaux scientifiques ne concernant pas exclusivement le fonctionnement hydrodynamique.

L'une des approches possibles pour caractériser la structure d'un sol consiste à **analyser l'intrusion d'un fluide qui parcourt le réseau poral**. Il s'agit, par exemple, d'analyser les courbes de rétention en eau ou de porosimétrie au mercure, toutes étant obtenues sur des échantillons de sol non perturbés mais assez petits (Pellerin, 1980 ; Bruand, 1986 ; Bruand et Tessier, 1996).

La seconde approche consiste à **examiner la structure du sol et à décrire et quantifier son organisation**, qu'il s'agisse de décrire la paroi d'une fosse pédologique (chapitre 4) ou une lame mince (chapitre 13) ou d'analyser une représentation tridimensionnelle du réseau poral. Le support de l'étude est donc constitué ici d'une **image** de son organisation, en deux dimensions (2D) ou en trois dimensions (3D) que l'on qualifiera par la suite de **représentation explicite**. Cela signifie qu'en tout

---

27. Dans ce chapitre, le mot « pore » (ainsi que son adjectif « poral ») désignera tous les vides quelles que soient leurs origines, leurs formes et leurs dimensions.

point de l'espace on sait de façon non discutable si le point appartient à la phase solide ou à la phase porale. Cette seconde approche s'oppose à la première où la qualification de la structure n'est qu'indirecte. Il est important de noter ici que cette image n'est qu'un **modèle** de la structure à une résolution donnée et ne permet donc d'analyser qu'une proportion du réseau poral, borné, en limite inférieure, par la résolution de l'outil de production de l'image et, en limite supérieure, par la taille de l'échantillon analysé.

Dans ce chapitre, seuls seront présentés des résultats relatifs à cette seconde approche.

▶▶ Imager les structures des sols

Les techniques d'imagerie sont nombreuses, depuis l'œil ou la main du pédologue qui découpe un solum en différents horizons sur la base de l'observation d'une fosse, jusqu'au tomographe à rayons X haute résolution. Une technique n'est pas *a priori* préférable à une autre, si tant est que son choix ait été raisonné sur la base de l'objectif à atteindre. Quand il s'agit de comprendre les propriétés ou les processus de transfert, la détermination de paramètres topologiques caractéristiques de la structure s'avère indispensable. Dans le cas de milieux poreux hétérogènes tridimensionnels, ces paramètres ne peuvent être déterminés avec fiabilité que si l'objet d'étude est analysé en trois dimensions. Le panel des outils se restreint donc aux outils tomographiques, c'est-à-dire à ceux qui permettent de créer une représentation tridimensionnelle d'un objet à partir de la superposition de représentations bidimensionnelles. Ceux qui ont été employés le plus fréquemment jusqu'à présent sont **les coupes sériées (tomographie manuelle), la tomographie à rayons X et la tomographie de résistivité électrique** (Cousin, 2007).

Par ailleurs, pour comprendre le fonctionnement qui, par définition, se développe dans le temps, il peut être nécessaire d'analyser à plusieurs reprises la structure du même objet à différentes dates. Le sol étant un milieu très hétérogène, on voit d'emblée la limite de protocoles destructifs qui conduiraient à analyser, à chaque date, un échantillon différent. Il a donc fallu chercher, dans la mesure du possible, à utiliser des outils non destructifs qui permettent à tout moment d'imager le milieu sans le détruire ni le perturber.

La tomographie à rayons X et la résistivité électrique présentent ce double avantage d'être des techniques non destructives et de générer des images tridimensionnelles.

L'utilisation de la résistivité électrique s'est généralisée dans le domaine des géosciences de subsurface, initialement dans le cadre de l'étude des formations superficielles à l'échelle d'un bassin-versant, puis, plus récemment, pour caractériser la structure d'horizons de sol (Besson *et al.*, 2004 ; Séger *et al.*, 2009). C'est une méthode indirecte, car ce sont des valeurs de résistivité intégrées dites « apparentes » que l'on obtient par la mesure. **Il est donc nécessaire d'utiliser un modèle d'inversion pour créer une image tridimensionnelle du milieu prospecté.** Le chapitre 9 présente cette technique, parmi d'autres, et un certain nombre de résultats obtenus sur le terrain.

▸▸ Quantifier la structure d'un échantillon de sol au laboratoire en caractérisant la morphologie et la topologie du réseau poral

Outre les grandeurs globales classiquement employées pour la caractérisation des milieux poreux (porosité totale, surface spécifique, par exemple), les fonctions qui décrivent la structure sont de deux natures : les unes décrivent la morphologie du milieu, c'est-à-dire sa forme, au sens large, et les autres décrivent sa topologie, c'est-à-dire la façon dont les vides sont ou ne sont pas connectés entre eux. On voit d'emblée la nécessité, pour la compréhension des phénomènes de transfert, de disposer de telles informations topologiques.

Chronologiquement, une première approche a consisté en une reconstitution tridimensionnelle de l'espace poral d'un échantillon de sol à partir de coupes sériées et son étude par analyse d'images. Il a ainsi été possible de comparer des paramètres quantitatifs de description de sa structure en 2D et en 3D (exemple 1) (Cousin, 1996 ; Cousin *et al.*, 1996).

Les paramètres morphologiques de description de la structure tridimensionnelle du sol peuvent être déduits d'analyses bidimensionnelles, sous réserve que les indicateurs choisis soient de nature *stéréologique* comme, par exemple, les **longueurs de cordes** et les *fonctions d'autocorrélation*. En revanche, le **nombre de pores** – indicateur topologique – est radicalement différent selon que l'on le calcule en 2D ou en 3D. Ces résultats renforcent l'idée que la caractérisation tridimensionnelle de l'organisation du réseau poral est absolument nécessaire dans le cadre d'études sur le déterminisme d'un paramètre de transfert. Bien connue dans la sphère des mathématiciens, cette idée était, au début des années 1990, peu ou mal prise en compte dans la communauté de science du sol où de nombreuses études avaient pour objet l'établissement de relations entre la distribution de taille des particules ou sa porosité – indicateur déjà très intégré de la structure – et un paramètre descripteur d'un processus de transport.

Il est désormais possible de déterminer la *constante d'Euler-Poincaré* qui décrit la topologie générale du milieu et s'ajoute à la distribution du nombre de pores (Vogel, 1997 ; Vogel *et al.*, 2002). Un exemple de caractérisation de la structure d'un échantillon de sol obtenue par tomographie X sera présenté plus loin (exemple 2). C'est ici l'ensemble des outils morphologiques et topologiques qui permettent de discuter du déterminisme d'évolution de la structure.

Notons que certains indicateurs de la structure sont de nature strictement topologique comme, par exemple, le nombre de pores connectés dans un milieu poreux ou, au contraire, strictement morphologique comme la **distribution de longueurs de cordes** (voir encadré 14.1). D'autres indicateurs présentent un caractère mixte : c'est le cas, par exemple, de la **tortuosité**, rapport entre la longueur du chemin reliant deux points A et B en parcourant le réseau poral et le segment de droite [AB]. Ce chemin entre A et B dépend en effet de la connectivité du réseau (topologie) mais n'est pas indépendant de la forme et de la taille des vides qui relient A et B (morphologie).

Exemple 1. Caractérisation quantitative de la géométrie 3D du réseau poral d'un échantillon de sol reconstitué en trois dimensions par coupes sériées (tomographie manuelle) (Cousin et al., 1996)

Il s'agit ici de tester des méthodes de caractérisation de la structure 3D de milieux poreux et de comparer les résultats obtenus par une **reconstruction 3D** avec ceux obtenus à partir de coupes 2D (figure 14.1). L'objet étudié est un cylindre de sol de 7 cm de diamètre et 2,4 cm d'épaisseur, imprégné par une résine fluorescente. La surface de l'échantillon est photographiée sous lumière fluorescente, rectifiée à la meule sur une épaisseur de 100 µm, puis photographiée de nouveau. Ces opérations sont répétées sur toute l'épaisseur de l'échantillon. On obtient ainsi 160 images que l'on superpose numériquement pour obtenir une représentation 3D du réseau de pores. La taille du pixel de chaque image 2D est de 120×120 µm ; la taille du voxel de l'image 3D est de $120 \times 120 \times 100$ µm.

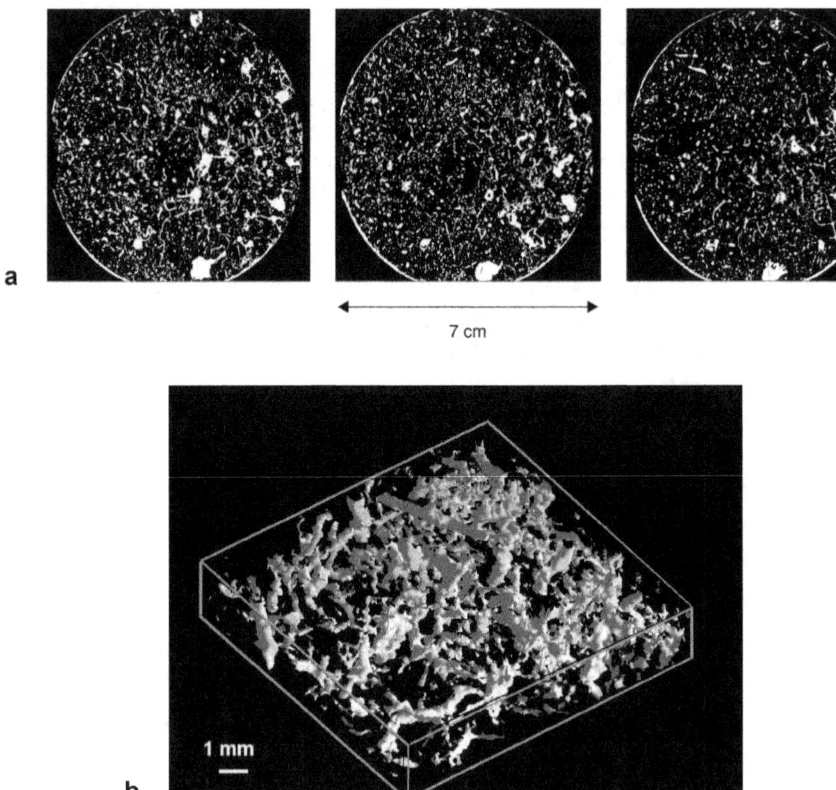

Figure 14.1. a. Images 2D obtenues par la méthode des coupes sériées. **b.** Reconstruction 3D du réseau poral d'un échantillon de sol. L'image ne présente qu'une partie de l'échantillon étudié.

La figure 14.1a présente trois photos successives seuillées, c'est-à-dire pour lesquelles on a séparé la phase porale (en blanc) de la phase solide (en noir). La représentation tridimensionnelle de l'échantillon dans son ensemble (figure 14.1b), pour laquelle la phase porale est en gris et la phase solide en noir, témoigne de la qualité de l'alignement de la reconstruction et montre que la phase porale est bien interconnectée.

L'ensemble des images 2D et la reconstruction 3D sont caractérisés par les fonctions suivantes : i) la distribution des longueurs de cordes, dans la phase solide et dans la phase porale ; ii) la *fonction d'autocorrélation* dans la phase porale ; iii) la **distribution du nombre et du volume des pores.** Les deux premières sont des *fonctions stéréologiques*. La troisième est de nature topologique.

Les résultats montrent que la *fonction d'autocorrélation* dans la phase porale et dans la phase solide (dont on présente figure 14.2 à gauche la transformée de Fourier $I(q)$) sont comparables, dans la mesure où la pente générale de la fonction $I(q)$ est identique dans les deux cas.

De même, les fonctions de distribution de cordes sont identiques en 2D et en 3D : la fonction dans la phase solide présente une allure exponentielle dont le premier moment, qui représente la longueur de la corde moyenne, est de 13,7 voxels en 3D et 14,4 pixels en 2D, ces deux valeurs n'étant pas significativement différentes. La fonction dans la phase porale $[f_p(r)]$ (figure 14.2, à droite) présente une allure en loi de puissance dont l'exposant est de 3,20 en 3D et 3,21 en 2D.

En revanche, le nombre de pores et leur taille sont très différents en 2D et en 3D (figure 14.3).

L'ensemble de ces résultats illustre que la morphologie d'un milieu poreux complexe, tel que le sol, peut être décrite à l'aide de *fonctions stéréologiques* calculées en deux dimensions. En revanche, une représentation 3D est nécessaire dès lors que l'on cherche à caractériser sa topologie.

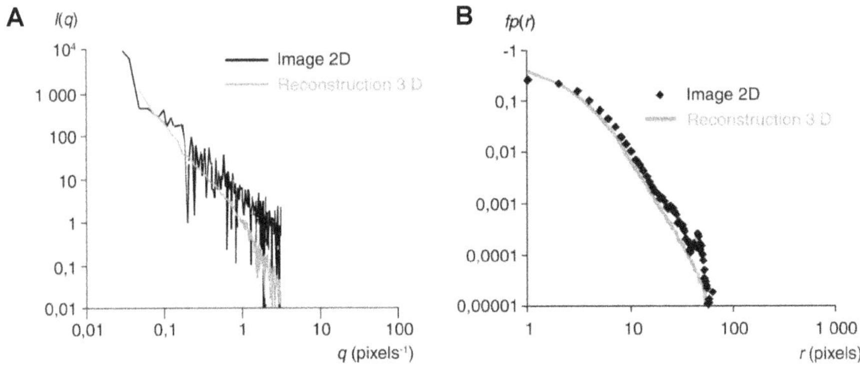

Figure 14.2. A. Transformée de Fourier $I(q)$ de la fonction d'autocorrélation calculée dans la phase solide (l'abscisse « q » représente la distance dans l'espace réciproque de Fourier). **B.** Fonction de distribution de cordes $f_p(r)$ dans la phase solide (l'abscisse « r » représente la taille de la corde).

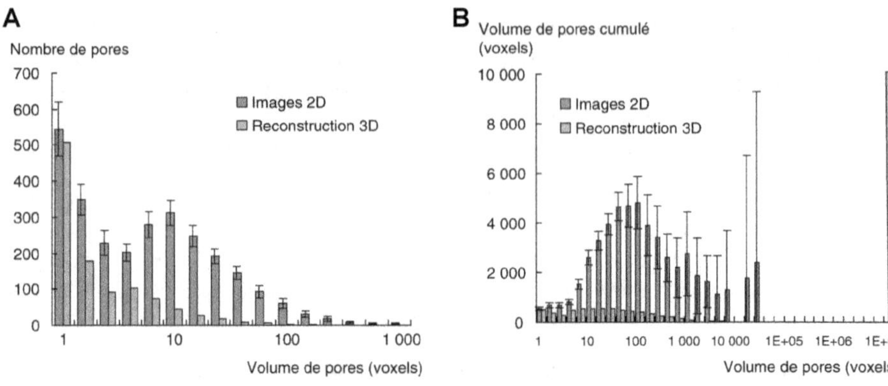

Figure 14.3. A. Nombre de pores d'une taille donnée calculé sur l'ensemble des images 2D (valeur moyenne et écart type) et sur la reconstruction 3D. **B.** Volume poral total pour chaque classe de pore, calculé pour l'ensemble des images 2D (valeur moyenne et écart type) et pour l'image 3D.

Exemple 2. Caractérisation quantitative de la structure de blocs de sol à partir d'images en tomographie à rayons X (Cousin, 2004)

La structure de l'horizon de surface d'un sol de Beauce non caillouteux, après 5 ans de mise en jachère, a été analysée. La description du sol au champ montre une très nette différenciation de la structure : sur les 10 premiers centimètres, la structure est fine et grenue tandis qu'elle est polyédrique entre 10 et 30 cm de profondeur. Deux blocs de 15 × 15 × 10 cm ont été prélevés dans chacune de ces deux couches (soit deux répétitions) puis leur structure a été caractérisée qualitativement et quantitativement à partir d'images obtenues en tomographie X, dont la résolution est de l'ordre de 0,4 mm (figure 14.4). Ces reconstitutions tomographiques montrent des aspects très différents : en surface, la porosité paraît plus grande et plus connectée qu'entre 15 et 25 cm de profondeur.

L'analyse quantitative permet de préciser ces observations : on constate que la porosité (figure 14.5) est effectivement plus élevée en moyenne dans les échantillons les plus proches de la surface (en rouge), mais qu'elle varie beaucoup selon l'altitude dans l'échantillon.

La distribution de taille des pores (figure 14.6) montre que, dans la couche de surface, les vides de très grande taille (supérieure à 100 voxels, correspondant à des conduits de longueur supérieure à 4 cm) disparaissent après le passage en jachère. Le réseau poral se développe à la fois en proportion (porosité plus élevée) et en nombre de pores, et le réseau poral est globalement reconnecté par des pores de petite taille, puisque la taille du plus grand pore représente une proportion significativement plus importante (tableau 14.1). Il est à noter que les quatre échantillons analysés semblent ne présenter aucun vide percolant. Cela ne signifie pas qu'ils ne conduisent pas l'eau mais simplement qu'à la résolution de l'observation (ici, environ 0,4 mm entre deux images), il n'existe pas de pore connecté. La connexion existe bien sûr pour des pores de plus petite taille.

210

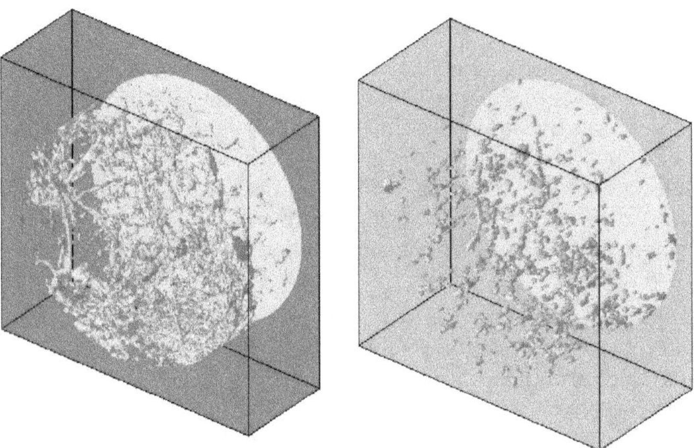

Figure 14.4. Reconstitution tridimensionnelle des volumes de porosité à partir d'images de tomographie X. Seules deux reconstitutions sont présentées ici. À gauche : bloc prélevé à la surface sur les 10 premiers centimètres. À droite : bloc prélevé entre 15 et 25 cm. Le réseau poral est figuré en gris.

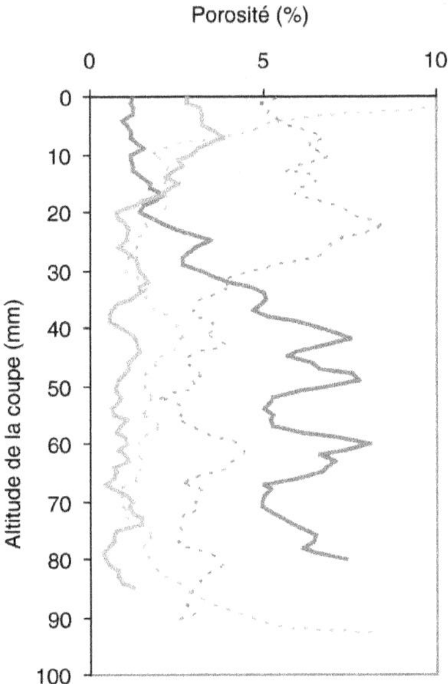

Figure 14.5. Distribution de la porosité selon la profondeur au sein des quatre blocs. En rouge : blocs prélevés entre 0 et 10 cm. En vert : blocs prélevés entre 15 et 25 cm. À noter les grandes différences de porosité d'une répétition à une autre.

Encadré 14.1 Fonctions de distribution de longueurs de cordes

Les distributions de longueurs de cordes sont un outil de description de l'interface entre les vides et la matrice solide d'un système poreux. Une corde est un segment de droite qui appartient à la phase porale – pour la distribution de longueurs de cordes de pore, notée ici $f_p(r)$ – ou à la phase solide – pour la distribution de longueurs de cordes de la phase solide, notée ici $f_s(r)$ – et dont les deux extrémités sont positionnées à l'interface pore-solide (figure 14.E1). La longueur d'une corde est calculée sur une image seuillée où l'on a séparé la phase solide et la phase porale.

La distribution de longueurs de cordes (distribution en nombre) représente la probabilité qu'existe une corde de longueur comprise entre r et $r + dr$, chaque corde ayant ses extrémités sur une interface.

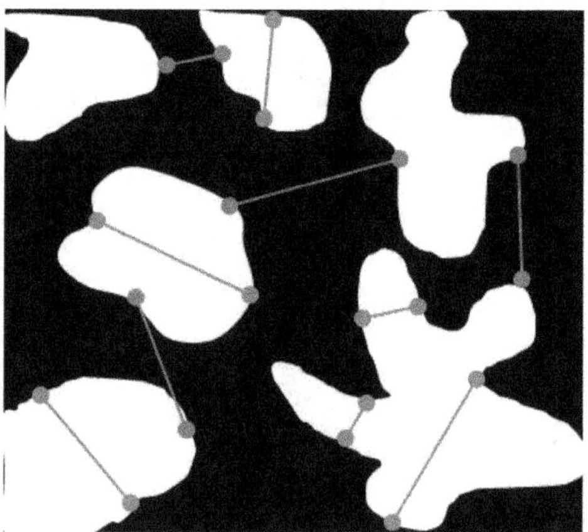

Figure 14.E1. Illustration du calcul de la distribution des longueurs de cordes dans la phase solide (en noir) et dans la phase porale (en blanc). Les segments de couleur bleue représentent des cordes dans la phase solide et les segments de couleur rouge représentent des cordes dans la phase porale.

Méthode de calcul

Le calcul de la distribution de longueurs de cordes est réalisé simplement. Pour calculer, par exemple, la distribution de cordes dans la phase porale, on choisit aléatoirement un point sur l'image dans la phase solide et une direction comprise entre 0 et 360°. On trace une demi-droite à partir du point choisi et selon la direction choisie. On parcourt pas à pas cette droite jusqu'à rencontrer une première interface « solide → pore ». On mesure la longueur du segment de droite depuis cette interface jusqu'à la prochaine interface « pore → solide ». Cette longueur représente une distance de corde r dans la phase porale et constitue un point de la distribution. On réitère ces opérations jusqu'à obtenir une distribution stable des longueurs de cordes.

...

212

...

Utilisation dans la caractérisation des milieux poreux

Le principal intérêt du calcul des distributions de longueur de cordes réside dans le fait que ce sont des outils stéréologiques : des paramètres calculés en 2D sur la coupe d'un objet homogène et isotrope peuvent être extrapolés en 3D. En particulier, deux invariants géométriques peuvent être dérivés du calcul de distribution de longueur de cordes : la porosité et la surface spécifique. On définit l_p et l_s, les premiers moments de la distribution de longueurs de cordes dans les phases porale et solide respectivement :

$$l_\mathrm{p} = \int r f_\mathrm{p}(r)\mathrm{d}r \quad \text{et} \quad l_\mathrm{S} = \int r f_\mathrm{S}(r)\mathrm{d}r$$

On exprime alors :
– la porosité : $\Phi = I_\mathrm{p} / (I_\mathrm{p} + I_\mathrm{s})$
– la surface spécifique : $S_\mathrm{v} = 4\,\Phi / I_\mathrm{p} = 4(1 - \Phi) / I_\mathrm{s}$

Les distributions de longueur de cordes permettent également d'identifier certaines classes de milieux poreux, notamment les milieux granulaires et les milieux fractals (Levitz et Tchoubar, 1992).

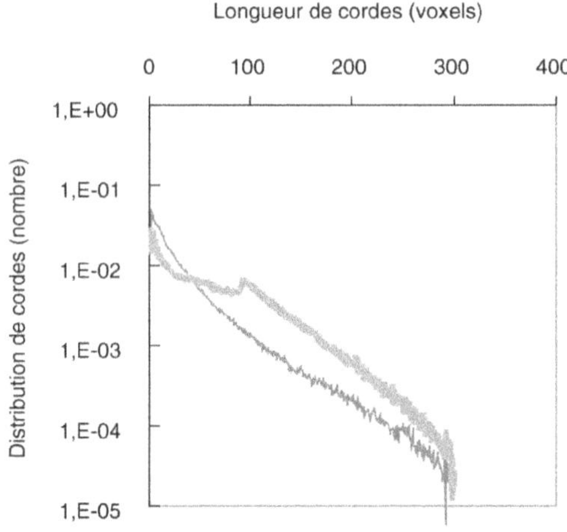

Figure 14.6. Distribution des longueurs de cordes dans la phase porale.

Tableau 14.1. Caractéristiques du réseau poral. Les données indiquent, pour chaque échantillon (deux profondeurs, deux répétitions) : la porosité, le nombre total de pores, le nombre de pores connectés susceptibles de percoler, la proportion du réseau poral occupée par le pore de plus grande taille.

	Porosité (%)	Nombre de pores	Pores percolants	Taille du plus grand pore (% de porosité)
0–10 cm	4,37	1018	0	61
2–12 cm	4,22	1389	0	44
15–25 cm	1,97	327	0	8
15–25 cm	1,38	1009	0	23

213

▸▸ Conclusion générale

Ont été présentés ici les outils qui permettent de représenter la structure d'un matériau pédologique en trois dimensions et de l'analyser quantitativement. Il a été précisé à plusieurs reprises les raisons pour lesquelles il était nécessaire de caractériser la structure en trois dimensions et il a été indiqué que cette caractérisation tridimensionnelle s'appuyait sur une représentation tridimensionnelle explicite – appelée « image » – de la structure. Mais a-t-on toujours besoin d'une telle représentation explicite ? Dans le cadre de travaux concernant la structure, son déterminisme ou son évolution, cette image 3D autorise la quantification de certains paramètres de description tels que la tortuosité ou la connectivité.

S'il s'agit d'analyser l'influence de l'organisation de la phase porale sur le fonctionnement hydrique, cette image 3D constitue le modèle sur lequel on peut simuler un fonctionnement. De nombreux modèles de fonctionnement hydrique disponibles dans la littérature s'appuient sur ce principe, comme le modèle HYDRUS 2D ou 3D par exemple, qui simule les transferts d'eau, de chaleur ou de solutés à l'échelle d'un horizon (Šimůnek *et al.*, 1999). Cette démarche de modélisation des transferts à l'aide d'une représentation explicite de la structure s'oppose à une démarche plus conceptuelle dans laquelle le sol ne serait plus représenté par une image de son organisation tridimensionnelle mais par des volumes de propriétés différentes [voir les modèles MACRO (Jarvis, 1994) ou MIM (van Genuchten et Wierenga, 1977), par exemple]. Dans ce dernier cas, une image tridimensionnelle de la phase solide et de la phase porale n'est plus obligatoire, mais la connaissance des propriétés des différents compartiments du milieu reste, bien sûr, nécessaire. Et l'on sait que ces propriétés ne sont pas indépendantes de la structure.

Pour en savoir plus

Bruand, 2009 ; Bruand et Tessier, 1996 ; Cousin *et al.*, 2004.

Chapitre 15

Tests de stabilité structurale, de percolation et d'évaluation de la sensibilité à la battance

Denis BAIZE, Frédéric DARBOUX

La stabilité structurale d'un horizon de sol est l'aptitude de cet horizon à maintenir un bon état d'agrégation lorsqu'il est **soumis à l'action de l'eau**. C'est essentiellement dans les couches les plus superficielles des sols cultivés, directement soumises à l'impact des gouttes de pluie ou bien à des humectations plus ou moins brutales, que cette action intervient de façon notable, d'autant que les premiers centimètres sont souvent dans un état initial très sec (voir chapitre 10). Les horizons profonds, toujours plus ou moins humides, sont peu sensibles à des réhumectations brutales et demeurent à l'abri des pluies et du gel.

▸▸ Méthodes historiques

Évaluation de la stabilité structurale

Les travaux sur la stabilité structurale ont débuté dans les années 1930 (Yoder, 1936 ; Hénin, 1938). Dans la conception qui a prévalu initialement en France (1956–1990), on s'efforce d'évaluer la stabilité intrinsèque des horizons testés, indépendamment de leur état structural et hydrique du moment. C'est pourquoi les conditions de désagrégation ont été standardisées au niveau le plus sévère. Les méthodes d'évaluation reposent sur la mise en œuvre d'une série de tests (Hénin et Monnier, 1956 ; Hénin *et al.*, 1969) dont les résultats sont combinés dans un indice unique : log $(10 \cdot I_s)$ est égal au logarithme décimal de $(I_s \times 10)$.

Technique mise en œuvre : l'analyse d'agrégats

L'échantillon de sol séché à l'air est « forcé » à la main au travers d'un tamis à mailles carrées de 2 mm. Le protocole détaillé (Hénin *et al.*, 1969) devra être suivi fidèlement, mais n'est pas l'objet de ce chapitre. Rappelons simplement que trois prises d'essai subissent des traitements distincts avant d'être soumises à une **action brutale de l'eau** : i) prétraitement à l'alcool éthylique ; ii) prétraitement au benzène ; iii) sans prétraitement.

Les agrégats qui ont résisté à ces traitements sont récupérés et pesés après tamisage sous l'eau, sur un tamis de 0,2 mm : c'est « l'analyse d'agrégats ». Par ailleurs est déterminée également la masse de la fraction < 20 µm qui reste en suspension dans l'eau.

Intérêt et expression des résultats

Lorsque de l'eau entre brutalement dans des pores remplis d'air, certains volumes d'air se retrouvent emprisonnés et comprimés entre plusieurs ménisques. Les agrégats peuvent alors se désagréger sous l'action de ces pressions internes de l'air. Le taux d'agrégats stables à l'eau sans prétraitement est noté **Age**.

Le prétraitement à l'alcool permet d'éliminer l'air contenu à l'intérieur des agrégats sans occasionner d'augmentation de la pression interne, donc sans causer d'éclatement. L'eau, miscible à l'alcool en toutes proportions, prend sa place lentement dans les agrégats ; son action se limite à provoquer la baisse de cohésion liée à l'état humide. Le taux d'agrégats stables après prétraitement à l'alcool (noté **Aga**) privilégie donc ce seul mécanisme.

Le prétraitement au benzène[28] avait deux conséquences opposées. D'une part, l'air était remplacé par un liquide incompressible et non miscible à l'eau. Lors de la pénétration de l'eau, la pression interne atteignait rapidement sa valeur maximale, les risques de désagrégation en étant d'autant accrus. D'autre part, la fixation du benzène sur des matières organiques hydrophobes faisait augmenter ce caractère hydrophobe, limitant ainsi plus ou moins le premier effet. Ce troisième test privilégiait donc le rôle de la mouillabilité des parois des pores vis-à-vis de la désagrégation des agrégats. Le taux d'agrégats stables après prétraitement au benzène (noté **Agb**) était un indicateur très sensible quant au rôle protecteur des matières organiques.

Chacun des trois tests avait donc un sens par lui-même et il était toujours intéressant de considérer indépendamment les trois valeurs **Age, Aga et Agb** pour établir les causes de l'instabilité structurale d'un horizon donné. Cependant, la combinaison de ces trois valeurs en une seule a été proposée afin de pouvoir classer globalement différents sols et les comparer entre eux.

Hénin et Monnier (1969) ont retenu l'expression suivante :

$$I_s = \frac{\text{Particules} < 20\ \mu\text{m max}}{\dfrac{\text{Aga} + \text{Age} + \text{Agb}}{3}} \times 0{,}9\ \text{SG}$$

---

28. L'usage du benzène, trop toxique, a été abandonné.

Le taux de « particules < 20 µm max. », exprimé en %, correspond à celui mesuré à l'issue du prétraitement le plus dispersant (en général celui au benzène). La correction de la moyenne des taux d'agrégats stables par 0,9 SG (SG = sables grossiers, de dimensions comprises entre 0,2 et 2 mm) a pour but de ne conserver au dénominateur que de véritables agrégats.

À noter que, à l'origine, I_s était noté S (on rencontre encore dans la littérature les deux symboles, strictement synonymes). En effet, il s'agit bien d'un indice d'instabilité et non de stabilité. Les valeurs obtenues expérimentalement par les auteurs de la méthode variaient de 0,1 pour des échantillons de sols humifères calcaires à plus de 100 pour des échantillons de sols sodiques très instables.

Finalement, il a été convenu d'utiliser le logarithme décimal de $I_s \times 10$, soit log 10 I_s, qui s'échelonne, en général, de 1 à 3. Le tableau 15.1 présente une norme empirique d'interprétation de cet indice, en termes de comportement *in situ*.

Tableau 15.1. Classes de stabilité structurale d'après log 10 I_s.

log 10 I_s	Stabilité	Évolution structurale probable
< 1	Très stable	Aucune manifestation de désagrégation Effet durable des sous-solages et labours profonds réalisés en conditions sèches
1,0 à 1,3	Stable	Battance peu probable et peu intense Prise en masse hivernale rare Sensibilité à l'érosion faible, même sur pentes fortes
1,3 à 1,7	Stabilité médiocre	Battance fréquente et accentuée en conditions pluvieuses Prises en masse lors d'excédents hydriques prolongés Érosion en rigoles sur pentes fortes (> 3 %)
1,7 à 2,0	Instable	Battance et prise en masse fréquentes en conditions climatiques normales Érosion fréquente sur pentes moyennes
> 2	Très instable	Battance et prise en masse généralisées Imperméabilité totale en fin d'hiver Érosion sur pentes très faibles

Tests de percolation

Les tests que nous venons de décrire traduisent l'influence de la texture, des matières organiques et des cations fixés par le sol, le sodium en particulier. Mais, appliqués à des horizons de sols dont le comportement a été amélioré par chaulage, ils sont incapables de faire apparaître une différence. C'est pourquoi Hénin et Monnier ont cherché à adjoindre une épreuve complémentaire à cette première batterie de tests (Hénin *et al.*, 1969).

Après diverses tentatives, c'est une mesure de vitesse de percolation *in vitro* qui a été retenue. On opère sur un échantillon préparé comme pour « l'analyse d'agrégats », c'est-à-dire sur échantillons séchés et forcés sur un tamis de 2 mm. Cette mesure est donc très différente de celles que l'on effectue *in situ* pour étudier les possibilités de drainage ou d'irrigation.

Technique

Des tubes de percolation sont utilisés, fermés à leur partie inférieure par une toile filtrante. Pour éviter son colmatage, celle-ci est surmontée par un lit de graviers. Puis les tubes sont remplis de terre de façon à ce que les « grains » de terre fine tombent toujours dans un excès d'eau. Une fois ce remplissage terminé, la percolation se fait sous une charge d'eau constante. Ce qui percole au cours des cinq premières minutes est éliminé (le moment zéro correspondant à l'établissement de la charge). On mesure ensuite les volumes d'eau percolés au cours de différentes durées.

Expression des résultats

Des coefficients K_1, K_2, K_{24}, K_t peuvent être calculés au bout de 1, 2, 24 ou t heures, selon la formule :

$$K_t = (e\,V\,/\,H\,S) \times 1\,/\,t$$

avec e, hauteur en cm de la colonne de terre ; V, volume d'eau percolé en cm^3 ; H, hauteur de la charge d'eau en cm ; S, section intérieure du tube en cm^2.

K s'exprime en cm par heure.

Les résultats obtenus s'échelonnent de 0 à 50 cm/h, ce qui est tout à fait suffisant pour opérer un classement des différents échantillons. Un chaulage fait apparaître des différences notables, sans commune mesure avec la marge d'erreur inhérente à la méthode utilisée.

Combinaison des résultats

I_s et K ayant été déterminés, il est possible de combiner ces deux valeurs pour caractériser chaque horizon étudié et en tirer une impression d'ensemble. I_s et K_1 sont exprimés sous la forme de log $(10\,I_s)$ et log $(10\,K_1)$; portés sur un graphique, respectivement en abscisses et en ordonnées, les points expérimentaux ont tendance à se grouper autour d'une droite (figure 15.1) d'équation :

$$3 \log (10\,K_1) + 2{,}5 \log (10\,I_s) - 7{,}5 = 0$$

Utilité - Précautions

Ces tests de stabilité structurale et de percolation étaient un moyen intéressant de caractériser des horizons labourés et d'opérer des comparaisons : par exemple entre différents traitements d'une même expérimentation ou bien entre intérieur et extérieur de grosses mottes. C'était l'un des rares moyens objectifs d'évaluer la sensibilité à la dégradation physique d'un horizon de surface. Dans l'esprit de leurs créateurs, les tests de stabilité structurale ne sont que des compléments à l'étude détaillée du profil cultural effectuée *in situ* (voir chapitre 7). Ces tests présentaient l'avantage d'être réalisables en petite série et ne nécessitaient qu'un minimum de précautions lors du prélèvement.

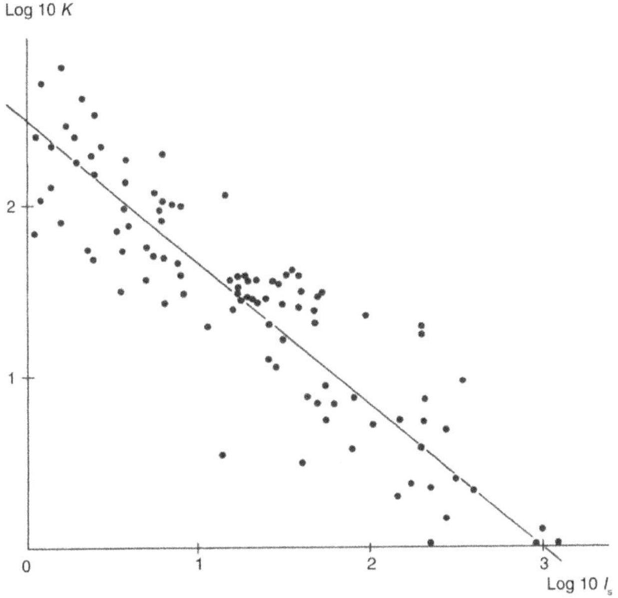

Figure 15.1. Stabilité structurale des sols d'Europe et d'Afrique du Nord (d'après Hénin *et al.*, 1969).

Pour quels échantillons ?

Depuis leur mise au point, ces tests ont été utilisés par de nombreux pédologues pour caractériser des horizons profonds et, particulièrement, lors d'études préalables au drainage, pour détecter d'éventuels niveaux à structure instable. Bien qu'ils conservent la même validité, les tests ne doivent alors pas être interprétés de la même façon que pour des horizons labourés. Leurs conditions de réalisation sont vraiment trop éloignées de ce qui se passe en profondeur dans les sols, où les dessèchements prononcés et l'éclatement des agrégats n'interviennent guère. Pour ces horizons profonds, les tests de Hénin et Monnier ne sont donc pas très performants et peuvent être remplacés avantageusement, pour établir un diagnostic, par des examens de fosses complétés par des analyses courantes (granulométrie, capacité d'échange cationique, garniture cationique, teneur en calcaire) et des déterminations minéralogiques (types de minéraux argileux). Le test de percolation demeure cependant intéressant pour évaluer les matériaux argileux ou instables.

Par ailleurs, il n'est pas illogique d'utiliser I_s et K pour tenter de prévoir ce qui va se passer dans les tranchées de drainage afin d'estimer la pérennité de « l'effet tranchée ». Dans une tranchée récemment rebouchée, il existe en effet des conditions particulières, intermédiaires entre celles des horizons labourés et celles d'horizons profonds : forte macroporosité, émiettement relatif des gros agrégats naturels, abaissement des taux d'humidité à certaines époques, possibilités d'arrivées d'eau massives et soudaines.

On notera que Féodoroff a proposé un seuil pour $\log(10\,I_s)$ afin de juger de la faisabilité d'un ***drainage-taupe***. En dessous de 1,2, les galeries resteraient relativement stables ; au-dessus de 1,4, elles risquent d'êtres instables et de se reboucher rapidement.

▸▸ Autres méthodes anciennes de la stabilité structurale

Estimation en fonction de critères analytiques – Indice de battance

Comme il était difficile et coûteux de réaliser des tests complets d'instabilité structurale, Rémy et Marin-Laflèche (1974) ont proposé une estimation des risques de battance par une sorte de « ***fonction de pédotransfert*** » avant la création de ce terme. Ils ont considéré le rapport :

$$R = \frac{1,5\ \text{LF} + 0,75\ \text{LG}}{\text{A} + 10\ \text{MO}}$$

où LF, limons fins ; LG, limons grossiers ; A, argiles ; MO, matières organiques.

LF, LG, A et MO sont exprimés en ‰.

Testée d'abord sur 40 échantillons, cette formule semblait bien corrélée avec les résultats des tests de stabilité de Hénin.

Cette équation a connu une nouvelle formulation en 1977 (programme CERES), avec l'introduction d'un correctif C à soustraire lorsque le pH est supérieur à 7. Cette formule n'est utilisable que si l'horizon considéré n'est ni nettement caillouteux (taux d'éléments grossiers > 15 %), ni très argileux (A > 500 ‰), ni fortement calcaire ($CaCO_3$ > 250 ‰), ni très humifère (MO > A/2).

$$C = 0,2 \times (\text{pH} - 7)$$

$$R \text{ ou } I = \frac{1,5\ \text{LF} + 0,75\ \text{LG}}{\text{A} + 10\ \text{MO}} - C$$

L'indice de battance final I_b vaut alors : $I_b = 5\,(R - 0,2)$.

L'horizon de surface est :
- « très battant » pour $I_b > 9$
- « battant » pour $9 > I_b > 8$
- « assez battant » pour $8 > I_b > 7$
- « peu battant » pour $7 > I_b > 6$
- « non battant » pour $I_b < 6$

En l'absence de détermination plus précise, on peut utiliser un diagramme triangulaire permettant d'évaluer la sensibilité à la battance prévisible en fonction de la composition granulométrique exprimée sous la forme de classes texturales (figure 15.2).

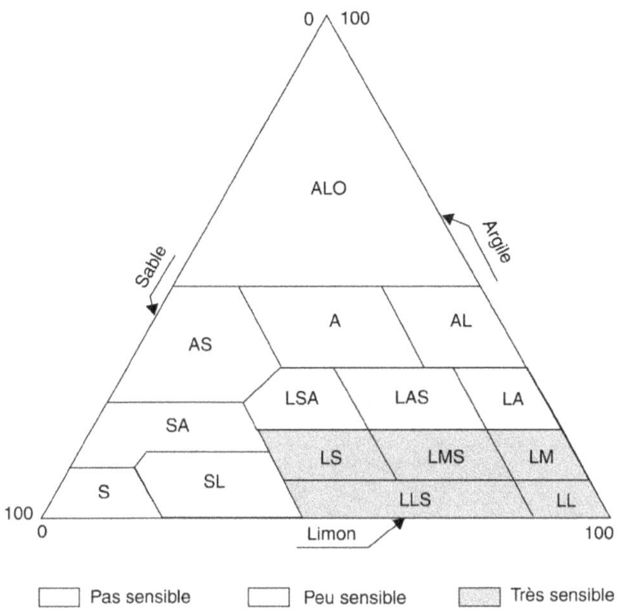

Figure 15.2. Classes texturales et leur sensibilité à la battance (Inra Orléans).

Test d'Emerson

Le test d'Emerson (Emerson, 1967), conçu à l'origine en relation avec les problèmes de colmatage des drains, a été appliqué par la suite aux horizons de surface. C'est un test de stabilité structurale, lui aussi, qui présente un bon rapport facilité de mise en œuvre par rapport à l'intérêt des résultats obtenus. Il peut être utile pour évaluer le comportement des matériaux argileux.

Ce test, qualitatif et dichotomique, permet de situer un échantillon parmi huit classes de comportement (figure 15.3). Six agrégats de 3 à 5 mm de diamètre, préalablement séchés à l'air, sont immergés dans un récipient transparent contenant de l'eau distillée. Le classement s'effectue en observant le comportement des agrégats.

▸▸ Nouvelle méthode – Sensibilité à la battance et à l'érosion

Le Bissonnais et le Souder (1995) ont proposé un cadre méthodologique de mesure de la stabilité structurale largement inspiré des travaux antérieurs tels ceux de Yoder (1936), Hénin et Monnier (1956) et Emerson (1967), mais modernisé et qui sert désormais à tous les travaux sur ce thème (Le Bissonnais, 1996 ; Afnor, 2005 ; ISO, 2012).

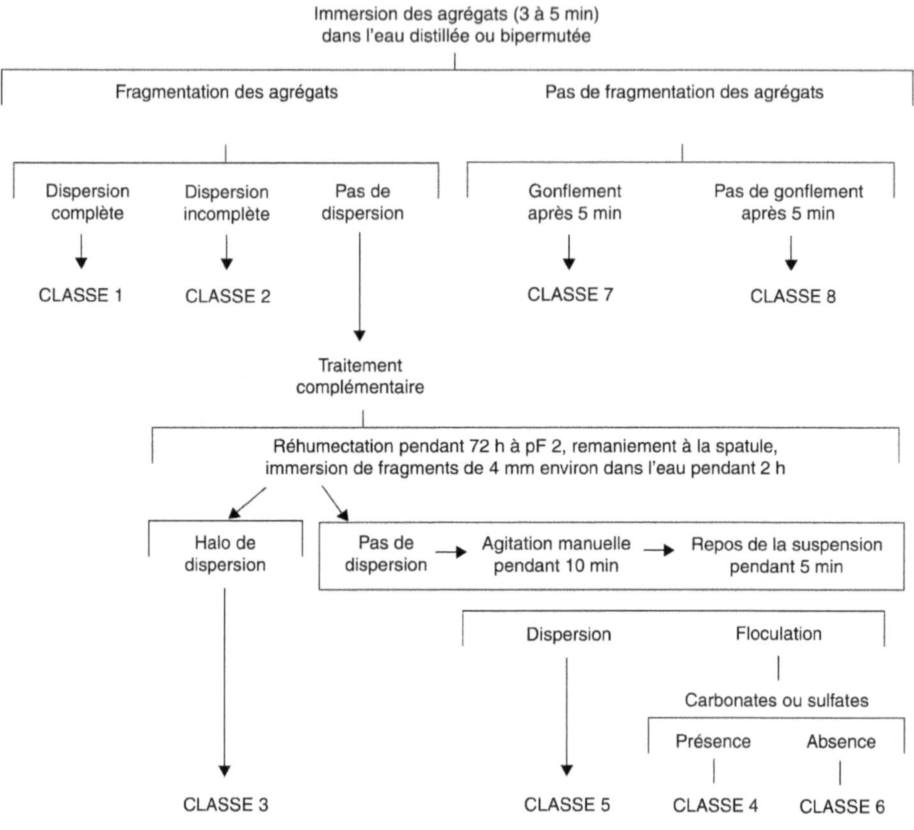

Figure 15.3. Test d'Emerson. Mode opératoire.

L'objectif de cette méthode est de donner une description réaliste du comportement des horizons de surface soumis à l'action des pluies et de permettre un classement relatif des matériaux (voir chapitre 10). Les trois tests proposés ont pour objectif de rendre compte de ce comportement dans différentes conditions climatiques, hydriques et structurales que les agrégats peuvent subir à la surface du sol.

Recommandations pour le prélèvement, le transport et le stockage des échantillons

Prélever environ 1 kg de terre dans la couche de sol à tester, si possible dans des conditions d'humidité modérées, par exemple les conditions permettant la préparation des lits de semence. Pour cela, on préconise l'utilisation d'un transplantoir et d'une bêche (rejeter les volumes lissés par les outils). Sauf cas particulier, prélever à partir de la surface. Cependant, en présence d'une croûte de battance, d'un mat racinaire dense ou d'une litière à la surface du sol, on prélèvera en dessous.

L'ensemble de la terre (mottes, agrégats, terre fine) est à prendre, sans opérer de sélection particulière, sur une épaisseur d'environ 10 cm. Il est recommandé de faire plusieurs prises en différents endroits (au minimum 5) sur une surface d'aspect homogène de l'ordre de 10 m² pour obtenir un échantillon composite représentatif. La surface du sol ne doit pas avoir subi de contraintes de type piétinement ou stockage de débris organiques. On évitera donc les bordures de parcelle.

Pour le transport et le stockage, l'échantillon est ramené dans une boîte rigide hermétique (de 1 à 2 litres de contenance). Si possible, transporter les boîtes dans une glacière jusqu'au laboratoire, afin d'éviter l'exposition à la chaleur. Les boîtes sont stockées dans une chambre froide à 4 °C afin de minimiser l'activité biologique et d'éviter les variations de température ; les échantillons doivent être traités le plus tôt possible.

Recommandations pour la préparation

Les échantillons sont mis à sécher à l'air, dans une atmosphère tempérée (environ 20 °C) et ventilée, étalés dans des récipients plats, posés par exemple sur des rayonnages. Durant cette période de séchage, qui en général prend quelques jours, les plus grosses mottes peuvent être périodiquement émiettées entre les doigts (1 fois par jour) ou brisées à la main pour produire, dans les conditions d'humidité optimales, le maximum d'agrégats de taille millimétrique. Cette opération de fractionnement ne doit pas modifier la porosité structurale des agrégats.

Une fois séchés à l'air, les échantillons sont passés au tamis. Les tests ultérieurs porteront sur des agrégats récupérés entre deux tamis à mailles de 3 et de 5 mm (ou 3,15 et 5 mm selon le type de tamis disponible). Lors du tamisage, il est conseillé de ne pas trop « forcer » les agrégats à passer à travers le tamis inférieur de maille 3 mm. En tout cas, ne pas opérer d'abrasion.

Avant les tests, faire sécher les agrégats calibrés à l'étuve à 40 °C pendant 24 h pour supprimer d'éventuelles variations d'humidité et uniformiser les conditions de traitement.

Traitements pour évaluer la stabilité structurale

Trois traitements sont proposés, chacun étant spécifique à un mécanisme de désagrégation :
   — traitement par **humectation rapide** : immersion dans de l'eau afin d'estimer l'éclatement (comportement de matériaux secs soumis à une irrigation par submersion ou à des pluies intenses) ;
   — traitement par **humectation lente** : humectation par capillarité pour tester le gonflement différentiel des argiles (comportement de matériaux secs ou peu humides soumis à des pluies modérées) ;
   — traitement par **désagrégation mécanique** : agitation après immersion dans l'éthanol (comportement de matériaux humides, réhumectés préalablement sans provoquer d'éclatement).

Mesure de la distribution de la taille des agrégats résultants

La procédure est identique pour les trois traitements et se déroule en trois temps :
i) immersion dans l'éthanol et récupération des fractions > 50 µm ; ii) séchage à
40 °C ; iii) passage dans une colonne de 6 tamis de 2000, 1000, 500, 200, 100 et
50 µm. Chacune de ces fractions est séchée puis rapportée au poids initial. La fraction < 50 µm est déduite par différence et également rapportée au poids initial. On
calcule ensuite le **diamètre moyen pondéré** (**MWD** : *Mean Weighted Diameter*) après
désagrégation (valeurs comprises entre 0,025 et 4 mm).

Résultats – Interprétation

Les résultats sont exprimés soit sous la forme d'histogrammes représentant la distribution de la taille des agrégats résultants (figure 15.4), soit sous la forme de MWD.
On peut aussi faire la moyenne des trois MWD pour obtenir une valeur synthétique
unique ou bien calculer des rapports entre les MWD des différents tests afin de faire
apparaître la part respective de chacun des mécanismes.

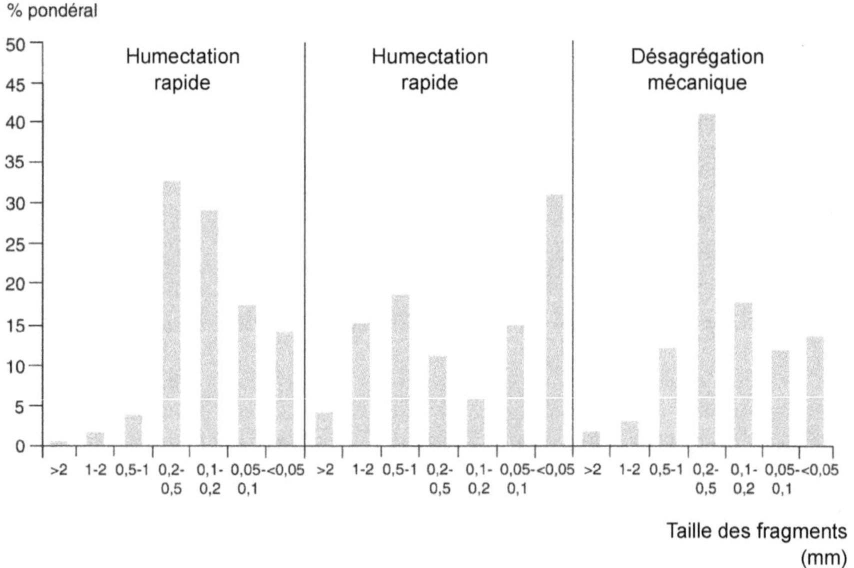

Figure 15.4. Exemple de présentation des résultats. Agrégats résultants selon les trois
traitements (Le Bissonnais et Le Souder, 1995).

Comme chaque traitement correspond à des conditions spécifiques en termes de
condition hydrique, de vitesse d'humectation et d'énergie appliquée, il est possible
d'utiliser soit le résultat de l'un des traitements, soit une combinaison des trois traitements, selon le contexte de l'étude.

Les valeurs de MWD peuvent être interprétées selon les cinq classes du tableau 15.2.

Tableau 15.2. Classes de stabilité, de risque de battance et d'érosion hydrique en fonction des valeurs de diamètre moyen pondéré (MWD) après désagrégation (Le Bissonnais et Le Souder, 1995).

MWD	Stabilité	Battance	Ruissellement et érosion diffuse
< 0,4 mm	Très instable	Systématique	Risque important et permanent en toutes conditions topographiques
0,4 à 0,8 mm	Instable	Très fréquente	Risque fréquent en toutes situations
0,8 à 1,3 mm	Moyennement stable	Fréquente	Risque variable en fonction des paramètres climatiques et topographiques
1,3 à 2,0 mm	Stable	Occasionnelle	Risque limité
> 2,0 mm	Très stable	Très rare	Risque très faible

La standardisation de l'état des échantillons (séchage, émiettage, sélection de fragments d'agrégats de 3 à 5 mm par tamisage) permet d'effectuer des comparaisons entre études. Toutefois, et bien évidemment, les résultats des tests ne rendent pas compte de tout ce qu'il se passe *in situ*. C'est pourquoi les tests de stabilité structurale ne remplacent pas d'autres techniques d'étude de la battance, du ruissellement et de l'érosion sur le terrain (voir chapitre 10).

Des comparaisons avec des mesures de ruissellement et d'érosion montrent une bonne corrélation (Le Bissonnais *et al.*, 2007).

Pour en savoir plus

Hénin, 1976 ; Boiffin et Monnier, 1982 ; Le Bissonnais *et al.*, 1989-90 ; Le Bissonnais et Arrouays, 1997 ; Rémy et Le Bissonnais, 1998. http://www.beep.ird.fr/collect/bre/index/assoc/HASH0113.dir/18-015-032.pdf

Chapitre 16

Relations entre structure, porosité et minéralogie dans les sols
Évaluation par les courbes de teneur en eau et de volume apparent

Folkert VAN OORT

La pédogenèse est un ensemble de processus qui conduit à l'individualisation d'horizons dans les sols. Chacun de ces horizons présente des propriétés minéralogiques, physicochimiques et des organisations propres, plus ou moins influencées par la nature et la composition du matériau parental, les conditions climatiques et l'activité biologique et/ou anthropique. Ainsi, les horizons C sont encore fortement marqués par l'altération de la roche en place, dont ils conservent les grands traits morphologiques. Dans les horizons sus-jacents (S ou B), les constituants individuels deviennent plus altérés, transformés et mélangés par les actions mécaniques et biologiques : c'est la pédoplasmation (Flach *et al.*, 1968). L'architecture initiale de la roche n'y est plus visible. Enfin, les horizons de surface (A ou L) sont prioritairement affectés par l'activité biologique et généralement enrichis en matières organiques. Ils subissent prioritairement l'effet de la végétation notamment due à la mise en culture et les impacts de pratiques anthropiques (labour, fertilisations, amendements). Les organisations et propriétés hydriques dans le sol varient donc considérablement d'un horizon à l'autre, entre la profondeur et la surface.

Ce chapitre examine les évolutions dues à la genèse des sols sur la base de la connaissance des relations entre la nature des minéraux argileux, leurs arrangements à différentes échelles (voir chapitre 11) et les propriétés hydriques et porales qui en résultent. Ces relations peuvent être appréhendées en réalisant des mesures simultanées de la teneur en eau et du volume apparent sur des échantillons non perturbés, préalablement soumis à des contraintes hydriques croissantes (voir chapitre 2). En multipliant le nombre de mesures, pour une gamme de potentiels de l'eau très large, cette approche fournit des informations précises sur les différentes catégories de vides dans un échantillon de sol (Marshall *et al.*, 1996) :

– ceux qui assurent un écoulement rapide de l'eau sans formation de ménisques capillaires : les macropores avec une taille de plusieurs mm (fissures, chenaux, pores intermottes) ;

– ceux où la rétention en eau est gouvernée par des forces capillaires qui assurent le drainage des eaux de pluie et qui contribuent à la réserve en eau du sol ; la taille de cette catégorie de vides varie du dixième à plusieurs centaines de micromètres ;

– ceux où les liaisons des molécules d'eau aux interfaces du solide sont régies par les forces d'adsorption, dépend des propriétés spécifiques des constituants, notamment des argiles ; leur dimension est inférieure à 100 nm environ.

Dans les matériaux argileux, l'organisation du solide et de la porosité évolue en fonction de l'état d'hydratation et dépend donc des événements climatiques et des contraintes liées à la végétation. De plus, ces évolutions peuvent être partiellement irréversibles lorsque le matériau solide se déforme ou que les particules d'argile s'agrègent pour former des entités plus grandes, au cours des phases de dessiccation-humectation. Cependant, tous les matériaux argileux ne changent pas d'organisation et de volume apparent. Lorsqu'un matériau est rigide, des lois simples permettent de relier le potentiel capillaire de l'eau à la taille des pores dont on extrait de l'eau (Calvet, 2003). Nous verrons que pour les matériaux argileux déformables l'analyse est plus complexe.

Dans ce chapitre, nous nous focaliserons sur les propriétés hydriques d'échantillons de sols riches en constituants argileux de la Guadeloupe, en analysant leur caractère plus ou moins déformable dans une très large gamme de potentiels de l'eau. Les modifications de l'organisation du solide et du spectre poral, entre la profondeur et la surface, seront illustrées par l'examen des horizons C, S et A de sols à halloysite ; puis le rôle de la nature des minéraux argileux sera étudié par la comparaison avec des sols à kaolinite et à smectite. Le spectre poral déduit des courbes de rétention en eau sera ensuite comparé avec des mesures de la distribution de la taille des pores par la technique de porosimétrie au mercure, réalisées sur des échantillons préalablement déshydratés.

▶▶ La région tropicale insulaire volcanique, un milieu naturel modèle

Les îles volcaniques en milieu tropical occupent souvent des surfaces réduites, mais se caractérisent par de forts gradients topographiques et pluviométriques sur de courtes distances. C'est le cas de l'île de Basse-Terre, en Guadeloupe, où des matériaux volcaniques contiennent essentiellement des minéraux primaires altérables (feldspaths, pyroxènes). La pédogenèse conduit à une néogenèse massive de minéraux argileux secondaires, dont la nature et les organisations à l'échelle microscopique varient selon les conditions climatiques (voir chapitres 11 et 13). Par conséquent, ces environnements insulaires constituent un milieu naturel modèle pour étudier les relations entre l'organisation des minéraux argileux et les propriétés hydriques macroscopiques des sols (Robert et Herbillon, 1990). Les fortes proportions d'argile et leur composition quasi monospécifique engendrent une structure, une porosité et un comportement hydrique caractéristiques pour chaque type de sol. Un aperçu schématique des principaux niveaux d'organisation et les catégories de vides associées sont présentés dans la figure 16.1 pour un Nitosol à halloysite.

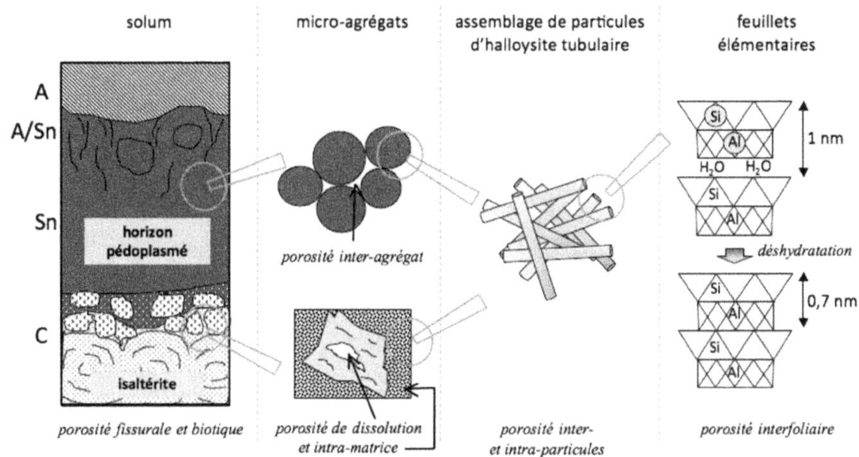

Figure 16.1. Présentation schématique des différents niveaux d'organisation de la phase solide et les types de porosité associée dans un Nitosol à halloysite.

Afin de montrer le rôle des minéraux argileux dans le comportement hydrique des matériaux, des courbes détaillées de rétention en eau et de volume ont été réalisées sur des échantillons collectés dans différents horizons de sols jeunes, riches en halloysite (Nitosol). L'exemple de l'horizon C illustre le constat qu'un matériau très argileux n'est pas toujours synonyme de forts changements de volume. C'est dans l'horizon pédoplasmé (Sn) du Nitosol que la nature et les propriétés spécifiques des minéraux argileux sont les mieux exprimées, alors que dans l'horizon de surface les propriétés hydriques sont impactées par les pratiques agricoles. Pour l'illustration de la spécificité de comportement hydrique, liée à la nature minéralogique des constituants argileux, nous allons comparer les résultats de l'horizon pédoplasmé du sol à halloysite avec ceux de l'horizon pédoplasmé F d'un ferrallitisol à kaolinite et de l'horizon V d'un Lithovertisol à smectite.

▸▸ Un peu de physique du sol...

Relation entre le potentiel de l'eau et la taille des pores

Les mouvements de l'eau dans le sol sont conditionnés par un ensemble de forces : gravitaires, attraction par la matrice solide, présence de solutés. La rétention en eau dans le sol résulte à la fois des forces capillaires (loi de Jurin) et des forces d'adsorption de l'eau à la surface des particules solides qui contrôle l'angle de contact des ménisques (loi de Laplace). En considérant que les vides du sol sont des pores de tailles et de formes variées, on peut écrire la relation qui relie la taille des ménisques capillaires à l'énergie qu'il faut appliquer pour en extraire l'eau, par l'équation qui combine les lois de Jurin et de Laplace :

$$\psi_m = 2\gamma \cos \alpha / r$$

où ψ_m représente le potentiel matriciel de l'eau, γ la tension superficielle de l'eau, α l'angle de contact entre l'eau et la surface du solide, et r le rayon des pores. Le potentiel de l'eau s'exprime par une valeur négative.

Tableau 16.1. Méthodes utilisées pour équilibrer les échantillons de sols à un potentiel de l'eau ; relations entre le potentiel matriciel, l'humidité relative et le diamètre équivalent des pores (compilation de données, d'après van Oort, 1984 ; Tessier, 1984 ; Chamayou et Legros, 1989 ; Calvet, 2003). ψ_m = potentiel matriciel, P = pression, $D_{éq}$ = diamètre équivalent des pores, HR = humidité relative.

pF	ψ_m (kPa)	P (bars)	$D_{éq}$ (μm)	Techniques utilisées
Pression pneumatique				
1,0	−1	0,01	300	
1,5	−3,2	0,03	100	
2,0	−10	0,1	30	Tube à ultrafiltration (en verre
2,5	−32	0,3	10	renforcé)
2,75	−56	0,6	5	
3,0	−100	1	3	
3,5	−320	3	1	
3,7	−500	5	0,6	
3,85	−700	7	0,4	Presse à membrane (en inox de
4,0	−1000	10	0,3	15 mm)
4,2	−1585	15,8	0,2	
4,45	−2800	28	0,1	
Humidité relative d'air		HR (%)		Solutions salines, acide concentré
4,45	−2800	*98*	0,1	$CuSO_4$, 5 H_2O
4,84	−7000	*95*	0,4	Na_2SO_3, 7 H_2O
5,18	−15 000	*90*	0,02	$ZnSO_4$, 7 H_2O
5,52	−33 000	*79,5*	0,01	NH_4Cl
5,75	−56 200	*66*	0,005	$NaNO_2$
6,03	−100 000	*47*	0,003	KCNS
6,2	−160 000	*32,5*	0,002	$CaCl_2$, 6 H_2O
6,37	−235 000	*20*	0,0012	CH_3COOK
6,55	−355 000	*8,5*	0,0008	H_2SO_4, densité 1,6 g cm^{-3}
7,0	−1 000 000	0	0,0003	Étuve, 105 °C

Le potentiel matriciel a longtemps été exprimé par le pF (*potential of free energy*), le logarithme décimal de la hauteur d'une colonne d'eau (en cm). Aujourd'hui, on l'exprime en kilopascals (kPa). Le tableau 16.1 résume des équivalences entre le pF, le potentiel de l'eau, la pression, l'humidité relative et le diamètre équivalent des pores. Dans ce qui suit, on admet que le matériau argileux est fortement hydrophile, c'est-à-dire que l'angle de contact des ménisques capillaires est nul.

Mise en équilibre des échantillons de sol avec un potentiel de l'eau, mesures de teneur en eau et du volume apparent

Compte tenu des différences de potentiel de l'eau entre un sol saturé (0 kPa) et un sol totalement sec (-10^6 kPa, pF = 7), différentes techniques complémentaires sont nécessaires pour soumettre les échantillons à une gamme aussi large de contraintes. Ainsi, pour de hauts potentiels appliqués par pression pneumatique, un dispositif d'ultrafiltration, un tube en verre renforcé (Tessier et Berrier, 1979), est utilisé pour des valeurs inférieures à -100 kPa (pF $\leq$ 3). Entre -100 et -1600 kPa (pF 3 à pF 4,2), on utilise la presse à membrane (Richards, 1941), une cocotte métallique avec une plaque de porcelaine poreuse ou une membrane cellulosique. Pour les valeurs de potentiel plus basses (pF $\geq$ 4,45), les échantillons sont placés dans des dessiccateurs contenant des solutions salines saturées, créant ainsi des humidités relatives diffé-rentes (tableau 16.1) avec des équivalences en potentiels de l'eau selon la loi de Kelvin : de $-2,8$ MPa (pF 4,45, $CuSO_4$) jusqu'à -355 MPa (pF 6,55, acide sulfurique concentré). L'état de référence totalement sec (pF 7) est obtenu après séchage de l'échantillon à l'étuve à 105 °C.

Sur chaque échantillon, la teneur en eau pondérale est déterminée en mesurant la différence de poids, à un potentiel donné, par rapport à son poids à 105 °C. Son volume est mesuré par poussée d'Archimède après l'immersion de l'échantillon dans du kérosène (Monnier *et al.*, 1973, Afnor, 1999). Ainsi, 10 échantillons sont étudiés pour chaque potentiel de l'eau. Au total, une vingtaine de potentiels de l'eau crois-sants sont appliqués pour l'établissement d'une courbe d'hydratation aussi détaillée, nécessitant environ 200 échantillons.

Réalisation des courbes de teneur en eau et de volume apparent en fonction du potentiel de l'eau

Les mesures sont réalisées sur des échantillons non remaniés (petites mottes) de 1 à 10 cm^3, extraits délicatement de grosses mottes, de plusieurs litres, prélevées à l'état humide au cœur des horizons de sols. Depuis leur prélèvement dans le solum, les échantillons n'ont pas subi de dessiccation et leur état correspond donc aux conditions d'humidité de terrain. Un échantillon est placé dans le tube d'ultrafiltration et soumis à un potentiel donné. Une dizaine d'échantillons est placée dans la presse à membrane. Pour ces deux techniques, le temps de mise en équilibre avec le potentiel de l'eau dure environ 7 à 10 jours. Dans les dessiccateurs contenant une solution saline saturée, on place également une dizaine d'échantillons, mais de taille moindre (environ 1 cm^3), car le temps pour équilibrer la teneur en eau avec l'humidité relative dans l'enceinte est beaucoup plus long, de 3 à 6 mois ! Sur chaque échantillon sont ensuite déterminés la teneur en eau pondérale et le volume apparent. Afin de faciliter la lecture des résultats, leur expression en unité pF est privilégiée dans les présentations graphiques.

Expression des résultats de teneur en eau et de volume apparent : définition d'indices d'eau, de vide et de solide

Afin de comparer les matériaux sur des bases identiques, les volumes des phases eau et air seront rapportées au volume de solide (cm³ d'eau ou d'air, par cm³ de solide) (figure 16.2). Cela permet de comparer dans une même figure, les évolutions simultanées du volume total d'un échantillon et des proportions des vides remplis d'eau ou d'air quand le potentiel de l'eau varie, et ce pour différents sols.

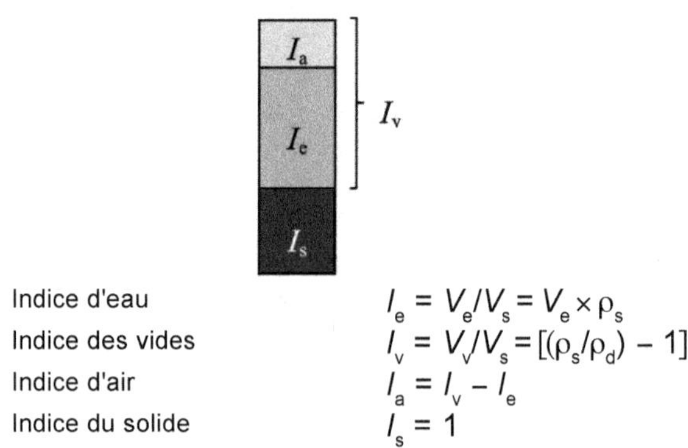

$$I_e = V_e/V_s = V_e \times \rho_s$$
$$I_v = V_v/V_s = [(\rho_s/\rho_d) - 1]$$
$$I_a = I_v - I_e$$
$$I_s = 1$$

Figure 16.2. Volumes des phases eau et air rapportées au volume de solide (cm³ d'eau ou d'air, par cm³ de solide). V_e est le volume d'eau, V_v le volume des vides, V_s le volume de solide, ρ_d la masse volumique de l'échantillon (ou densité apparente) et ρ_s la masse volumique du solide.

Évaluation de la distribution de la taille des pores par la méthode de porosimétrie au mercure

Contrairement à l'eau, le mercure n'a pas d'affinité pour la phase solide. En revanche, on peut le faire pénétrer sous pression à la condition que l'échantillon de sol soit déshydraté et sous vide. Cette technique dite de porosimétrie au mercure permet d'établir la distribution de la taille des pores en utilisant la relation entre pression et taille des pores décrite par la loi de Jurin (Lawrence, 1978 ; Winslow, 1978 ; Bruand et Prost, 1987). Selon le type de porosimètre utilisé, cette approche permet d'exercer des pressions allant jusqu'à environ 2000 bars (200 MPa) et de décrire ainsi une gamme de taille des pores de 7,5 nm à environ 100 μm (Grimaldi *et al.*, 1993). Les résultats obtenus par injection de mercure peuvent être également rapportés au volume de solide de l'échantillon et sont codés $I_{v(Hg)}$ dans le tableau 16.2. Dans ce travail, les courbes sont les valeurs moyennes de deux analyses d'injection de mercure sur des échantillons différents.

⇥ Propriétés hydriques d'horizons de sols argileux de la Guadeloupe

L'horizon d'altération du matériau volcanique parental : l'isaltérite

Le volcanisme en Guadeloupe produit majoritairement des roches andésitiques, contenant des feldspaths calcosodiques et des pyroxènes ferromagnésiens entièrement altérables sous le climat chaud et humide. Dans ces conditions, l'altération conduit souvent à une ***isaltérite***, à savoir une formation d'altération dans laquelle le volume et l'architecture des minéraux primaires restent conservés (photo 16.1a, b), même si les minéraux de la roche initiale sont dissous et transformés par ***pseudomorphose*** (van Oort *et al.*, 1994 ; Jongmans *et al.*, 1999). Il en résulte la présence de minéraux secondaires, les argiles de néogenèse, en remplacement total ou partiel des anciens constituants dont les contours rectilignes sont préservés (photo 16.1c). Ainsi, dans les conditions pédoclimatiques favorables à la néogenèse d'argiles de type 1:1 (halloysite ou kaolinite), la majorité des cations Ca^{2+}, Mg^{2+} et une partie de la silice sont lixiviées et des vides de dissolution (de quelques µm à une dizaine de µm) se créent dans la matrice ainsi transformée.

La figure 16.3A montre la répartition simultanée de l'eau et de l'air dans les vides de l'isaltérite au cours de la dessiccation. La teneur en eau varie peu pour les hauts potentiels *i.e.* de –10 à –32 kPa (pF 1–2,5), mais diminue brusquement entre –100 et –1000 kPa (pF 3–4). Ces pertes d'eau n'entraînent aucune diminution de volume Aux potentiels plus bas, le matériau perd de l'eau jusqu'à environ –320 MPa (pF 6,5) et on observe une faible diminution de volume entre –32 et –100 MPa (pF 5,5 et 6), d'environ 10 % (tableau 16.2).

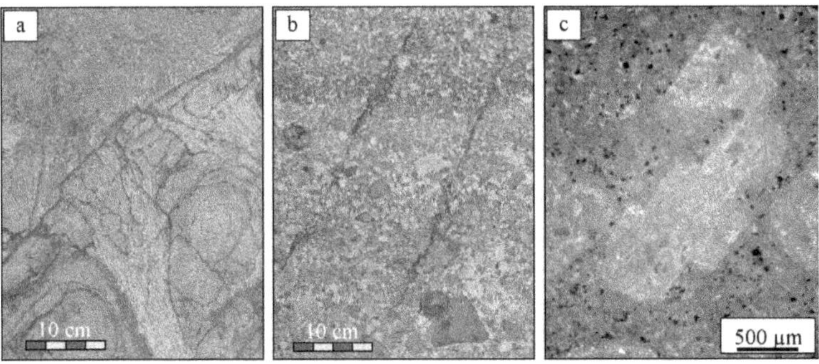

Photo 16.1. L'isaltérite. Photos : F. van Oort.

a. Détail d'un bloc massif d'andésite de taille métrique. **b.** Fragments d'andésite dans un dépôt pyroclastique. Ces deux matériaux sont altérés et transformés majoritairement en halloysite. **c.** Image en microscopie optique polarisante montrant l'architecture des phénocristaux (feldspaths) transformés en halloysite (plages grises) ; le fond matriciel environnant plus rouge, initialement composé de microcristaux de feldspaths et de pyroxènes, a été transformé en halloysite et en oxydes de fer ; les points noirs correspondent à des cristaux de magnétite (lumière polarisée, grossissement × 100).

233

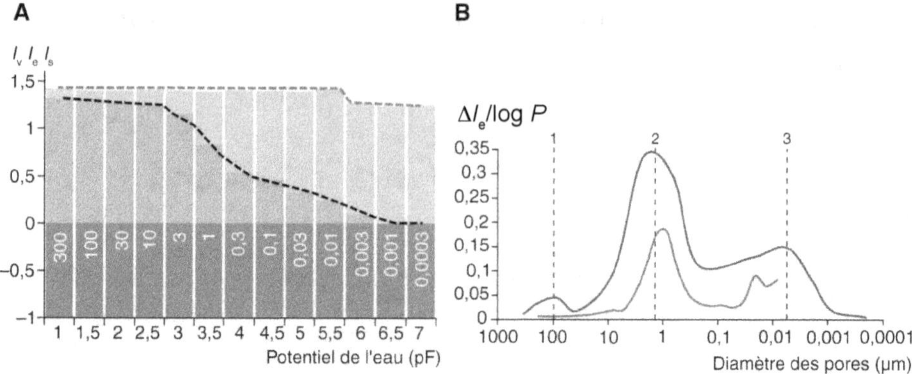

Figure 16.3. Propriétés hydriques et porales de l'isaltérite.
A. Courbes de l'indice des vides (I_v) et de l'indice d'eau (I_e) en fonction du potentiel de l'eau (exprimé en pF), au cours de la dessiccation ; à chaque valeur de pF est présentée la répartition des vides (courbe en tireté) remplis d'eau (bleu) et d'air (jaune), le solide est en marron. **B.** En bleu, spectre poral déduit de la courbe de rétention en eau $\Delta(I_e)/\Delta(P)$ en fonction de la taille équivalente des pores ; en marron, spectre poral déterminé par porosimétrie au mercure.

L'isaltérite se comporte donc comme un matériau rigide : lors de la dessiccation, les pores se vident sans que cela entraîne une réorganisation apparente du solide et la structure reste inchangée. Dans ce matériau rigide, les pertes d'eau aux différents potentiels peuvent être interprétées en termes de taille de pores en réalisant la courbe dérivée de la courbe de rétention en eau (en bleu dans la figure 16.3B). Cette courbe dérivée renseigne sur la présence de plusieurs catégories de pores dans l'isaltérite : (1) des microfissures avec une taille d'environ 100 µm ; (2) une classe majoritaire de pores avec une taille de 0,3 à 3 µm correspondant aux vides de dissolution ; (3) une classe de micropores incluant des pores interparticulaires (0,03–0,003 µm) et des pores intraparticulaires (< 0,003 µm). Ces derniers correspondraient à la perte d'eau lors du passage de l'halloysite hydratée (1,0 nm) à l'halloysite déshydratée (0,7 nm). Des études minéralogiques sur la déshydratation des argiles des sols de la Guadeloupe (van Oort, 1988) confirment que la perte d'eau de l'espace interfoliaire de l'halloysite se manifeste à une humidité relative d'environ 30 % ($\approx$ pF 6,2).

La courbe de la distribution de la taille des pores obtenue par injection de mercure (en marron dans la figure 16.3B) montre la bonne correspondance entre les deux approches de mesure du spectre poral, avec cependant seulement deux catégories de pores : celle avec une taille de l'ordre du micromètre correspondant aux vides de dissolution (2) et celle des micropores avec une taille d'environ 0,03 µm (3). Les microfissures et les pores de taille inférieure à 0,01 µm ne sont pas pris en compte dans le domaine des pressions exercées par le porosimètre à mercure. Si la déshydratation de l'isaltérite provoque une réorganisation à l'échelle des particules d'argile, cela n'entraîne pas de changement visible du volume, dans un très large domaine des potentiels de l'eau (–10 kPa à –100MPa, pF1 – pF 6), car celui-ci est probablement masqué par la porosité de dissolution. La densification maximale du matériau, avec $I_v = 1,24$ cm³ par cm³ de solide, est faible (tableau 16.2).

Tableau 16.2. Minéralogie dominante, structure et propriétés physiques caractéristiques de différents horizons argileux de sols de la Guadeloupe. $I_{e\,hum}$, $I_{v\,hum}$, indice d'eau et indice des vides à l'état humide (pF 1) ; $I_{v\,sec}$, indice des vides à l'état sec (pF 7) ; $\Delta(I_v)$, variations maximales de l'indice de vides entre l'état humide et l'état sec ; $(\Sigma(I_{v(Hg)}))$, volume poral cumulé déterminé par la porosimétrie au mercure ; $\Delta(I_v)/I_{v\,hum}$, retrait maximal des matériaux lors de la dessiccation exprimé par rapport au volume initial de l'échantillon humide ; $I_{v\,(Hg)}/I_{v\,sec}$, rapport entre le volume poral cumulé mesuré par porosimétrie au mercure et l'indice des vides de l'échantillon sec.

Sol et horizon	Minéralogie dominante	Type et dimension de la structure	$I_{e\,hum}$	$I_{v\,hum}$	$I_{v\,sec}$	$\Delta(I_v)$	$\Sigma(I_{v\,(Hg)})$	$\Delta(I_v)/I_{v\,hum}$	$I_{v\,(Hg)}/I_{v\,sec}$
			cm³ d'eau ou de vides par cm³ de solide					(%)	(%)
Isaltérite C	Halloysite	Architecture conservée	1,32	1,42	1,24	0,18	1,09	12,7	88
Nitosol Sn	Halloysite	Continue, microagrégée (mm)	1,34	1,40	0,95	0,55	0,681	39,3	72
Nitosol A	Halloysite	Polyédrique anguleuse (1–5 cm)	1,08	1,14	0,67	0,47	–	41,2	–
Ferrallitisol F	Kaolinite	Micro-agrégée (mm)	0,96	1,13	0,78	0,35	0,654	31,0	84
Lithovertisol V	Smectite	Continue au sein de mégaprismes (m)	1,56	1,58	0,49	1,10	0,218	69,6	44

L'horizon pédoplasmé Sn du Nitosol à halloysite

En Guadeloupe, les Nitosols à halloysite se développent sur des matériaux volcaniques de plusieurs milliers d'années, sous des conditions climatiques humides, avec une pluviométrie annuelle de 2000 à 3000 mm et une saison sèche peu marquée. L'horizon Sn présente une structure massive à tendance micro-agrégée (tableau 16.2). Au sein des agrégats millimétriques, la microscopie optique montre des orientations de la matrice argileuse indiquant des réarrangements d'argile sous l'effet des alternances de gonflement et de retrait. Des dessiccations jusqu'à environ –1,6 MPa (16 bars, ce qui correspond à l'humidité au point de flétrissement permanent des plantes) n'entraînent pas ou peu de diminution de volume (figure 16.4A). Ce comportement suggère que les pertes d'eau dans ce domaine énergétique correspondent aux contraintes climatiques subies par les sols dans les conditions naturelles. Pour des potentiels < –1,6 MPa, la dessiccation provoque une forte diminution du volume, environ 30 %. Cela correspond à un effondrement de la structure, et cette diminution de volume est en grande partie irréversible. Enfin, pour des potentiels < –100 MPa, on observe une perte d'eau significative qui entraîne un retrait supplémentaire d'environ 5 %, attribué à la déshydratation de l'halloysite.

La courbe dérivée de la courbe de rétention en eau (figure 16.4B) indique que le matériau argileux de l'horizon Sn présente trois catégories de pores : des microfissures et pores d'origine biologiques (30–300 µm) ; des pores interparticulaires (0,03 µm) et des pores intraparticulaires (de l'ordre du nanomètre). La porosité de dissolution présente dans l'isaltérite avec une taille d'environ 1 à 3 µm est absente. La distinction d'une perte d'eau correspondant à des pores < 0,003 µm dans l'horizon Sn, peu marquée dans l'isaltérite, suggère une meilleure cristallinité des particules d'halloysite, confirmée par des analyses en diffraction des rayons X (van Oort, 1988).

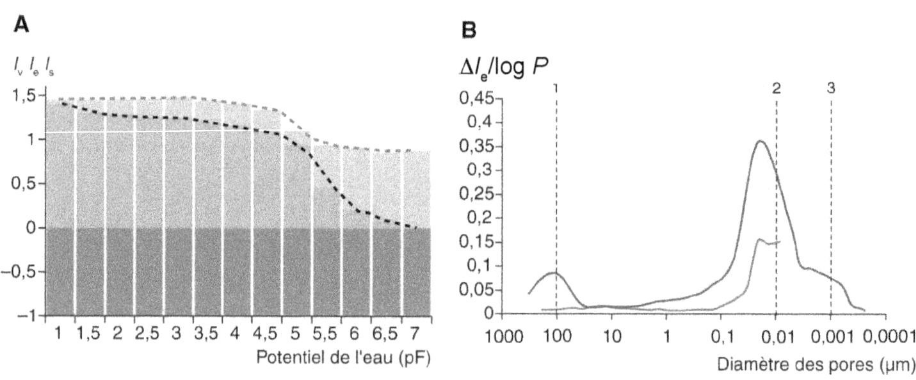

Figure 16.4. Propriétés hydriques et porales de l'horizon pédoplasmé Sn du Nitosol à halloysite.

A. Courbes de l'indice des vides (I_v) et de l'indice d'eau (I_e) en fonction du potentiel de l'eau ; répartition des vides remplis d'eau (bleu) et d'air (jaune), le solide est en marron. **B.** En bleu, courbe dérivée de rétention en eau $\Delta(I_e)/\Delta(P)$ en fonction de la taille équivalente des pores ; en marron, spectre poral déterminé par la porosimétrie au mercure.

Enfin, la densification maximale du matériau ($I_v \approx 0,95$ cm³ par cm³ de solide) est plus forte que celle de l'isaltérite (tableau 16.2). La courbe de la distribution de la taille des pores par injection de mercure montre une classe de pores d'environ 0,03 µm. Cependant, au maximum de la pression exercée par le porosimètre, une partie (environ 30 %) du spectre poral de taille < 0,01 µm n'est pas prise en compte dans la gamme des pressions appliquées par cette méthode (tableau 16.2).

L'horizon A de labour du Nitosol

En surface, sous l'effet de la culture mécanisée en bananeraie, l'horizon A présente une structure compacte en mottes anguleuses (Dorel, 2001). La préparation des sols pour la replantation des bananeraies (labour, griffage) intervient tous les 4 ou 5 ans, mais elle est souvent réalisée dans des conditions hydriques défavorables (van Oort et Dorel, 1990). Les indices d'eau et de vides sont environ 25 % moins élevés que dans l'horizon pédoplasmé Sn (figure 16.5A). Lors de la dessiccation, la perte d'eau s'accompagne d'une diminution similaire du volume : l'entrée d'air dans le matériau est faible.

La courbe dérivée de la courbe de rétention en eau (figure 16.5B) montre la présence : (1) d'une porosité de l'ordre de la dizaine de micromètres, des micro-fissures et/ou pores biologiques ; (2) d'une microporosité interparticulaire et (3) d'une porosité intraparticulaire de l'ordre de 0,001 µm, qui représente la contribution la plus importante. L'indice des vides à l'état sec (0,67) est plus faible que dans l'horizon Sn (0,95) et illustre les impacts du compactage sous culture mécanisée (tableau 16.2).

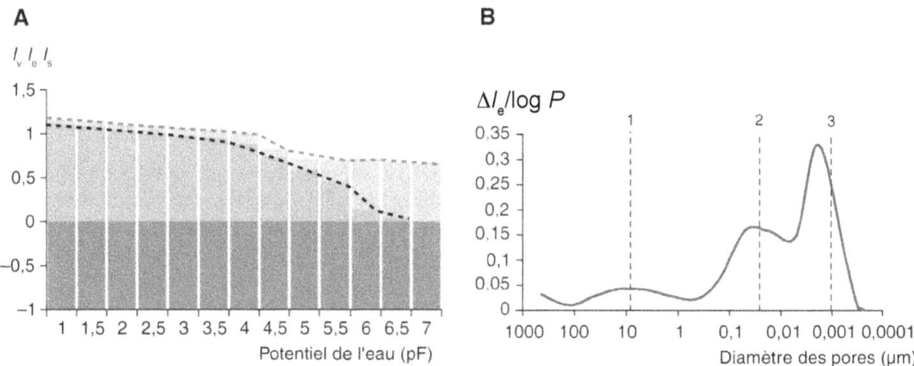

Figure 16.5. Propriétés hydriques et porales de l'horizon A du Nitosol à halloysite. **A.** Courbes de l'indice des vides (I_v) et de l'indice d'eau (I_e) en fonction du potentiel de l'eau ; répartition des vides remplis d'eau (bleu) et d'air (jaune), le solide est en marron. **B.** Courbe dérivée de rétention en eau $\Delta(I_e)/\Delta(P)$ en fonction de la taille équivalente des pores.

L'horizon pédoplasmé F d'un ferrallitisol à kaolinite

Les ferrallitisols, contenant essentiellement de la kaolinite, de l'halloysite déshydratée et des oxydes de fer, sont présents prioritairement au nord de la Guadeloupe. Ils se développent essentiellement à partir de matériaux volcaniques anciens (100 000 à 2 000 000 ans), fortement altérés sous un climat caractérisé par 1500 à 2000 mm de pluie par an et une saison sèche peu marquée. La courbe de rétention en eau et de volume de l'horizon pédoplasmé F (figure 16.6A) présente une allure proche de celle de l'horizon A du Nitosol. Pour de hauts potentiels de l'eau, les teneurs et eau et le volume varient peu. La réserve en eau pour les cultures est donc faible. Le retrait total lors de la dessiccation est d'environ 30 % (tableau 16.2), plus faible que dans l'horizon A du Nitosol. Ceci illustre la forte consolidation au cours du temps de la structure de ce vieux ferrallitisol. Cependant, la densification maximale ($I_v = 0{,}78$ cm³ par cm³ de solide) est moins importante que celle de l'horizon A du Nitosol. Ceci est attribué à la plus grande taille et rigidité des particules de kaolinite, en comparaison de celles des particules d'halloysite, limitant leur rapprochement.

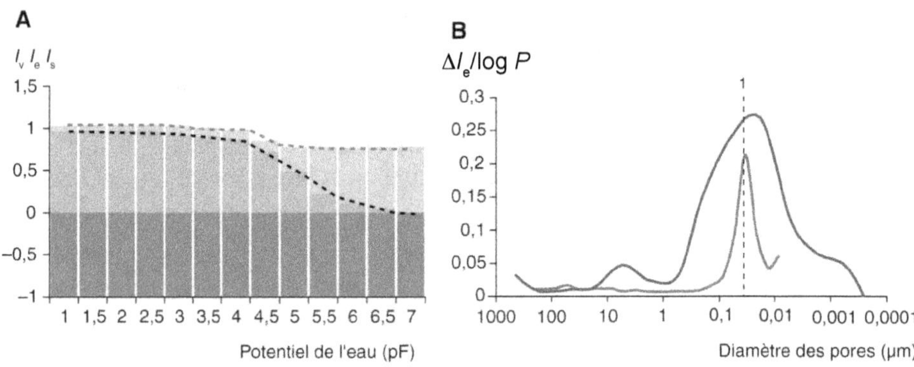

Figure 16.6. Propriétés hydriques et porales de l'horizon pédoplasmé F d'un ferrallitisol à kaolinite.

A. Courbes de l'indice des vides (I_v) et de l'indice d'eau (I_e) en fonction du potentiel de l'eau ; répartition des vides remplis d'eau (bleu) et d'air (jaune), le solide est en marron. **B.** En bleu, courbe dérivée de rétention en eau $\Delta(I_e)/\Delta(P)$ en fonction de la taille équivalente des pores ; en marron, spectre poral déterminé par porosimétrie au mercure.

La courbe dérivée de la courbe de rétention en eau (figure 16.6B) indique que le matériau argileux comprend peu de pores de taille > 1 µm, mais essentiellement des vides interparticulaires < 0,1 µm. La courbe de distribution de la taille des pores par porosimétrie au mercure montre une classe de pores interparticulaires bien individualisée, avec un diamètre d'environ 0,03 µm. La comparaison des volumes poraux déterminés sur les échantillons par les deux méthodes montre que la porosimétrie au mercure révèle environ 85 % de l'indice des vides à l'état sec (tableau 16.2). Cela signifie que la proportion de micropores, avec une taille < 0,01 µm non détectés par la porosimétrie compte tenu des pressions maximales (2000 bars), est faible, ce qui est cohérent avec la nature rigide des particules de kaolinite.

L'horizon pédoplasmé V d'un Lithovertisol à smectite

Les Lithovertisols issu de matériaux volcaniques occupent une surface réduite au niveau de la côte sous le vent de l'île de Basse-Terre, en Guadeloupe. Ces sols sont peu épais, très cailouteux et ne sont pas adaptés à l'objectif de notre étude. Aussi avons-nous échantillonné un Lithovertisol en Grande-Terre, développé sur d'anciens récifs calcaires coralliens soulevés. En Grande-Terre, la pluviométrie annuelle varie d'environ 1400 à moins de 1000 mm, avec une saison sèche très marquée : environ 6 mois sans pluies notables. Les courbes de rétention en eau et de volume (figure 16.7A) montrent des variations simultanées identiques sur une très large gamme de potentiels de l'eau (–10 kPa à –32 MPa, pF1–pF 5,5) : dans ces matériaux smectitiques, toute perte d'eau s'accompagne d'un retrait de volume équivalent.

À l'échelle des mottes de taille centimétrique, très peu d'air pénètre au sein de la structure, ce qui entraîne certainement des phénomènes d'hydromorphie temporaire, comme en témoigne la présence de nombreux nodules de fer (voir photo 11.5e, chapitre 11). Sur le terrain, ce retrait se traduit par l'ouverture de grandes fissures de 10 cm de diamètre, formant un réseau en polygones avec une maille d'environ 1 m (Jaillard et Cabidoche, 1984). Après un séchage complet des échantillons centimétriques, l'indice des vides atteint une valeur minimale de 0,49 cm^3 par cm^3 de solide (tableau 16.2), le plus faible de l'ensemble des matériaux argileux étudiés. Mais dans les vertisols à smectite, les changements de volume lors de dessiccations très fortes sont parfaitement réversibles, contrairement à ceux observés pour des sols développés dans des matériaux volcaniques jeunes, sous un climat constamment humide (Nitosols, andosols) que l'on trouve sur l'île de Basse-Terre en Guadeloupe.

La courbe dérivée de la courbe de rétention en eau (figure 16.7B) montre différents domaines énergétiques de pertes d'eau dans les Lithovertisols, en relation avec les assemblages à différentes échelles des argiles smectitiques (voir chapitre 11). Il s'agit : (1) de vides de quelques dizaines de micromètres, correspondant à des microfissures ou des pores racinaires d'espèces herbacées des savanes naturelles (*Dichanthium* ou « petit foin ») ; (2) des pores d'environ 0,1 µm correspondant à des vides interdomaines et (3) des pores avec une taille < 30 nm comprenant la porosité intercristallite et les pores interfoliaires.

La courbe de la distribution de la taille des pores obtenue par la porosimétrie au mercure, sur des échantillons déshydratés, montre une absence quasi totale de pores avec une taille > 0,1 µm. Dans ce matériau argileux smectitique, la porosimétrie ne détecte que des micropores, aux pressions les plus élevées : un volume poral de seulement 0,218 cm^3 par cm^3 de solide (tableau 16.2). Cela signifie que seulement 44 % de l'indice des vides total déterminé sur l'échantillon sec est mesuré dans la gamme des pressions appliquées par la porosimétrie au mercure (et seulement 14 % si l'on exprime ce volume poral mesuré par injection de mercure par rapport à l'indice des vides de l'échantillon humide !). Ces résultats illustrent l'extraordinaire capacité de densification des Lithovertisols, en relation avec la petite taille et la grande flexibilité des particules élémentaires de smectite qui autorisent le rapprochement parallèle des feuillets pour former des quasi-cristaux (voir chapitre 11) et l'apparition d'une importante microporosité, avec une taille de l'ordre de la dizaine de nanomètres seulement.

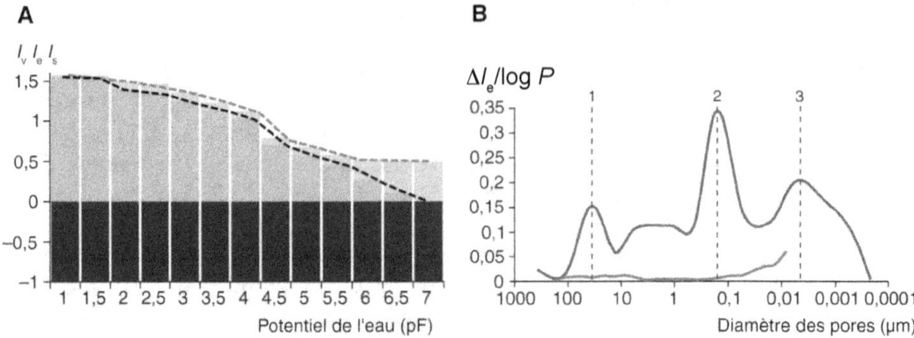

Figure 16.7. Propriétés hydriques et porales de l'horizon pédoplasmé V d'un Lithovertisol à smectite.
A. Courbes de l'indice des vides (I_v) et de l'indice d'eau (I_e) en fonction du potentiel de l'eau ; répartition des vides remplis d'eau (bleu) et d'air (jaune), le solide est en marron. **B.** En bleu, courbe dérivée de rétention en eau $\Delta(I_e)/\Delta(P)$ en fonction de la taille équivalente des pores ; en marron, spectre poral déterminé par porosimétrie au mercure.

▸▸ Conclusions et enseignements

Des relations entre la (micro)structure, la porosité et la minéralogie des sols peuvent être établies à partir des courbes détaillées de teneur en eau et de volume apparent en fonction du potentiel de l'eau. Ces courbes fournissent des renseignements précieux sur les propriétés physiques des matériaux, comme la porosité totale, la réserve en eau disponible pour les plantes et l'aération des matériaux, ou encore leurs capacités de retrait et donc de structuration. Par ailleurs, les courbes détaillées, obtenues sur un très grand nombre d'échantillons, permettent d'esquisser la courbe dérivée et de visualiser ainsi différents domaines de perte d'eau. En effet, ces domaines correspondent à des catégories de vides issues de l'organisation à différentes échelles du solide. Notre approche permet donc de caractériser de manière indirecte la structure du sol. Les échantillons étudiés dans ce chapitre proviennent d'horizons de différents sols collectés en milieu volcanique tropical insulaire de la Guadeloupe. Ils illustrent particulièrement bien cette approche, notamment en raison des fortes teneurs en argile des sols et de leur composition quasi monominérale, mais contrastée selon les conditions pédoclimatiques locales sur l'île.

La comparaison des différents domaines de pertes d'eau avec la courbe de distribution de la taille des pores, mesurée par la porosimétrie au mercure sur des échantillons préalablement séchés, apporte des renseignements sur la réorganisation du solide après dessiccation et donc sur la pérennité des différentes catégories de pores. Dans l'isaltérite, caractérisée par l'architecture conservée des minéraux primaires, la classe principale de vides de dissolution est parfaitement stable après une forte dessiccation. Dans les matériaux pédoplasmés soumis à de fortes dessiccations, l'espace poral est largement dominé par des micropores inter- et intraparticulaires. C'est dans ce domaine des micropores que la nature des minéraux argileux joue un rôle capital, car elle détermine leurs capacités de rapprochement et de déformation. Ainsi, l'halloysite est constituée de particules rigides, mais généralement de petite taille (de l'ordre de 0,1 µm) permettant une densification du matériau, et générant des risques de compactage par la mécanisation des cultures ; la kaolinite se présente le plus souvent sous forme de particules épaisses et rigides de la taille de un voire plusieurs micromètres, leur rapprochement est donc limité par l'encombrement stérique, et la taille des pores interparticulaire est plus grande que dans le cas de l'halloysite ; la smectite correspond à des particules avec une extension latérale plus ou moins grande, mais elle ne comporte en général que quelques feuillets. Ces propriétés minéralogiques confèrent une grande flexibilité aux smectites et permettent aux feuillets de se rapprocher et de s'organiser parallèlement. La capacité de densification des Lithovertisols est donc très importante (mais majoritairement réversible) avec une microporosité interparticulaire de très petite taille.

Dans les deux approches de la structure développées ici, la taille des échantillons étudiés est importante en ce qui concerne la prise en compte de la catégorie de vides avec une taille supérieure au dixième de millimètre. Ceci est très explicite pour les Lithovertisols où le retrait important observé sur des échantillons centimétriques est compensé sur le terrain par l'apparition de fentes décimétriques organisées en réseau hexagonal d'un mètre de diamètre.

Enfin, notre étude des propriétés hydriques et porales des matériaux argileux dans un très large domaine de potentiels de l'eau renseigne sur les possibilités d'utilisation agronomique durable des sols argileux avec des implications notamment pour la gestion de l'eau. Par exemple, les Nitosols présentent souvent une grande fertilité minérale naturelle (Ca, K, Mg) liée à l'altération de minéraux primaires, mais ils présentent aussi des risques importants de dégradation de la structure avec une irréversibilité des propriétés de rétention en eau. Il faut donc éviter de pratiquer des labours profonds, car le séchage d'horizons inférieurs riches en halloysite, rapportés en surface, provoque l'apparition de structures microagrégées, très sensibles à l'érosion en masse lors des fortes pluies tropicales. Par ailleurs, l'horizon de labour présente des risques importants de prise en masse de la structure par des cultures intensives et mécanisées dans des conditions d'humidité défavorables. Dans les Lithovertisols, l'irrigation des cultures est difficile et l'apport en eau doit être raisonné : trop d'eau provoque rapidement la fermeture de fentes macroscopiques en surface et le sol devient imperméable.

Pour en savoir plus

Afnor, 1999 ; Bruand, 1986 ; Calvet, 2003 ; Chamayou et Legros, 1989 ; Marshall *et al.*, 1996.

Glossaire

Allophanes. Groupe d'aluminosilicates hydratés qui semblent amorphes lorsqu'on les étudie en diffraction des rayons X. Dits « cristallisés à courte distance », ces minéraux, de structures et de compositions irrégulières, sont abondantes dans certains andosols et leur confèrent des propriétés particulières. Voir andosols.

Altérite. Formation résiduelle provenant de l'altération d'une roche sous l'effet des agents atmosphériques et pédologiques. Si l'altérite a conservé les structures originelles de la roche (grain, texture, fissuration), on parlera d'« isaltérite ». Si elle a subi des transformations volumiques (tassements, dissolutions) et/ou minéralogiques importantes (néoformation d'argiles ou autres néogenèses minérales) on parlera d'« allotérite ».

Andosols. Catégorie de sols développés presque toujours sur des matériaux volcaniques, dont les propriétés particulières (couleur noire, structure stable micro-agrégée, densité apparente inférieure à 0,9 g par cm^3, rétention en eau très élevée, etc.) sont largement déterminées par des colloïdes amorphes ou paracristallins (allophanes).

Anéciques (vers). Voir vers de terre.

Anthroposols Reconstitués. « Sols » reconstitués artificiellement, en milieu urbain et péri-urbain, par l'utilisation de matériaux pédologiques transportés, remaniés, puis mis en place dans les jardins, parcs et espaces verts pour les plantations de végétaux d'ornement. Parfois, des matériaux géologiques sont également employés (sables, graviers). Les Anthroposols Reconstitués sont souvent constitués par les couches arables de terrains agricoles, mélangés parfois à la partie supérieure de l'horizon sous-jacent du lieu de prélèvement. Ces matériaux ont donc subi des évolutions pédogénétiques avant leur transport. Ils proviennent des terrassements, des aménagements routiers ou autoroutiers, des sites industriels, des mines ou carrières ou des sites artisanaux, dans lesquels la terre de surface et parfois les horizons plus profonds ont été prélevés par décapage, puis conservés plus ou moins longtemps. Ils peuvent être amendés et mélangés à d'autres constituants inertes ou organiques (composts) avant d'être mis en place.

Argilane. Voir cutane.

Argiles. Selon les cas, ce terme sert à désigner : l'ensemble des particules dont la taille est inférieure à 2 µm (sens granulométrique) ; une famille de silicates en feuillets ou phyllosilicates (synonyme : minéraux argileux) dont les cristaux, très petits, excèdent parfois 2 µm (sens minéralogique) ; en géologie et agronomie, des matériaux (sédiments, formations superficielles, sols) formés surtout de particules argileuses et ayant de ce fait certaines propriétés (par exemple, plasticité).

Bassin-versant. Territoire dont les eaux de surface comme de profondeur alimentent un exutoire commun. Il est délimité par des lignes de partage des eaux.

Capacité d'infiltration. Quantité d'eau maximale qui peut s'infiltrer à l'interface atmosphère/sol, sur une durée donnée.

Chlorites secondaires. Minéraux argileux ferromagnésiens à feuillets élémentaires de 1,4 nm d'épaisseur. Les chlorites résultent, seulement dans certains sols, de néoformations liées à des types spécifiques d'altération.

Chronotoposéquence. Une chronoséquence est une succession théorique dans le temps de sols issus de matériaux parentaux identiques, dont les différences sont dues uniquement à la durée de la pédogenèse. Une toposéquence est une succession, le long d'un versant, de solums à morphologie différente, dans un certain ordre, en fonction de leur position sur ce versant. Une chronotoposéquence est une toposéquence montrant des sols plus jeunes vers le haut et de sols plus anciens vers le bas, par exemple suite à des dépôts successifs de laves. Une topolithoséquence est une toposéquence dont la cause principale de différenciation est la succession de matériaux parentaux lithologiquement différents.

Collemboles. Insectes sans ailes, détriticoles ou humivores, se nourrissant de débris végétaux et de champignons, et jouant ainsi un rôle important dans la formation de certaines formes d'humus.

Compactage. Diminution de la porosité d'un horizon sous l'action de la pression exercée par des engins agricoles (ou forestiers) ou par le piétinement des animaux. Lorsque la microporosité est affectée, le compactage est difficilement réversible.

Connectivité. Propriété générale d'un réseau de vides dans un matériau solide d'offrir des itinéraires continus permettant la circulation plus ou moins rapide des fluides (gaz, eau).

Constante d'Euler-Poincaré. En géométrie et en topologie algébrique, la caractéristique d'Euler — ou d'Euler-Poincaré — est un invariant numérique, un nombre qui décrit un aspect d'une forme d'un espace topologique ou de la structure de cet espace. Elle décrit la façon dont un objet est connecté : elle a une valeur positive élevée lorsque le réseau poral est constitué de nombreux pores non connectés et a une valeur négative (élevée en valeur absolue) lorsque les pores sont très interconnectés entre eux.

Cutane. Modification (à l'échelle du millimètre ou plus petit) de la granulométrie ou de l'assemblage des particules sur des surfaces naturelles de matériaux pédologiques (faces d'agrégats, conduits de vers, tubules) dus à des concentrations de certains constituants ou à des modifications *in situ* du plasma. Les cutanes peuvent être constitués par n'importe quelle substance présente dans le sol. Selon le principal composant, il sera question d'argilanes (argiles), de ferranes (fer), de ferri-argilanes (fer + argile), de calcitanes (calcite), de squelettanes (particules limoneuses ou sableuses), etc. Les cutanes de tension (en anglais *stress cutans*) sont une autre sorte de cutanes : ils correspondent à des réorientations du plasma sous l'influence de forces comme le cisaillement.

Drainage taupe (ou taupage). Technique consistant à mouler entre 50 et 60 cm de profondeur des galeries cylindriques en pentes douces et régulières. L'outil utilisé (charrue taupe) est une sorte d'obus tiré par un tracteur par l'intermédiaire d'un coutre-étançon. Ces galeries jouent le rôle de drains à condition de ne pas se reboucher spontanément. Elles doivent donc être moulées dans un horizon suffisamment plastique (> 35 % d'argile) et stable et déboucher dans un fossé ou une tranchée drainante. Ces galeries sont souvent associées à un réseau de drains conventionnels à grand écartement (30 à 60 m ou plus).

Effet tranchée. Dans le cadre du drainage agricole par tuyaux enterrés posés au fond de tranchées, les travaux réalisés pour l'ouverture et le rebouchage de ces dernières bouleversent complètement l'architecture structurale initiale du sol. Notamment, il est ainsi créé une importante macroporosité artificielle à travers laquelle les eaux pourront percoler rapidement jusqu'aux drains. La persistance dans le temps de cet « effet tranchée » est un gage de bon fonctionnement du réseau de drainage.

Éléments traces métalliques (ETM). Conventionnellement, ce sont les 80 éléments chimiques dont la concentration dans la croûte terrestre continentale est, pour chacun d'entre eux, inférieure à 0,1 %. À eux tous, ils ne représentent que 0,6 % du total. Certains éléments traces sont indispensables au déroulement des processus biologiques : ce sont les oligo-éléments. La plupart d'entre eux peuvent s'avérer nocifs pour tel ou tel compartiment d'un écosystème dès que leur teneur devient trop élevée (Cu, Zn, Mo, As, Se). D'autres éléments traces, dont le caractère indispensable n'est pas démontré, sont également toxiques au-delà d'une certaine concentration (Cd, Hg, Pb, Sn). La détermination d'un « seuil de toxicité » est particulièrement difficile, car le risque de toxicité dépend largement de la cible, de la nature du sol et des formes chimiques de l'élément.

Enchytréides. Petits vers transparents, à peine visibles à l'œil nu, pullulant dans certaines formes d'humus forestières où s'accumule de la matière organique. La matière organique présente sous la litière épaisse est noire, tirant légèrement sur le rouge, elle est constituée par l'accumulation des déjections de ces animaux minuscules, qui proviennent pour une part essentielle de la transformation des feuilles mortes. Les enchytréides, dont on a pu démontrer expérimentalement qu'ils « repoussent » les lombrics, semblent donc effectuer tout le contraire des vers de terre.

Endogés (vers). Voir vers de terre.

Epigés (vers). Voir vers de terre.

Épisolum (humifère). Ensemble des horizons supérieurs d'un solum contenant des matières organiques et dont la succession et l'organisation sont sous la dépendance essentielle de l'activité biologique.

ETM. Voir élément trace métallique.

Faune du sol. Ensemble des animaux habitant dans les sols et particulièrement ceux qui jouent un rôle dans la décomposition des litières. Selon leurs dimensions, on distingue : la microfaune, seulement observable au microscope (dimensions < 0,4 mm, par exemple protozoaires, certains nématodes) ; la mésofaune (dimensions comprises entre 0,2 et 4 mm, par exemple larves de diptères, vers enchytréides, petits arthropodes) ; et la macrofaune (dimensions comprises entre 4 et 80 mm, par exemple lombrics, isopodes, diplopodes, mollusques, termites et autres insectes).

Ferralitisols (ou sols ferrallitiques). Sols des zones intertropicales humides caractérisés par une altération complète des minéraux alumino-silicatés primaires, l'abondance du quartz résiduel, l'élimination de la majeure partie des cations alcalins et alcalino-terreux et d'une grande partie de la silice. En outre, des minéraux de néogenèse sont présents en abondance tels que la kaolinite et/ou des hydroxydes d'aluminium (gibbsite et produits amorphes), des hydroxydes et oxydes de fer (goethite, hématite, produits amorphes) et des oxydes de manganèse. Il résulte de cette composition une capacité d'échange cationique faible des différents horizons, un taux de saturation en base faible et des pH acides.

Ferri-argilane. Voir cutane.

Fluviosols. Catégorie de sols caractérisés par leur développement dans des matériaux alluviaux fluviatiles ou fluvio-marins et par un fonctionnement hydrique lié à leur situation en position de basses plaines alluviales.

Fonction d'autocorrélation. Fonction décrivant le degré de corrélation entre deux points d'un système. Elle peut être calculée directement sur une image de ce système : c'est la probabilité d'observer une propriété « x » du système à une distance « r », sachant que cette propriété vaut « x » au point d'origine. Concrètement, sur une image d'un milieu poreux seuillé, la fonction d'autocorrélation de masse représente la probabilité qu'un point situé à une distance « r » d'un point origine soit dans la phase solide, sachant qu'il est dans la phase solide au point origine.

Fonction de pédotransfert. Dans le domaine de la science du sol, les fonctions de pédotransfert sont des outils, fondés sur des relations statistiques, qui permettent d'estimer et de prévoir des propriétés ou des comportements du sol difficiles à mesurer directement et en de nombreux points (déterminations lourdes et coûteuses) à partir d'autres caractéristiques du sol aisément observables sur le terrain ou déterminées en routine sur des échantillons de sols et, de ce fait, plus aisément cartographiables.

Fonction stéréologique. Introduite en 1961 par Hans Elias, la stéréologie est une méthode statistique permettant l'estimation de paramètres géométriques tels que le nombre, la longueur, l'aire, la surface et le volume d'événements à l'intérieur d'un objet donné. Elle permet l'extrapolation d'informations de structure en trois dimensions à partir de sections en deux dimensions obtenues par prélèvement aléatoire uniforme systématique. Au-delà des équations mathématiques et des principes souvent complexes régissant cette méthode, la stéréologie est un outil essentiel dans le domaine des géosciences, en permettant une analyse non biaisée.

Fonctionnements. Successions, à court pas de temps (jour, semaine, saison), des phénomènes relatifs à la circulation et à la rétention de l'eau (fonctionnement hydrique), au jeu des agrégats (fonctionnement structural), à l'activité biologique (fonctionnement biologique) et aux températures (fonctionnement thermique), dans les différents horizons d'un sol. Ces quatre « fonctionnements » ne sont pas indépendants.

Fond matriciel. Ensemble des matières (plasma, grains de squelette et vides associés) constituant les agrégats élémentaires (ou un matériau pédologique apédique) d'un horizon, non intégrés à des traits pédologiques. Le fond matriciel est le « motif » général de l'horizon résultant de l'organisation des différentes particules et de la porosité d'entassement, de fissuration, d'activité biologique, etc. C'est lui qui forme la grande masse de l'horizon. Sur le terrain, il est possible d'en apprécier la couleur et la macrostructure. Au microscope, sur lames minces, on pourra visualiser nombre de constituants (sables, limons, séparations et petits « domaines » argileux) et décrire une (ou plusieurs) organisation(s). S'oppose à trait pédologique (voir ce terme). Synonyme : masse basale.

Halloysites. Minéraux argileux 1:1 de la famille des kaolinites mais de morphologie tubulaire ou sphérulaire. L'écartement des feuillets élémentaires est de 1 nm (si état hydraté, ce qui est le cas dans des conditions pédoclimatiques humides) ou 0,7 nm.

Histosols. Types de sols composés de matières organiques et d'eau. Le solum se construit à partir de débris végétaux morts qui se transforment lentement en conditions d'anaérobiose en raison de son engorgement permanent ou quasi permanent. Un histosol est constitué exclusivement ou presque exclusivement d'horizons holorganiques histiques H. Voir tourbes.

Holorganique (adj.). Horizon entièrement constitué de matières organiques, humifiées ou non, pratiquement sans matière minérale (horizons organiques O et horizons histiques H).

Hydromorphie (signes d'). Dans un horizon, manifestation morphologique de l'engorgement sous la forme de taches, de concrétions, de ségrégations, de colorations ou de décolorations. Ce phénomène résulte de la dynamique du fer et du manganèse (tous deux éléments colorés) en milieu alternativement réducteur puis réoxydé. S'il n'y a pas de fer ou de manganèse dans un horizon, l'hydromorphie ne peut pas se manifester. Ne pas confondre les causes et les effets en employant le mot « hydromorphie » pour désigner un engorgement. L'hydromorphie persiste généralement même quand l'engorgement a cessé (saison sèche, terrain drainé, changement climatique).

Illuvial (horizon). Horizon dont la morphologie et le fonctionnement résulte principalement du processus d'illuviation. Code BT. Voir illuviation.

Illuviation. Apport de matières dans un horizon ou tout autre volume pédologique, provenant d'horizons situés au-dessus au sein d'un même solum (illuviation verticale) ou plus haut sur le versant (illuviation latérale ou oblique). Cet apport peut résulter de processus de transfert de particules fines (< 5 μm) ou de précipitation.

Imogolite. Aluminosilicate hydraté à organisation cristalline (mais non décelable par diffractométrie X) se présentant dans les sols sous la forme de très fins filaments entremêlés (diamètre de l'ordre de 2 nm). Il s'agit d'un minéral de néoformation associé aux allophanes dans certains andosols et présent également dans les horizons podzoliques BP des podzosols.

Indice d'eau. Expression de la capacité de rétention en eau d'un échantillon de sol non perturbé sous une forme volumique. Symbole e_w ou I_e. Le volume d'eau (V_e) est exprimé par rapport au volume de solide (V_s) lequel reste constant quel que soit l'état hydrique de l'échantillon. $e_\mathrm{w} = V_\mathrm{e}/V_\mathrm{s}$. Voir : indice des vides.

Indice des vides. Autre façon d'exprimer la notion de porosité, utilisée par les mécaniciens et physiciens du sol. Symbole : e ou I_v. Soit V_v le volume des vides, V_s le volume des phases solides et P la porosité totale. L'indice des vides $e = V_\mathrm{v} / V_\mathrm{s} = P / 1 - P$. Il présente l'avantage de se rapporter à une grandeur (V_s) qui reste constante, quel que soit l'état structural ou hydrique du volume de sol étudié. Alors que P se rapporte au volume apparent, lequel est susceptible de modifications (gonflement, retrait, tassement).

Intensité d'une pluie. Épaisseur d'eau de pluie tombée par unité de temps (généralement exprimée en mm/h).

Isaltérite. Voir altérite.

Ligand. Atome, ion ou molécule portant des fonctions chimiques lui permettant de se lier à un ou plusieurs atomes ou ions centraux. Le terme de ligand est le plus souvent utilisé en chimie de coordination et en chimie organométallique. Synonyme : coordinat.

Lit de semence. État structural des premiers centimètres du sol généré volontairement par l'agriculteur pour accueillir le semis dans les meilleures conditions d'humidité et d'aération (ni trop meuble, ni trop compacté). Caractérisé par la présence d'agrégats de tailles variées et par une porosité importante du sol favorisant l'infiltration.

Lithovertisols. Voir vertisols.

Lumière naturelle (LN). Observation de lames minces en utilisant une lumière transmise polarisée mais non analysée (nicols parallèles).

Lumière polarisée (LP). Observation de lames minces en utilisant une lumière transmise polarisée et analysée (nicols croisés).

Matériau parental. Roche (au sens le plus large, incluant toutes les formations superficielles) située aujourd'hui sous les horizons pédologiques et à partir de laquelle ces horizons se sont développés. En toute rigueur et par définition, le vrai matériau parental des horizons pédologiques supérieurs n'existe plus (puisqu'il est transformé en sol). Le matériau parental que l'on observe aujourd'hui peut être un peu (ou très) différent de celui qui a disparu ! Synonyme : matériau parent ou roche mère.

Macrofaune. Voir faune du sol.

Matrice. Voir fond matriciel.

Mésofaune. Voir faune du sol.

Microfaune. Voir faune du sol.

Microrelief gilgaï. Forme de terrain consistant soit en une succession de petites dépressions fermées et de petites bosses sur des surfaces presque planes, soit de microvallées et de micro-crêtes parallèles suivant le sens de la pente. La hauteur des microcrêtes est de l'ordre de quelques centimètres à un mètre maximum. Ce microrelief est la conséquence du gonflement différentiel de masses de sols à argiles gonflantes au moment de la réhumectation et de la fermeture des macrofentes. Il est typiquement associé aux vertisols, mais son existence n'est pas exclusive aux vertisols et les terrains constitués de vertisols peuvent en être dépourvus.

Minéraux primaires. Minéraux hérités directement des roches ou matériaux parentaux d'où proviennent les sols ou les altérites. Certains minéraux primaires sont plus ou moins aisément altérables, d'autres le sont peu ou pas du tout (mais cela dépend beaucoup des conditions pédo-climatiques et de la durée d'exposition aux agents de l'altération). Les produits d'altération des minéraux primaires non totalement évacués sont susceptibles de se recombiner et de former des minéraux nouveaux, absents des roches originelles, les minéraux secondaires.

Nitosols. Sols généralement observés sous climat tropical ou subtropical à courte saison sèche (pluviosité moyenne annuelle de 1 500 à 3 500 mm) qui se forment à partir de roches volca-niques ou de roches métamorphiques basiques. Antérieurement, ils ont été appelés « sols brun-rouille à halloysite » (en Martinique) et « sols ferrallitiques à halloysite ». Les Nitosols sont caractérisés par des horizons de subsurface très argileux (> 50 % de la fraction < 2 mm) dont la fraction inférieure à 2 μm est constituée principalement d'halloysite, mais qui contient aussi de la goethite et de l'hématite. Ils sont également caractérisés par des faces luisantes sur les faces d'agrégats des horizons de subsurface (leur nom vient du latin *nitidus :* luisant, brillant). L'hal-loysite se présente sous deux formes : l'une, hydratée, présentant des feuillets distants de 1,0 nm, et l'autre, déshydratée, avec une distance interfoliaire typique de 0,7 nm (métahalloysite).

Oribates. Groupe d'acariens surtout abondants dans les sols. Ils consomment des débris végé-taux qu'ils fragmentent en petits éléments et facilitent ainsi le rôle des bactéries dans la forma-tion de l'humus.

Pédoplasmation. Réarrangements, sous l'effet d'actions mécaniques et biologiques, des miné-raux primaires et des constituants issus de l'altération, effaçant toute trace de la structure litho-logique originelle. Adj. pédoplasmé : horizon ayant subi la pédoplasmation.

Pélosols. Sols argileux assez jeunes et de ce fait assez peu évolués et différenciés qui se distinguent des autres sols argileux par deux caractères spécifiques : une faible évolution des minéraux phylliteux hérités directement de sédiments argileux (marnes, argilites) ; des comportements structural et hydrique particuliers, défavorables à l'agriculture comme à la sylviculture. Une faible perméabilité des horizons de moyenne profondeur suite à l'absence de macro-porosité et à une architecture très « ajustée » des agrégats génère un engorgement des horizons de surface en hiver et au printemps. On observe souvent des caractères vertiques en profondeur (faces de glissement) mais sans pédoturbation généralisée comme dans le cas des vertisols. Dans certains cas, on observe un net appauvrissement en argile des horizons de surface, ce qui pourrait indi-quer une transition vers les planosols et ce qui accroît le contraste entre des horizons supérieurs assez perméables et des horizons plus profonds imperméables (Pélosols Différenciés).

Phyllosilicates. Famille de silicates en feuillets rassemblant essentiellement le talc, les micas et les minéraux argileux des sols.

Planosols. Sols définis principalement par leur morphologie différenciée, elle-même étroitement liée à un type particulier de fonctionnement hydrique. Dans tous les cas, un grand contraste existe entre des horizons supérieurs perméables qui sont saisonnièrement le siège d'excès d'eau, et présentent donc des caractères rédoxiques marqués, et un horizon plus profond dont la perméabilité est très faible ou nulle (« plancher »). Le cas le plus courant est celui des planosols « texturaux » qui présentent une forte différenciation texturale entre horizons supérieurs limoneux ou sableux et des horizons plus profonds, beaucoup plus argileux et très peu perméables. Il y a un changement textural brusque entre horizons supérieurs et horizons plus profonds et le contact est subhorizontal. Les nappes perchées temporaires montrent un écoulement essentiellement latéral.

Plasma. Ensemble des constituants très réactifs, généralement de dimensions < 2 µm (minéraux argileux, oxyhydroxydes métalliques, macromolécules organiques). Tous ces constituants peuvent être (ou ont été) déplacés, réorganisés ou concentrés par des processus pédogénétiques. Voir squelette et traits pédologiques. Synonyme : micromasse.

Potentiel matriciel. Grandeur physique qui rend compte de la différence d'état énergétique de l'eau liée aux particules solides dans la porosité d'un volume de sol par rapport à celui d'une eau « libre ». Si l'humidité d'un volume de sol renseigne sur les quantités d'eau emmagasinée, elle est relativement indépendante de l'état de siccité tel que les végétaux le perçoivent. Ainsi une plante flétrira sur un sol argileux à 25 % d'humidité tandis qu'elle gardera sa turgescence sur un sol plus limoneux dont l'humidité n'est que de 15 %. La grandeur qui rend compte de cet état est le potentiel matriciel. C'est l'énergie nécessaire pour porter l'unité de volume d'eau de l'état d'eau libre et à la pression atmosphérique jusqu'à l'état considéré dans le volume pédologique, à température et altitude constante. Ainsi défini comme le quotient d'un travail par un volume, le potentiel matriciel a la dimension d'une pression. C'est pourquoi on l'exprime en bars ou en mégapascals (1 MPa = 10 bars).

Pseudomorphe. Désigne un minéral qui apparaît sous une forme cristalline inhabituelle car il résulte d'un processus de substitution : l'aspect extérieur et les dimensions restent constantes, mais le minéral originel est remplacé par un autre. Voir pseudomorphose.

Pseudomorphose. Phénomène résultant du métamorphisme ou d'une altération, par lequel un minéral originel, identifiable par sa forme, est remplacé par un minéral nouveau ou un agrégat de minéraux nouveaux.

Résilience. Aptitude d'un système à revenir à son équilibre initial après une perturbation. Ce concept est appliqué aux sols dans le cas d'une contamination chimique ou d'une perturbation physique ou biologique majeure.

Salisodisol. Solum présentant des horizons saliques (très riches en sels) en surface et des horizons sodiques (saturés par l'ion sodium) mais dessalés en profondeur. Cette configuration peut être observée en présence d'une nappe alcalisante, à SAR (*sodium adsorption ratio*) élevé, dont les battements affectent les horizons inférieurs des sols, les soumettant à une alcalisation remontante (horizon sodique). Sous les climats à fort pouvoir évaporant, les sels solubles présents et suffisamment mobiles (essentiellement chlorures et sulfates) se concentrent dans la partie supérieure des solums, différenciant un horizon salique.

Slickensides (faces de glissement). Grosses faces d'agrégats lisses, gauchies et striées résultant des pressions et du frottement de masses de sol les unes sur les autres pendant les épisodes de réhumectation et de gonflement anisotropes. Ce sont des macro-caractères caractéristiques des horizons vertiques sphénoïdes et des vertisols.

Sodicité. Quantité d'ions sodium Na⁺ échangeables exprimée par rapport à la capacité d'échange cationique. Un horizon est dit « sodique » dès que le taux de sodium échangeable excède 15 %, alors que la structure reste de type agrégée tandis que le pH demeure inférieur à 8,8. Un horizon est dit « à alcali » lorsque la sodicité dépasse 15 % et que la structure se dégrade, le pH excédant alors 8,8.

Solods. Terme russe ancien désignant un stade d'évolution très avancée d'un solonetz sous l'influence d'eaux douces. La solodisation comprend le lessivage d'argile et des ions sodium, la dégradation des minéraux argileux, la formation d'un horizon de surface blanchi, très acide et sans structure, et l'alcalinisation des horizons profonds.

Solonetz. Terme russe ancien désignant des sols sodiques montrant un lessivage des argiles sodiques et leur accumulation en profondeur dans un horizon à structure grossière prismatique ou columnaire. Le pH, neutre en surface, peut atteindre 9 à 10 en profondeur.

Solum. Tranche verticale d'une couverture pédologique observable dans une fosse ou une tranchée. Si possible, on intègre dans le solum une épaisseur suffisante de la roche sous-jacente pour en permettre la caractérisation. Les dimensions horizontales d'un solum sont de quelques décimètres de largeur et de quelques centimètres d'épaisseur pour l'exploration et la description des caractères. La dimension verticale d'un solum varie de quelques centimètres (Lithosols) à plusieurs mètres (vieilles couvertures pédologiques ferrallitiques). Un solum est donc un volume réel, permettant d'observer une couverture pédologique en un point précis de l'espace géographique et de prélever des échantillons.

Solution du sol. Eau occupant la porosité, contenant divers éléments dissous (sels minéraux, matières organiques), mais également des fines particules en suspension, en équilibre dynamique avec les phases minérales plus ou moins altérées et les phases organiques. C'est dans la solution du sol que les racines puisent les éléments minéraux. Ses propriétés (pH, composition chimique en éléments majeurs et traces) déterminent les phénomènes d'absorption (par les organismes vivants) et d'adsorption (sur les phases solides minérales et organiques).

Sous-solage. Travail du sol réalisé avec une charrue spéciale, ayant pour objet d'ameublir en profondeur une couche de terre habituellement non atteinte par les instruments, sans remonter d'éléments en surface.

Squelette. Terme désignant l'ensemble des particules minérales les plus grosses (sables et limons grossiers), peu réactives, par opposition au plasma. Le squelette est constitué principalement de quartz, de feldspaths et, éventuellement, de calcite. Attention, ce même terme est utilisé en Suisse et en Allemagne pour désigner les éléments grossiers (> 2 cm).

Stabilité structurale. Capacité d'un horizon de sol à maintenir un bon état d'agrégation lorsqu'il est soumis à l'action de l'eau (humectation brutale, chocs des gouttes de pluie). Cette stabilité peut être évaluée sur un ensemble d'agrégats.

Structures apédiques. Voir structures pédiques.

Structures pédiques. Toutes les structures (macroscopiques, observables à l'échelle d'un horizon) formées d'agrégats, qu'il s'agisse de structures dites « construites » par l'activité biologique (structures grenues, grumeleuses micro-grumeleuses) ou de structures dites « mécaniques » formées par le débit d'un matériau initialement massif (structures cubiques, prismatiques). S'oppose à structures apédiques : structures sans agrégats (structures particulaires, structures continues).

Substitution isomorphique ou isomorphe. Dans le cas des minéraux, une substitution isomorphe peut concerner le remplacement d'un cation par un autre de charge différente. Cela modifie la taille et la charge électrique globale. En compensation, des cations compensateurs s'y fixent.

Surrédoxique (adj.). Qualifie un solum dans lequel les caractères rédoxiques (bariolages liés à des engorgements non permanents) apparaissent à moins de 20 cm de profondeur.

Tactoïde. Dans le cas des argiles de types smectites, la présence de couches de molécules d'eau associées aux cations compensateurs induit une liaison faible entre feuillets élémentaires. On observe alors une grande variabilité de l'espace interfoliaire et un empilement désordonné des feuillets élémentaires. Un tel empilement est appelé tactoïde par certains auteurs.

Talweg ou thalweg. Ligne du fond d'une vallée ou d'un vallon suivie par un cours d'eau permanent ou un écoulement temporaire.

Tassement. Diminution du volume total de porosité d'un volume de sol ou d'un horizon dans son ensemble, agissant sur la macroporosité et/ou sur la porosité texturale. Le tassement s'opère verticalement et résulte soit de phénomènes pédogénétiques naturels très lents (décarbonatation, éluviation) soit d'actions humaines volontaires (roulage) ou involontaires (piétinement des animaux, charge excessive des tracteurs et des engins agricoles ou forestiers). Il entraîne une diminution de l'aération et du réservoir en eau et, en conséquence, des difficultés d'enracinement.

Taupage (ou drainage taupe). Drainage d'un sol agricole réalisé au moyen de drains creusés et moulés dans des horizons profonds argileux par une charrue spéciale dite « charrue taupe » ou « charrue draineuse ».

Tomographie. Technique d'imagerie très utilisée en médecine ainsi qu'en géophysique. La tomographie (« représentation en coupes », de *tomê = coupe* en grec) permet de reconstruire le volume d'un objet (le corps humain dans le cas de l'imagerie médicale, une structure géologique dans le cas de la géophysique) à partir d'une série de mesures effectuées par tranche depuis l'extérieur de cet objet. Ces mesures peuvent être effectuées à la surface même ou à une certaine distance. Le résultat est une reconstruction de certaines propriétés de l'intérieur de l'objet, selon le type d'information que fournissent les capteurs. D'un point de vue mathématique, la tomographie se décompose en deux étapes. Elle nécessite d'abord l'élaboration d'un modèle direct décrivant suffisamment fidèlement les phénomènes physiques tels qu'ils sont mesurés. Ensuite, on détermine le modèle inverse ou reconstruction servant à retrouver la distribution tridimensionnelle en se fondant sur le modèle direct.

Topologie. Partie de la géométrie qui considère uniquement les relations de position entre des objets. Branche des mathématiques qui étudie dans l'espace réel les propriétés liées aux concepts de voisinage et invariantes dans les déformations continues… La topologie a d'abord été appelée géométrie de situation (Le Petit Robert, 2002).

Tourbes. Ce terme présente une connotation plus géologique et écologique que pédologique, la classification des tourbes (voir Histosols) ayant comme critère premier les conditions écologiques de genèse. Le matériau tourbe a servi (et sert encore) en tant que combustible. Il est utilisé comme substrat pour certaines cultures florales ou maraîchères « hors sol ». La géologie considère les tourbes comme des roches tandis que la pédologie les considère comme des sols subaquatiques : des histosols.

Traits pédologiques. Ensemble des éléments (d'origine pédologique) qui ne font pas partie du fond matriciel : revêtements, accumulations localisées, nodules, taches, langues et lentilles, éléments secondaires, tubules, cavités, etc. Les traits pédologiques peuvent nous fournir des renseignements très utiles sur le fonctionnement actuel (ou passé) du solum étudié (illuviation d'argile, gonflement, migrations verticales, accumulations, signes d'hydromorphie, activité biologique). Voir fond matriciel.

Veracrisols. Solums présentant des horizons supérieurs particuliers, très épais et de couleur sombre, formés par l'action principale de vers de terre géants, dans des conditions très acides et de pédoclimat engorgé. Les Veracrisols se localisent sous un climat tempéré atlantique, particulièrement doux et humide toute l'année (Pays Basque, Béarn, Chalosse). Ils sont principalement développés en situation plane, dans les dépôts limoneux des terrasses anciennes des gaves pyrénéens.

Vers de terre. On distingue couramment différentes catégories de vers vivant dans les sols, selon des critères morphologiques et comportementaux. Les **vers anéciques** (vers « verticaux » de grande taille) vivent dans le sol. Pendant la nuit, ils viennent à la surface, prélèvent la litière et la tirent dans des galeries verticales. Ils jouent un rôle pédogénétique et fonctionnel majeur en rejetant à la surface du sol des matériaux provenant des horizons profonds et en facilitant la circulation de l'eau dans des conduits de grande taille. Ils ont joué un rôle essentiel dans la formation des Veracrisols du Béarn. Les **vers épigés** (dits « **digesteurs** ») se nourrissent uniquement de **matières organiques** en décomposition et vivent donc en surface. Leur anatomie les prédispose à des déplacements rapides. Les **vers endogés** vivent en permanence en profondeur, « horizontalement », et se nourrissent essentiellement de terre et de racines.

Vertisols. Solums argileux et épais dont la composition est dominée par des minéraux argileux de la famille des smectites, qui gonflent par humectation et se rétractent au séchage. À l'état desséché, ils présentent de larges fentes de retrait depuis la surface jusqu'à une profondeur d'au moins 50 cm. La partie supérieure du solum consiste généralement en gros agrégats prismatiques tandis que les horizons profonds montrent une structure typiquement « vertique » qui résulte des alternances de rétraction et de gonflement et qui se manifeste par des « slickensides », des agrégats en coins ou des agrégats parallélépipédiques avec des faces courbes brillantes et striées. Les Lithovertisols résultent de la nature minéralogique héritée du matériau parental tandis que les Topovertisols, situés en position de bas-fond, résultent de la néoformation de smectites en milieu confiné et riche en Si et Mg.

Voxel. Contraction de *volumetric pixel*. Le plus petit élément d'un espace en trois dimensions (par analogie au pixel). Comme ce dernier, c'est une unité d'information graphique.

Références bibliographiques

A

Afes, 2009. *Référentiel Pédologique 2008*. Baize D., Girard M.C. coord., Éditions Quae, Versailles, 432 p.

Afnor, 1999. Méthode de détermination du volume apparent et du contenu en eau des mottes. Norme X31-505 (décembre 1992) *In : Qualité des sols*; Vol. 2, pp. 73-84.

Afnor, 2004. *Évaluation de la qualité des sols. Volume 2. Méthodes d'analyses physiques et biologiques*. Afnor, Saint-Denis La Plaine, 486 p.

Afnor, 2005. Norme NF X31-515. Mesure de la stabilité d'agrégats de sols pour l'évaluation de la sensibilité à la battance et à l'érosion hydrique. 13 p.

Ancelin O., Roger-Estrade J., Boizard H., Richard G., 2008. Deux méthodes pour un diagnostic rapide de l'état structural du sol. *Perspectives agricoles*, 349, pp. 6-9.

Antoni V., Darboux F., 2009. De la terre à la table. L'érosion des sols. Institut français pour la nutrition, 7 p.
http://www.alimentation-sante.org/documentation/terre_table/

Archie G.E., 1942. The electrical resistivity log as an aid in determining some reservoir characteristics. *Trans. Am. Inst. Min. Metall. Pet. Eng.*, 146, pp. 54-62.

Arrouays et al., 2011. Rapport sur l'état des sols de France. www.gissol.fr

Aster R.C., Thurber C.H., Borchers B., 2005. *Parameter Estimation and Inverse Problems*. Elsevier Academic Press, USA, 301 p.

B

Babel U., 1997. Micromorphology of soil organic matter. *In: Soil components. Vol. 1. Organic components,* J.E. Gieseking (ed.), Springer, New York, pp. 369-473.

Badeau V., 1998. Caractérisation écologique du réseau européen de suivi des dommages forestiers. Bilan des opérations de terrain et premiers résultats. Paris, *Les cahiers du DSF*, 5, Min. Agri. Pêche, DERF, 211 p.

Badeau V., Dambrine E., Walter C., 1999. Propriétés des sols forestiers français : résultats du premier inventaire systématique. *Étude et Gestion des Sols*, 6, (3), pp. 165-180.

Baize D., 2000. Guide des analyses en pédologie. 2ᵉ édition revue et augmentée. Versailles. Inra éditions. 266 p.

Baize D., Jabiol B., 2011. Guide pour la description des sols. 2ᵉ édition, Éditions Quae, Versailles, 429 p.

Ball B.C., Batey T., Munkholm L.J., 2007. Field assessment of soil structural quality – a development of the Peerlkamp test. *Soil Use and Management*, 23, pp. 329-337.

Bartoli M., Pischedda D., Chagnon J.-L., 2006. Pour une exploitation respectueuse des sols. Chantiers de démonstration. Rapport final 2006. 75 p. + annexes.

Batey T., 2000. Soil profile description and evaluation. *In: Soil and Environmental Analysis: Physical Methods,* Smith K.A., Mullins C.E., eds, 2nd Edition. New York, Marcel Dekker.

Baudry J., Jouin A., 2003. *De la haie aux bocages. Organisation, dynamique et gestion.* Éditions Quae, Versailles, 474 p.

Baver L.D., Gardner W.H., Gardner W.R. 1972. *Soil Physics.* 4th ed. John Wiley & Sons, New York.

Beaufort D., Dudoignon P., Parneix J.C., Proust D., Meunier A., 1983. Microdrilling in thin section: a useful method for the identification of clay minerals in situ. *Clay Minerals*, 18, pp. 219-222.

Beck Y.-L., Palma Lopes S., Ferber V., Côte P., 2011. Microstructural interpretation of water content and dry density influence on the DC-Electrical Resistivity of a fine-grained soil. *Geotechnical Testing Journal*, 34, 6, pp. 1-14.

Becze-Deak J., Langohr R., Verrecchia E.P., 1997. Small scale secondary $CaCO_3$ accumulations in selected sections of the European lœss belt. Morphological forms and potential for paleoenvironmental reconstruction. *Geoderma*, 76, pp. 221-252.

Beragaya F., Theng B.K.G., Lagaly G., 2006. *Handbook of Clay Science.* Developments in Clay Science 1, Elsevier, Amsterdam, 1224 p.

Berrier J., Hallaire V., Curmi P., 1999. Assemblage des constituants fins et grossiers du sol à l'échelle microscopique. Quantification par analyse d'image. *In : Structure et ultrastructure des sols et des organismes vivants*, F. Elsass, A.M. Jaunet (éds) Colloque Versailles 20-21 novembre 1997. Paris, Inra éditions (Les colloques n° 92) 232 p.

Besson A., Cousin I., Samouëlian A., Boizard H., Richard G., 2004. Structural heterogeneity of the soil tilled layer as characterized by 2D electrical resistivity surveying. *Soil and Tillage Research*, 79, pp. 239-249.

Besson A., Séger M., Giot G., Cousin I., 2013. Identifying the characteristic scales of soil structural recovery after compaction from three in-field methods of monitoring. *Geoderma*, 204-205, pp. 130-139.

Besson A., 2007. Analyse de la variabilité spatio-temporelle de la teneur en eau des sols à l'échelle parcellaire par la méthode de résistivité électrique. Thèse de doctorat en Sciences de Terre et de l'Univers, Université d'Orléans, Orléans, 216 p., http://www.inra.fr/ea/EA_these/?action=4&these=232

Blanchart E., Achouak W., Albrecht A., Barakat M., Bellier G., Cabidoche Y.M., Hartmann C., Heulin T., Larré-Larrouy C., Laurent J.-Y., Mahieu M., Thomas F., Villemin G., Watteau F., 2000. Déterminants biologiques de l'agrégation dans les Vertisols des Petites Antilles – Conséquences sur l'érodibilité. *Étude et Gestion des Sols*, 7 (4), pp. 309-328.

Boiffin J., 1984. La dégradation structurale des couches superficielles du sol sous l'action des pluies. Thèse de Docteur-ingénieur, INA-PG, 320 p.

Boiffin J., Monnier G., 1982. États, propriétés et comportements des sols : recherche et utilisation de critères de fertilité physique. *B.T.I.*, 370/372, pp. 401-407.

Boizard H. et al., 2005. Field Meeting "Visual soil structure assessment", tenu à la station Inra d'Estrées-Mons, France, 25-27 mai 2005. ISTRO website.

Boizard H., Richard G., Défossez P., Roger-Estrade J., 2002. Évolution de la structure des sols cultivés en fonction des systèmes de culture : synthèse des résultats obtenus sur le dispositif pluriannuel de Mons. *Étude et Gestion des Sols*, 11, 1, 2004, pp. 11-20.

Boizard H., Richard G., Roger-Estrade J., Dürr C., Boiffin J., 2002. Cumulative effects of cropping systems on the structure of the tilled layer in northern France. *Soil & Tillage Research*, 64, pp. 149-164.

Boulet R., Humbel F.-X., Lucas Y., 1982. Analyse structurale et cartographie en pédologie. II. Une méthode d'analyse prenant en compte l'organisation tridimensionnelle des couvertures pédologiques. *Cah. Orstom, série Pédologie*, vol. XIX, 4, pp. 323-339.

Bresson L.M., 1987. Comportement hydrique d'un sol argileux acide. Étude aux différents niveaux d'organisation. *In : Micromorphologie des sols*, N. Fédoroff, L.M. Bresson, M.A. Courty (éds), Actes de la VIIe réunion internationale de micromorphologie des sols, Paris, juillet 1985, Afes, Plaisir, pp. 513-520.

Bresson L.-M., Boiffin J., 1990. Micromorphological characterization of soil crust development stages on an experimental field. *Geoderma*, 47, pp. 301-325.

Brewer R., 1964. *Fabric and Mineral Analysis of Soils.* J. Wiley & Sons, New York, London, 470 p.

Bruand A., 1985. Contribution à l'étude de la dynamique de l'organisation de matériaux gonflants. Application à un matériau provenant d'un sol argilo-limoneux de l'Auxerrois. Thèse de 3e cycle, Université Paris 7, 246 p.

Bruand A., 1986. Contribution à l'étude de la dynamique de l'espace poral. Utilisation des courbes de retrait et des courbes de rétention d'eau. *Science du sol*, vol. 24, 4, pp. 351-362.

Bruand A., 2009. Qu'est ce que le sol ? *In : Le sol*, Dossier INRA, pp. 12-17.

Bruand A., Prost, R., 1987. Effect of the water content on the fabric of a soil material: an experimental approach. *The Journal of Soil Science*, 38, pp. 461-473.

Bruand A., Tessier D., 1996. Structure et porosité du sol. *Encyclopédie des Techniques Agricoles*, 3, pp. 1140-1164.

Bruand A., Tessier D., 2000. Water retention properties of the clay in soils developed on clayey sediments: significance of parent material and soil history. *European Journal of Soil Science*, 51, pp. 679-688.

Bullock P., Fédoroff N., Jongerius G., Stoops G., Tursina T., 1985. *Handbook for soil thin section description.* Waine Research Publications, Wolverhampton, UK.

C

Cacot E., 2001. Exploitation forestière et débardage : pourquoi et comment réduire les impacts ? *Informations-Forêt* n° 4, fiche 637. http://www.afocel.fr/Publications/FIF/FIF637.pdf

Cacot E., 2006. Observatoire des bonnes pratiques environnementales en exploitation forestière. Rapport final, convention DGFAR/Afocel n° 61.45.80.41/04. Afocel, 48 p. + annexes.

Cacot E., 2008a. Observatoire des impacts de l'exploitation forestière. *RDV techniques,* ONF, 19, pp. 26-29.

Cacot E., 2008b. Organisation des chantiers d'exploitation forestière « traditionnels ». *RDV techniques,* ONF, 19, pp. 30-33.

Cacot E., Pischedda D., 2005. Récolte des bois et respect du sol : un dialogue à développer entre les acteurs. *RDV techniques,* ONF, 8, pp. 36-43.

Cailleau G., Verrecchia E.P., Braissant O., Emmanuel L., 2009. The biogenic origin of needle fibre calcite. *Sedimentology,* 56, pp. 1858-1875.

Caillère S., Hénin S., Rautureau M., 1982. *Minéralogie des argiles. 1. Structures et propriétés physico-chimiques.* 2ᵉ édition. Masson, Paris, 184 p.

Callot G., Chamayou H., Maertens C., Salsac L., 1982. *Mieux comprendre les interactions sol-racines. Incidence sur la nutrition minérale.* Inra éditions, Versailles, 324 p.

Calvet R., 2003. *Le Sol. Propriétés et fonctions.* Editions France Agricole, Dunod, Paris, 2 tomes, 456 p. et 511 p.

Chamayou H., Legros J.-P., 1989. *Les bases physiques, chimiques et minéralogiques de la science du sol.* Presses Universitaires de France, Paris, 592 p.

Chenu C., 1989. Influence of a fungal polysaccharide scleroglucan, on clay microstructures. *Soil Biology and Biochemistry,* 21, pp. 299-305.

Chenu C., Tessier D., 1995. Low temperature scanning electron microscopy of clay and organic constituents and their relevance to soil microstructures. *Scanning Microscopy,* 9, pp. 989-1010.

Chenu C., Bruand A., 1998. Constituants et organisation du sol. *In : Sol : interface fragile.* P. Stengel, S. Gélin, coord. INRA éditions, Versailles, 214 p.

Chenu C., Le Bissonnais Y., Arrouays D., 2000. Organic matter influence on clay wettability and soil aggregate stability. *Soil Science Society America Journal,* 64, pp. 1479-1486.

Citeau L., Lamy I., van Oort F., Elsass F., 2003. Colloidal facilitated transfer of metals in soils influenced by soil type and land use. *Colloids and surfaces A: Physicochemical and Engineering Aspects,* 217, pp. 11-19.

Citeau L., Lamy I., van Oort F., 2009. Suivi in situ de la composition des eaux gravitaires de sols sableux contaminés : déterminisme de la mobilité de Zn et Pb. *In : Contaminations métalliques des agrosystèmes et écosystèmes péri-urbains,* Ph. Cambier, C. Schvartz, F. van Oort (coord.), Éditions Quae, Versailles, France, pp. 45-66.

Concaret J., éd., 1981. Drainage agricole. Théorie et pratique. Chambre régionale d'agriculture de Bourgogne, 509 p.

Cousin I., 1996. Reconstruction 3D par coupes sériées et transport de gaz dans un milieu poreux. Application à l'étude d'un sol argilo-limoneux. Thèse 3ᵉ cycle. Université d'Orléans, 254 p.

Cousin I., 2007. Structure et propriétés hydriques des sols : hétérogénéité spatiale et variabilité temporelle, de l'horizon à la parcelle agricole. Mémoire d'HDR, Université d'Orléans, 98 p.

Cousin I., Levitz P., Bruand A., 1996. Three-dimensional analysis of a loamy-clay soil using pore and solid chord distributions. *European Journal of Soil Science,* 47, 4, pp. 439-452.

Cousin I., Vogel H.J., Nicoullaud B., 2004. Influence de la structure du sol à différentes échelles sur les transferts d'eau : conséquences d'une réduction du travail du sol. *Étude et Gestion des Sols,* 11 (1), pp. 69-81.

Curmi P., 1993. Analyse structurale et dynamique actuelle des systèmes pédologiques. Mémoire Habilitation à Diriger des Recherches, Univ. Rennes I, 83 p. + annexes.

D

De Paul M.A., Bailly M., 2005. La compaction des sols forestiers : définition et principes du phénomène. *Forêt Wallonne,* 76, pp. 39-47.

Decarreau A., 1990. Matériaux argileux. Structure, propriétés et applications. Société Française de Minéralogie et de Cristallographie. Paris, 586 p.

Défossez P., Richard G., Boizard H., Roger-Estrade J., 2002. Évolution de la structure d'un sol en fonction des systèmes de culture : modélisation du compactage par les engins agricoles. *Étude et Gestion des Sols,* 11, 1, 2004, pp. 21-32.

Denaix L., van Oort F., Pernes M., Jongmans A.G., 1999. Transmission X-ray diffraction of undisturbed micro-fabrics, obtained by microdrilling in thin sections. *Clays and Clay Minerals,* 47, pp. 637-646.

Di Cintio F., 2006. Étude de l'effet du tassement du sol sur la croissance aérienne et racinaire des semis naturels de Chêne et de Hêtre en forêt domaniale de Sainte Hélène (88). Mirecourt, LEGTA des Vosges. Rapport de stage BTS, 36 p.

Dixon J.B., Weed S.B., 1989. *Minerals in Soil Environments,* 2ⁿᵈ Ed. Soil Science Society of America, Madison WI, 1244 p.

Dorel M., 2001. Effet des pratiques culturales sur les propriétés physiques des sols volcaniques de Guadeloupe et influence sur l'enracinement du bananier. Thèse de l'Université catholique de Louvain, 129 p.

Dove P.M., De Yoreo J.J., Weiner S., 2003. Biomineralization. *Rev. Mineral. Geochem.* 54, 381 p.

E

Elsass F., Chenu C., Tessier D., 2008. Transmission Electron Microscopy for Soil Samples: Preparation Methods and Use. *In: Methods of Soil Analysis. Part 5 Mineralogical Methods.* A.E. Ulery, L.R. Drees (eds), SSSA Book Series, No. 5. Soil Science Society of America, pp. 235-268.

Emerson W.W., 1967. A classification of soil aggregates based on their coherence in water. *Australian Journal of Soil Research*, 5, pp. 47-57.

F

Fayolle L., Gautronneau Y., 1998. Détermination des peuplements et de l'activité lombricienne en grandes cultures, à l'aide du profil cultural. Congrès mondial de sciences du sol, Montpellier, Poster, enregistrement scientifique 2 515, Symposium 32, 10 p.

Fédoroff N., Courty M.A., 1994. Organisation du sol aux échelles microscopiques. I*n : Pédologie, tome 2, Constituants et propriétés du sol.* M. Bonneau, B. Souchier (éds). 2ᵉ édition. Masson, Paris, 666 p.

Fernandez C., Labanowski J., Jongmans T., Bermond A., Cambier P., Lamy I., van Oort F., 2010. Fate of airborne metal pollution in soils as related to agricultural management. 2. Assessing the role of biological activity on micro-scale Zn and Pb distributions in A, B and C horizons. *European Journal of Soil Science*, 61, pp. 514-524.

Fernandez C., 2002. Modifications des propriétés physiques et physicochimiques d'un matériau allophanique au cours de la dessiccation : cas d'un andosol des Açores. Rapport de stage du DEA National de Science du Sol, Doc. Int. Inra, Versailles, 20 p.

FitzPatrick E.A., 1983. *Soils. Their formation, classification and distribution.* Longman, London & New York. 353 p.

FitzPatrick E.A., 1993. *Soil Microscopy and Micromorphology.* John Wiley & Sons, Chichester, New York, 304 p.

Flach K.W., Cady J.G., Nettleton W.D. 1968. Pedogenetic alteration of highly weathered parent material. Transcriptions of the 9ᵗʰ International Congress of Soil Science, Adelaide, Australia, vol. IV, pp. 343-351.

Foucault A., Raoult J.F., 2001. *Dictionnaire de géologie.* 5ᵉ édition. Dunod, 380 p.

Fox et al., 2008. La dégradation des sols dans le monde. <http://unt.unice.fr/uoh/degsol/formes-erosion.php>

Frapna, 2009. Le sol m'a dit – À la découverte du sol et de ses habitants. Kit pédagogique de terrain. Fédération Rhône-Alpes de Protection de la Nature. http://www.frapna-rhone.org/.

Frison A., Cousin I., Gaillard H., Cornu S., 2007. Amélioration de la détermination des caractéristiques de rétention en eau dans les horizons hétérogènes par l'utilisation de l'approche additive. 9es Journées Nationales de l'Étude des Sols, 3-5 avril 2007, Angers, pp. 421-422.

G

Gaucher G., 1968. *Traité de pédologie agricole. Le sol et ses caractéristiques agronomiques.* Paris, Dunod, 578 p.

Gautronneau Y., Manichon H., 1987. Guide méthodique du profil cultural. Ceref-Isara/Geara-INAPG. 71 p., http://profilcultural.isara.fr/

Girard M.C., 1983. Recherche d'une modélisation en vue d'une représentation spatiale de la couverture pédologique. Thèse, Univ. Paris 7. INA Paris-Grignon. 430 p.

GIS Sol, 2011. Les pertes en sol. *In : L'état des sols de France*, Groupement d'intérêt scientifique sur les sols, pp. 122-132.

Gobat J.-M., Aragno M., Matthey W., 2010. *Le Sol vivant. Bases de pédologie, biologie des sols.* Presses Polytechniques et Universitaires Romandes, Lausanne. 3ᵉ édition, 820 p.

Goutal N., 2012. Modifications et restauration de propriétés physiques et chimiques de deux sols forestiers soumis au passage d'un engin d'exploitation. Thèse AgroParisTech, Nancy. 220 p.

Gras R., 1994. *Sols caillouteux et production végétale.* Versailles, Inra Éditions, 178 p.

Grimaldi M., Sarrazin M., Chauvel A., Luizao F., Nunes N., Lobato Rodriguez M.d.R., Amblard P., Tessier D. 1993. Effets de la déforestation et des cultures sur la structure des sols argileux d'Amazonie brésilienne. *Cahiers Agricultures*, 2, pp. 36-47.

Grosbellet C., 2008. Évolution et effets sur la structuration du sol de la matière organique apportée en grande quantité. Thèse, Université d'Angers.

Guérif J., 1994. Influence de la simplification du travail du sol sur l'état structural des horizons de surface : conséquences sur leurs propriétés physiques et leurs comportements mécaniques. In : Colloque « Simplification du travail du sol », les colloques de l'Inra n° 65, Paris, pp. 13-33.

H

Hasinger G., Nievergelt J., Weisskopf P., 2004. Observer et évaluer la structure du sol. *Les cahiers de la FAL*, 50. Agroscope, FAL, Reckenholtz.

Hénin S., 1938. Étude physico-chimique de la stabilité structurale des terres. Thèse de doctorat, Université de Paris, 75 p.

Hénin S., 1976. *Cours de physique du sol.* Tome 1. Orstom-Editest, Paris et Bruxelles, 159 p.

Hénin S., Monnier G., 1956. Évaluation de la stabilité de la structure du sol. C. R. VIᵉ congrès AISS, Paris, Vol. B, pp. 49-52.

Hénin S., Féodoroff A., Gras R., Monnier G., 1960. *Le profil cultural. Principes de physique du sol.* Paris, SEIA, 320 p.

Hénin S., Gras R., Monnier G., 1969. *Le profil cultural.* Masson, Paris, 2ᵉ édition. 332 p.

Herbauts J., El Bayad J., Grüber W., 1998. L'impact de l'exploitation forestière mécanisée sur la dégradation physique des sols : le cas des sols limoneux acides de la forêt de Soignes (Belgique). *Rev. For. Fr.*, 50, (2) pp. 124-138.

Hillel D., 1984. *L'eau et le sol. Principes et processus physiques.* Cabay, Louvain-la-Neuve.

Hillel D., 1988. *L'eau et le sol. Principes et processus physiques.* 2ᵉ édition. Pédasup 5, Academia, Louvain-la-Neuve, 294 p.

I

Ifé-Inra, 2012. Érosion des sols, ruissellement, formation d'une croûte de battance <http://eduterre.ens-lyon.fr/eduterre-usages/sol/erosion/croute_battance>

Ifen, 2005. L'érosion des sols, un phénomène à surveiller. Le 4 pages. <http://www.side.developpement-durable.gouv.fr/simclient/consultation/binaries/stream.asp?INSTANCE=EXPLOITATION&EIDMPA=IFD_FICJOINT_0001475>

Insee, 2009. Érosion des sols. Axe 2 : Patrimoine et ressources critiques. Les fiches d'indicateurs du Développement durable en Picardie. <http://www.insee.fr/fr/insee_regions/picardie/themes/dossier/Developpement_durable/img/AXE%202-8.pdf>

Ires Orléans-Inra, 2012. L'érosion hydrique des sols <http://www.univ-orleans.fr/irem/modules/news/index.php?storytopic=48>

ISO, 2012. DIS 10930. Soil quality - Measurement of the stability of soil aggregates subjected to the action of water. International Organization for Standardization, Genève, Suisse. 12 p. http://www.iso.org/iso/catalogue_detail.htm?csnumber=46433

Iupac (International Union of Pure and Applied Physics), 1972. Technical Reports and Recommendations.

J

Jabiol B., Brêthes A., Ponge J.-F, Toutain F., Brun J.-J., 2007. *L'humus sous toutes ses formes.* 2ᵉ édition. AgroParisTech, Engref, 68 p.

Jabiol B., Ranger J., Richter C., 2000. Sol sensible ou résistant ? Éléments simples de diagnostic de la sensibilité à la dégradation chimique ou physique. *Forêt Privée*, (253) pp. 30-46.

Jaillard B., 1987. Les structures rhizomorphes calcaires : modèle de réorganisation des minéraux du sol par les racines. INRA, Laboratoire de Science du Sol, Montpellier.

Jaillard B., Cabidoche Y.-M., 1984. Étude de la dynamique de l'eau dans un sol argileux gonflant. *Science du Sol, Bulletin de l'Afes*, 3, pp. 239-251.

Jamagne M., 2011. *Grands paysages pédologiques de France.* Éditions Quae, Paris, 598 p.

Jamagne M., King D., Girard M.C., Hardy R., 1993. Quelques conceptions actuelles sur l'analyse spatiale en pédologie. *Science du sol*, 31, 3, pp. 141-169.

Jarvis N.J., 1994. The MACRO model (Version 3.1). Technical description and sample simulations. Reports and Dissert. no 19. Dept. of Soil Sciences, SLU, Uppsala, Sweden. 51 p.

Jastrow J.D., Miller R.M., 1998. Soil aggregate stabilization and carbon sequestration: feedbacks through organomineral associations. *In: Soil Processes and the Carbon Cycle*, Lal R., Kimble J.M., Follett R.F., Stewart B.A., eds., pp. 207-223. Boca Raton, FL: CRC Press.

Jongmans A.G., van Oort F., Nieuwenhuyze A., Buurman P., Jaunet A.M., van Doesburg J.D.J., 1994. Inheritance of 2:1 phyllosilicates in Costa Rican Andisols. *Soil Science Society of America Journal*, 58, pp. 494-501.

Jongmans A.G., van Oort F., Denaix L., Jaunet A.M., 1999. Mineral micro- and nano-variability revealed by combined micromorphology and in situ submicroscopy. *Catena*, 35, pp. 259-279.

K

Koerner W., Dupouey J.L., Dambrine E., Benoit M., 1997. Influence of past land use on the vegetation and soils of present day forest in the Vosges mountains, France. *Journal of Ecology*, 85, pp. 351-358.

Kubiena W.L., 1938. *Micropedology.* Collegiate Press, Inc. Ames, IA, USA.

L

Léonard J., Le Bissonnais Y., Andrieux P., Darboux F., 2009. L'érosion, un acteur majeur de la dégradation des sols et de l'environnement. *In : Le sol*, dossier Inra, pp. 128-131.

Labanowski J., Sebastia J., Foy E., Jongmans A.G., Lamy I., van Oort F., 2007. Fate of metal-associated POM in a soil under arable land use contaminated by metallurgical fallout. *Environmental Pollution*, 149, pp. 59-69.

Labreuche J., Le Souder C., Castillon P., Ouvry J.F., Real B., Germon J.C., de Tourdonnet S., eds, 2007. Evaluation des impacts environnementaux des Techniques Culturales Sans Labour (TCSL) en France. Rapport final du contrat Ademe 04 75C 0014, Ademe, Angers, France, pp. 178-249. Téléchargeable sur www.ademe.fr

Lamandé M., Ranger J., Lefèvre Y., 2005. Effets de l'exploitation forestière sur la qualité des sols. *Les dossiers forestiers*, 15, ONF, Paris. 131 p.

Lawrence G.P. 1978. Stability of soil pores during mercury intrusion porosimetry. *Journal of Soil Science*, 29, pp. 299-304.

Le Bissonnais Y., 1996. Aggregate stability and assessment of soil crustability and erodibility: I.

Theory and methodology. *European Journal of Soil Science*, 47, pp. 425-437.

Le Bissonnais Y., Le Souder Ch., 1995. Mesurer la stabilité structurale des sols pour évaluer leur sensibilité à la battance et à l'érosion. *Étude et Gestion des Sols*, 2, 1, pp. 43-55.

Le Bissonnais Y., Arrouays D., 1997. Aggregate stability and assessment of soil crustability and erodibility: II Application to humic loamy soils with various organic carbon contents. *European Journal of Soil Science*, 48, pp. 39-48.

Le Bissonnais Y., Bruand A., Jamagne M., 1989. Laboratory experimental study of soil crusting: relation between aggregates breakdown and crust structure. *Catena*, 16, pp. 377-392.

Le Bissonnais Y., Bruand A., Jamagne M., 1989-90. Étude expérimentale sous pluie simulée de la formation des croûtes superficielles. Apport à la notion d'érodibilité des sols. *Cah. Orstom, série Pédologie*, XXV, 1-2, pp. 31-40.

Le Bissonnais Y., Blavet D., De Noni G., Laurent J.-Y., Asseline J., Chenu C., 2007. Erodibility of Mediterranean vineyard soils: relevant aggregate stability methods and significant soil variables. *European Journal of Soil Science*, 58, pp. 188-195.

Lebourgeois F., Jabiol B., 2002. Enracinements comparés du chêne sessile, du chêne pédonculé et du hêtre. Réflexions sur l'autécologie des essences. *Rev. For. Fr.*, 54, 1. pp. 17-42.

Lebourgeois F., Spicher F., Lefèvre Y., 2008. Relations croissance du chêne pédonculé et climat sur deux types de sols à nappe temporaire en Lorraine. *Rev. For. Fr.*, 60, 4, pp. 411-424.

Legros J.P., 1996. *Cartographies des sols. De l'analyse spatiale à la gestion des territoires.* Presses Polytechniques et Universitaires Romandes. Lausanne, 321 p.

Lehmann J., Kinyangi J., Solomon D., 2007. Organic matter stabilization in soil microaggregates, implications from spatial heterogeneity of organic carbon contents and carbon forms. *Biogeochemistry*, 85, pp. 45-47.

Levitz P., Tchoubar D., 1992. Disordered porous solids: from chord distribution to small angle scattering. *Journal de Physique II*, 2, pp. 771-790.

Levrel G., Ranger J., 2006. Effet des substitutions d'essences forestières et des amendements sur les propriétés physiques d'un alocrisol. *Étude et Gestion des Sols*, 13, 2. pp. 71-88.

Lin H.S., McInnes K.J., Wilding L.P., Hallmark C.T., 1999a. Effects of Soil Morphology on Hydraulic Properties: I. Quantification of Soil Morphology. *Soil Sci. Soc. Am. J.* 63, pp. 948-954.

Lin H.S., McInnes K.J., Wilding L.P., Hallmark C.T., 1999b. Effects of Soil Morphology on Hydraulic Properties: II. Hydraulic Pedotransfer Functions. *Soil Sci. Soc. Am. J.* 63, pp. 955-961.

Limousin G., Tessier D., 2006. Effects of no-tillage on chemical gradients and topsoil acidification. *Soil and Tillage Research*, 92, pp. 167-174.

Loyen S., 2005. Régénération naturelle du hêtre en forêt de Soignes : impact de la compaction des sols. *RDV techniques* ONF, 8, pp. 44-47.

Lüscher P., Frutig F., Sciacca S., Spjevak S., Thees O., 2009. Protection physique des sols en forêt. Notice pour le praticien 45. Institut Fédéral de recherche WSL, Birmensdorf, Suisse. 12 p.

Luxmoore R.J., 1981. Micro-, meso-, and macroporosity of soil. *Soil Science Society of America Journal*, 45, pp. 671-672.

M

Manichon H., 1982. Influence des systèmes de culture sur le profil cultural : élaboration d'une méthode de diagnostic basée sur l'observation morphologique, Thèse Doct. Ing. Sc. agronomiques INA-PG, 214 p.

Manichon H., 1987. Observation morphologique de l'état structural et mise en évidence d'effets de compactage des horizons travaillés, *In : Soil Compaction and Regeneration*. Monnier G., Goss M.J. (eds), Balkema, Rotterdam/Boston, pp. 39-52.

Marshall T.J., Holmes J.W., Rose C.W., 1996. *Soil Physics*. 3rd Edition, Cambridge University Press, Cambridge, 472 p.

Mathieu C., Pieltain F., 1998. *Analyse physique des sols. Méthodes choisies.* Cachan. Tec et Doc-Lavoisier, 274 p.

Matthies D., Ziesak M., Kremer J., 2006. Le logiciel Profor, un outil de prévention pour juger de la praticabilité des sols lors de l'exploitation forestière. *RDV techniques ONF*, 14, pp. 3-8.

McKenzie D.C., 2001. Rapid assessment of soil compaction damage. I. The SOILpak score, a semi-quantitative measure of soil structural form. *Australian Journal of Soil Research*, 39, pp. 117-125.

Mérot P., Reyne S., 1996. Rôle hydrologique et géochimique des structures linéaires boisées. Bilan bibliographique et perspectives d'étude. *Études et Recherches sur les Systèmes Agraires et le Développement*, 29, pp. 83-100.

Métay A., Mary B., Arrouays D., Labreuche J., Martin M., Nicolardot B., Germon J.C., 2009. Effets des techniques culturales sans labour sur le stockage de carbone dans le sol en contexte climatique tempéré. *Canadian Journal Soil Science*, 89, pp. 623-634.

Michot D., 2003. Intérêt de la géophysique de subsurface et de la télédétection multispectrale pour la cartographie des sols et le suivi de leur fonctionnement hydrique à l'échelle intraparcellaire. Chapitre I « Intérêt de la géophysique et de la résistivité électrique en Science du Sol. » pp. 11-51 ; Thèse de doctorat en Pédologie/Géophysique, Paris VI, 394 p. http://www.inra.fr/ea/EA_these/?action=4&these=54 (Michotsection1A)

Millière L., Hasinger O., Bindschedler S., Cailleau G., Spangenberg J.E., Verrecchia E.P., 2011. Stable carbon and oxygen isotope signature of pedogenic needle fibre calcite: further insight on its origin. *Geoderma*, 161, pp. 74-87.

Monnier G., Stengel P., Fies J.C., 1973. Une méthode de mesure de la densité apparente de petits agglomérats terreux. *Annales Agronomiques*, 24, 5, pp. 533-545.

Morel R., 1996. *Les sols cultivés.* 2ᵉ édition. Tec et Doc, Lavoisier. Paris, 389 p.

N

Nageleisen L.M., 1993. Les dépérissements d'essences feuillues en France. *Rev. For. Fr.*, XLV, (6), pp. 605-620.

Nageleisen L.M., 1994. Le dépérissement actuel de feuillus divers : hêtre, merisier, alisier torminal, érable sycomore, peuplier, châtaignier, charme, aulne glutineux. *Rev. For. Fr.*, XLVI, (5), pp. 554-562.

O

Ozier-Lafontaine H., Cabidoche Y.-M., 1995. THERESA: II. Thickness variations of Vertisols for indicating water status in soil and plants. *Agricultural Water Management*, 28, pp. 149-161.

P

Pachepsky Y.A., Rawls W.J., 2003. Soil structure and pedotransfer functions. *Eur. J. Soil Sci.*, 54, pp. 443-452.

Pédro G., 1987. Soil Science and Micromorphology. *In: Micromorphologie des Sols.* N. Fédoroff, L.M. Bresson, M.A. Courty (eds.) Actes de la VIIᵉ Réunion Internationale de Micromorphologie des Sols, Paris, juillet 1985. Afes, Plaisir, pp. V-VI.

Peerlkamp P.K., 1967. Visual estimation of soil structure. *In: West European Methods for Soil Structure Determination.* deBoodt, Frese, Low and Peerlkamp (eds), Ghent, Belgium, State Faculty Agric. Sci. 2, 11.

Pellerin F.-M., 1980. La porosimétrie au mercure appliquée à l'étude géotechnique des sols et des roches. *Bull. liaison Laboratoires Ponts et Chaussées*, 106, pp. 105-116.

Pérès G., Cluzeau D., Curmi P., Hallaire V., 1998. Earthworm activity and soil structure changes due to organic enrichments in vineyard systems. *Biol Fertil Soils*, 27, pp. 417-424.

Pernes-Debuyser A., Pernes M., Velde B., Tessier D., 2003. Soil mineralogy evolution in the INRA 42 plots experiment (Versailles, France). *Clays and Clay Minerals*, 51, pp. 578-585.

Pischedda D., Bartoli M., Chagnon J.L., 2008. Pour une exploitation respectueuse des sols, des systèmes complémentaires existent. *RDV techniques* ONF, 19, pp. 34-42.

Pischedda D., Brêthes A., Ranger J., 2009. Enjeux et gestion du risque de tassement des sols en forêt.

Le tassement, un risque majeur pour les sols ? Colloque SIMA, Paris, 25 février 2009.

Pischedda D., coord., 2009. *Pour une exploitation forestière respectueuse des sols et de la forêt. PROSOL. Guide pratique.* Éditions ONF/FCBA, 110 p.

Plaisance G., 1953. Les caractères originaux de l'exploitation ancienne des forêts. *Revue de géographie de Lyon*, 28, 1, pp. 17-26.

Ponge J.F., 2010. The soil under the microscope: the optical examination of a small area of Scots pine litter (*Pinus sylvestris* L.). Muséum d'Histoire Naturelle, Paris. Publié sous hal-00488081, 3.6.2010.

R

Ranger J., coord., 2008. Effet de la mécanisation des travaux sylvicoles sur la qualité des sols forestiers : dynamique de la restauration naturelle ou assistée de leurs propriétés physiques. Volet forestier du projet « Dégradation physique des sols agricoles et forestiers liée au tassement (DST) », GESSOL2. Premier rapport d'étude, 37 p.

Ranger J., Lamandé M., Lefèvre Y., 2005. Perturbations au sol liées à l'exploitation forestière et conséquences pour l'écosystème. *RDV Techniques* ONF, 8, pp. 27-35.

Rémy J.-C., Le Bissonnais Y., 1998. Comparaison des phénomènes d'érosion entre le nord et le sud de l'Europe : ampleur des problèmes et nature des mécanismes. Colloque : L'eau et la fertilité des sols. Deux ressources à gérer ensemble. *Bulletin réseau érosion*, 18, pp. 15-31.

Rémy J.-C., Marin-Laflèche A., 1974. L'analyse de terre : réalisation d'un programme d'interprétation automatique. *Annales Agronomiques*, 25, 4, pp. 607-632.

Rhoades J.D., Manteghi N.A., Shouse P.J., Alves W.J., 1989. Soil electrical conductivity and soil salinity: new formulations and calibrations. *Soil Sci. Soc. Am. J.*, 53, pp. 433-439.

Richard G., 2008. Dégradation physique des sols agricoles et forestiers liée au tassement : impact, prévision, prévention, suivi, cartographie. Projet DST. Programme GESSOL. Rapport de fin de contrat. Décembre 2008. 30 p. http://www.gessol.fr/sites/default/files/GESSOL2_SyntheseRF_DST_GRichard.pdf

Richard G., Besson A., Sani A.A., Cosenza P., Boizard H., Cousin I., 2006. A new approach of soil structure characterisation in field conditions based on electrical resistivity measurements., pp. 415-421, In: R. Horn *et al.*, (eds.) 17th Triennal ISTRO Conference, Vol. Advances in geoecology, 38. Die Deutsche Bibliothek, Kiel.

Richards L.A., 1941. A pressure membrane extraction apparatus for soil solution. *Soil Science*, 51, pp. 377-386.

Richter C., 1999. Mieux respecter les sols forestiers lors des opérations mécanisées : un enjeu de gestion durable ! *Forêt Privée*, 249, pp. 51-58.

Robert M., Herbillon A., 1990. Genèse, nature et rôle des constituants argileux dans les principaux types de sols des environnements volcaniques insulaires. *In : Matériaux argileux, structure, propriétés et applications.* A. Decarreau (coord.) SFMC-GFA, Paris, pp. 541-576.

Roger-Estrade J., Richard G., Boizard H., Boiffin J., Caneill J., Manichon H., 2000. Modelling structural changes in tilled topsoil over time as a function of cropping systems. *European Journal of Soil Science*, 51, pp. 455-474.

Roger-Estrade J., Richard G., Boizard H., Défossez P., Manichon H., Caneill J., 2004. SISOL : un modèle pluriannuel d'évolution de la structure des sols cultivés sous l'effet des systèmes de culture. *Étude et Gestion des Sols*, 11, 1, pp. 33-46.

Roger-Estrade J., Richard G., Caneill J., Boizard H., Coquet Y., Defossez P., Manichon H., 2004. Morphological characterization of soil structure in tilled fields: from a diagnosis method to the modeling of structural changes over time. *Soil and Tillage Research*, 79, pp. 33-49.

Roger-Estrade J., Labreuche J., Richard G., 2011. Effets de l'adoption des techniques culturales sans labour (TCSL) sur l'état physique des sols : conséquences sur la protection contre l'érosion hydrique en milieu tempéré. *Cahiers Agriculture*, 20(3), pp. 186-193. doi : 10.1684/agr.2011.0490.

Rotaru C., 1985. Les phénomènes de tassement du sol forestier dû à l'exploitation mécanisée des bois. *Rev. For. Fr.*, 3, 5, pp. 359-370.

Rowell D.L., 1994. *Soil science. Methods and applications.* Longman, 350 p.

S

Samouëlian A., Cousin I., Tabbagh A., Bruand A., Richard G., 2005. Electrical resistivity survey in soil science: a review. *Soil and Tillage Research*, 83, pp. 173-193.

Schloesing T., 1902. Études sur la terre végétale. *Comptes Rendus Hebdomadaires des Séances de l'Académie des Sciences*, 135, pp. 601-605.

Sébillotte M., 1978. Itinéraire technique et évolution de la pensée agronomique. C. R. Académie d'Agriculture de France, 11, pp. 906-913.

Sébillotte M., 2001. Apprendre, chercher, innover, le parcours d'un agronome. Bilan et prospectives INRA, 61 p.

Séger M., Cousin I., Frison A., Boizard H., Richard G., 2009. Characterisation of the structural heterogeneity of the soil tilled layer by using in situ 2D and 3D electrical resistivity measurements. *Soil and Tillage Research*, 103, pp. 387-398.

Séger M., Cousin I., Giot G., Boizard H., Mahu F., Richard G., 2009. Characterisation of the structural heterogeneity of the soil layer by using in situ 2D and 3D electrical resistivity measurements. *ArchéoSciences*, 33, pp. 349-351.

Seladji S., Cosenza P., Tabbagh A., Ranger J., Richard G., 2010. The effect of compaction on soil electrical resistivity: a laboratory investigation. *European Journal of Soil Science*, 61, pp. 1043-1055.

Shepherd T.G., 2000. *Visual soil assessment. Volume 1. Field guide for cropping and pastoral grazing on flat to rolling country.* Horizons. mw & Landcare Research, Palmerston North, New Zealand.

Shepherd T.G., 2003. Assessing soil quality using Visual Soil Assessment. *In: Tools for nutrient and pollutant management: applications to agriculture and environmental quality*, L.D. Currie, J.A. Hanly, eds. Occasional Report No. 17. Fertilizer and Lime Research Centre, Massey University, Palmerston North. pp. 153-166.

Shepherd T.G., 2009. *Visual Soil Assessment. Volume 1. Field guide for pastoral grazing and cropping on flat to rolling country.* 2nd edition. Horizons Regional Council, Palmerston North, New Zealand. 119 p.

Šimůnek J., Šejna M., van Genuchten M.Th., 1999. The HYDRUS-2D software package for simulating two-dimensional movement of water, heat, and multiple solutes in variably saturated media. Version 2.0, IGWMC - TPS - 53, International Ground Water Modeling Center, Colorado School of Mines, Golden, Colorado, 251 p.

Six J., Elliott E.T., Paustian K., Doran J.W., 1998. Aggregation and soil organic matter storage in cultivated and native grassland soils. *Soil Sci. Soc. Am. J.*, 62, pp. 1367- 1377.

Six J., Paustian K., Elliott E.T., Combrink C., 2000. Soil structure and organic matter. I. Distribution of aggregate-size classes and aggregate-associated carbon. *Soil Sci. Soc. Am. J.*, 64, pp. 681-689.

Soltner D., 2011. Les bases de la production végétale. Tome 1, Le sol et son amélioration. Coll. Sciences et Techniques Agricoles, 25e édition.

Sposito G., 2008. *The Chemistry of Soils.* Oxford University Press.

Stevenson F.J., 1994. *Humus Chemistry: Genesis, Composition, Reactions,* John Wiley & Sons.

Stevenson F.J., Ardakani M.S., 1972. Organic matter reactions involving micronutrients in soils. *In: Micronutrients in Agriculture*, Mortvedt J.J., Giordano P.M., and Lindsay W.L., eds., Soil Science Society of America, Madison, WI, pp. 79-114.

Stoops G., 2003. Guidelines for Analysis and Description of Soil and Regolith Thin Sections. Soil Science Society of America Inc. Madison, WI, USA.

Stoops G., Jongerius A., 1975. A proposal for a micromorphological classification of soil materials. 1. A classification of the related distributions of fine and coarse particles. *Geoderma*, 13, pp. 189-199.

Stoops G., Marcelino V., Mees F., 2010. *Interpretation of morphological features of Soils and Regolith.* Elsevier, Amsterdam, NL.

Strehler C., 1997. Création et évolution de sols artificiels à base de calcaires et de composts de déchets urbains. Thèse de doctorat, Université de Neuchâtel, Suisse.

T

Tardieu F., Manichon H., 1986. Caractérisation en tant que capteur d'eau de l'enracinement du maïs en parcelle cultivée. II. Une méthode d'étude de la répartition verticale et horizontale des racines. *Agronomie*, 7, pp. 415-425.

Tessier D., 1984. Étude expérimentale de l'organisation des matériaux argileux. Hydratation, gonflement et structuration au cours de la dessiccation et de la réhumectation. Thèse d'Etat, Université Paris VII, INRA éditions, Paris, 361 p. Téléchargeable sur www.afes.fr

Tessier D., 1991. Behaviour and microstructure of clay minerals. *In: Soil colloids and their associations in aggregates.* M.F. De Boodt (ed.), Nato Advanced Series, Plenum Press, New York, pp. 387-415.

Tessier D., Berrier J., 1979. Utilisation de la microscopie électronique à balayage dans l'étude des sols. Observation de sols humides soumis à différents pF. *Science du Sol*, 1, pp. 67-82.

Touyre P., 2001. *Le monde secret du sol - De la « roche-mère » à l'humus.* Editions Delachaux et Niestlé, Paris.

Turenne J.F., 1975. Modes d'humification et différenciation podzolique dans deux toposéquences guyanaises. Thèse Sci. Nancy et Mémoire Orstom n° 84, 173 p.

U

Ulery A.E., Drees L.R., 2008. *Methods of Soil Analysis. Part 5. Mineralogical Methods.* SSSA Book Series, No. 5. Soil Science Society of America, Madison, WI, USA.

V

van Genuchten M.Th., Wierenga P.J., 1977. Mass transfer studies in sorbing porous media: III. Experimental evaluation with 2,4,5-T. *Soil Sci. Soc. America Journal*, 41(2), pp. 278-285.

van Oort F., 1984. Géométrie de l'espace poral, comportement hydrique et pédogenèse. Application à des sols sous prairie et alpage, issus de l'altération des calcschistes sédimentaires en moyenne et haute montagne, Alpes du Nord (Beaufortain). Thèse de Docteur Ingénieur de l'Institut National Agronomique Paris-Grignon, 281 p.

van Oort F., 1988. Présence et évolution des minéraux argileux accessoires de type 2:1 dans les sols ferrallitiques d'origine volcanique de la Guadeloupe. Conséquences physico-chimiques. *Comptes Rendus de l'Académie des Sciences, Science de la terre et des planètes, Paris,* 307, pp. 1297-1302.

van Oort F., 2001. Microstructure of volcanic halloysitic clay soils inferred by water retention and void ratio curves (Guadeloupe, French West Indies). Cost 622 working Meeting, Ponte Delgado, Açores, Oct. 2001.

van Oort F., Dorel M., 1990. Physico-chemical and physical properties of halloysite rich soils in Guadeloupe. Proceedings 24th CFCS Meetings, Ocho Rios, Jamaica 1988, pp. 79-92.

van Oort F., Tessier D., Robert M., 1987. Méthodes d'observation et de mesure de la structure du sol. *In : Micromorphologie des Sols*, N. Fédoroff, L.M. Bresson, M.A. Courty (eds). Actes de la VIIe Réunion Internationale de Micromorphologie des Sols, Paris, juillet 1985, Afes, Plaisir, pp. 521-528.

van Oort F., Jongmans A.G., Jaunet A.M., 1994. The progression from optical light microscopy to transmission electron microscopy. *Clay Minerals*, 29, pp. 247-254.

van Oort F., Jongmans A.G., Jaunet A.M., 1995. Optical and electron microscopy as a tool in clay mineralogy studies of accessory 2:1 phyllosilicates in volcanic soils of the humid tropics. *In: Clays: Controlling the Environment.* G.J. Churchman, R.W. Fitzpatrick, R.A. Eggleton (eds), Actes du 10e Congrès International des Argiles, Adelaide, Australie, pp. 449-456.

van Oort F., Balabane M., Dahmani-Muller H., Jongmans A.G., Nahmani J., 2002. Approche intégrée du fonctionnement d'un système sol-plante fortement pollué en métaux : la pelouse métallicole de Mortagne-du-Nord. *In : Les Éléments métalliques dans les sols - Approches fonctionnelles et spatiales*, D. Baize, M. Tercé, eds, INRA Éditions, Versailles, pp. 313-330.

van Oort F., Jongmans A.G., Citeau L., Lamy I., Chevallier P., 2006. Microscale Zn and Pb distribution patterns in subsurface soil horizons: an indication for metal transport dynamics. *European Journal of Soil Science*, 57, pp. 154-166.

van Oort F., Labanowski J., Jongmans T., Thiry M., 2007. Le devenir des polluants métalliques dans les sols : révélateur d'impacts de l'activité humaine sur la pédogenèse ? *Étude et Gestion des Sols*, 14, pp. 287-303.

van Oort F., Jongmans A.G., Lamy I., Baize D., Chevallier P., 2008. Impacts of long-term wastewater irrigation on the development of sandy Luvisols: consequences for metal pollutant distributions. *European Journal of Soil Science*, 59, pp. 925-938.

van Oort F., Thiry M., Foy E., Fujisaki K., van Vliet-Lanoë B., 2013. Pédogenèse polyphasée et transferts de polluants métalliques contraints par des structures cryogéniques. Le cas des sols sous épandages massifs d'eaux usées dans la plaine agricole de Pierrelaye. *Étude et Gestion des Sols*, 20, pp. 7-26.

Verpraskas M.J., Wilson M.A., 2008. Soil Micromorphology: Concepts, Techniques, and Applications. *In: Methods of Soil Analysis. Part 5. Mineralogical Methods*, A.E. Ulery, L.R. Drees (eds). SSSA Book Series, No. 5. Soil Science Society of America, Madison, WI, USA, pp. 191-225.

Verrecchia E.P., 2011. Pedogenic carbonates. *In: Encyclopedia of Geobiology*, Reitner J., Thiel V., eds., Springer, pp. 721-725.

Vian J.F., Peigné J., Chaussod R., Roger-Estrade J., 2009. Effects of 4 tillage systems on soil structure and soil microbial biomass in organic farming. *Soil Use and Management*, 25, pp. 1-10.

Vogel H.J., 1997. Digital unbiased estimation of the Euler-Poincaré characteristic in different dimensions. *Acta Stereologica*, 16/2, pp. 97-104.

Vogel H.J., Cousin I., Roth K., 2002. Hierarchical scales of pore structure and gas diffusion. *European Journal of Soil Science*, 53, pp. 465-473.

Von Wilpert K., Schäffer J., 2006. Ecological effects of soil compaction and initial recovery dynamics: a preliminary study. *Eur. J. Forest. Res.*, 125, pp. 129-138.

W

Wada K., 1989. Allophane and imogolite. *In: Minerals in soil environments,* 2nd ed. J.B. Dixon, S.B. Weed (eds), Soil Science Society of America, Madison WI, pp. 1051-1087.

Watteau F. 2013. La dynamique des microstructures organo-minérales dans la connaissance du biofonctionnement des sols. Thèse HDR Université de Lorraine, ENSAIA, UL-UMR INRA 1120, 144 p.

Weisskopf L., Fromin N., Tomasi N., Aragno M., Martinoia E., 2005. Secretion activity of white lupin's cluster root influences bacterial abundance, function and community structure. *Plant and Soil*, 268, pp. 181-194.

Winslow D.N., 1978. The validity of high pressure mercury intrusion porosity. *Journal of Colloid and Interface Science*, 67, pp. 42-47.

Y

Yoder R.E., 1936. A direct method of aggregate analysis of soils and a study of the physical nature of erosion losses. *Journal of the American Society of Agronomy*, 28, pp. 337-351.

Z

Zanella A., Tomasi M., De Siena C., Frizzera L., Jabiol B., Nicolini G., 2001. *Humus forestali*. Ed. Centro di Ecologia Alpina, Trento. 321 p.

Zanella A., Jabiol B., Ponge J.F., 2011. A European morpho-functional classification of humus forms. *Geoderma*, 164, pp. 138-145.

Liste des auteurs

Rémy ALBRECHT
Institut Sciences de la Terre, Université de Lausanne
Geopolis, 1015 Lausanne, Suisse
Remy.Albrecht@unil.ch

Baptiste ALGAYER
Inra, Science du sol, Orléans
CS 40001, Ardon, 45075 Orléans Cedex 2
baptiste.algayer@gmail.com

Denis BAIZE
Inra, Science du sol, Orléans
CS 40001, Ardon, 45075 Orléans Cedex 2
denis.baize@orleans.inra.fr

Bruce C. BALL
SAC Crop and Soil Systems Research Group
West Mains Road, Edinburgh EH9 3JG
Bruce.Ball@sac.ac.uk

Arlène BESSON
Inra, Science du sol, Orléans
CS 40001, Ardon, 45075 Orléans Cedex 2
arlene.besson@orleans.inra.fr

Hubert BOIZARD
Agro-Impact, Inra, Estrées-Mons
2 chaussée Brunehaut, BP50136, 80203 Péronne
Cedex
Hubert.Boizard@mons.inra.fr

Olivier CHRÉTIEN
Consultant indépendant, partenaire Isara
Ville Basse, 05100 Nevache
olchretien@gmail.com

Isabelle COUSIN
Inra, Science du sol, Orléans
CS 40001, Ardon, 45075 Orléans Cedex 2
isabelle.cousin@orleans.inra.fr

Frédéric DARBOUX
Inra, Science du sol, Orléans
CS 40001, Ardon, 45075 Orléans Cedex 2
frederic.darboux@orleans.inra.fr

Eddy FOY
Labo SIS2M-Lapa, CEA, Centre d'études de Saclay
CEA-CNRS, UMR3299, 91191 Gif-sur-Yvette Cedex
eddy.foy@cea.fr

Yvan GAUTRONNEAU
Isara, Département Agroécologie Environnement, Lyon
Agrapole, 23, rue Jean Baldassini, 69364 Lyon cedex 07
y.gautronneau@orange.fr

Jean-Michel GOBAT
Laboratoire Sol et Végétation, Institut de Biologie,
Université de Neuchâtel
rue Émile-Argand 11, 2000 Neuchâtel, Suisse
jean-michel.gobat@unine.ch

Bernard JABIOL
AgroParisTech, Département Siafee, équipe FAM,
Nancy
CS14216, 54042 Nancy Cedex
bernard.jabiol@agroparistech.fr

Toine JONGMANS
Université de Wageningen, Pays-Bas
Retraité
toinejongmans@gmail.com

Renée-Claire LE BAYON
Laboratoire Sol et Végétation, Institut de Biologie,
Université de Neuchâtel
rue Émile-Argand 11, 2000 Neuchâtel, Suisse
claire.lebayon@unine.ch

Joséphine PEIGNÉ
Isara, Département Agroécologie Environnement, Lyon
Agrapole, 23, rue Jean Baldassini, 69364 Lyon cedex 07
jpeigne@isara.fr

Guy RICHARD
Inra, Département Environnement et Agronomie, Orléans
CS 40001, Ardon, 45075 Orléans Cedex 2
guy.richard@orleans.inra.fr

Jean ROGER-ESTRADE
AgroParisTech, Département Siafee, Grignon
Bâtiment Eger, BP 01, 78850 Thiverval-Grignon
estrade@grignon.inra.fr

Graham SHEPHERD
BioAgriNomics Ltd
6 Parata Street, Palmerston North 4410,
New Zealand
gshepherd@BioAgriNomics.com

Daniel TESSIER
Inra, Laboratoire Pessac, Versailles
Retraité, 22 ruelle du Gruyer, 78610
Le Perray-en-Yvelines
daniel.tessier@wanadoo.fr

Folkert vanOORT
Inra, Laboratoire Pessac, Versailles
RD 10, 78026 Versailles cedex
vanoort@versailles.inra.fr

Éric VERRECCHIA
Laboratoire Biogéosciences, Université de Lausanne
Geopolis, 1015 Lausanne, Suisse
eric.verrecchia@unil.ch

Jean-François VIAN
Isara, Département Agroécologie Environnement, Lyon
Agrapole, 23, rue Jean Baldassini, 69364 Lyon cedex 07
jvian@isara.fr

Fichier préparé par Nicolas Perrier, société 4P
Imprimé pour vous par Books on Demand (Allemagne)